古建筑工程制图与识图

王晓华 马丽 主编

刘文博 张兵兵 副主编

刘宝兰 主审

化学工业出版社

·北京·

内 容 简 介

本书是讲述古建筑工程制图基础理论和绘图技能的书籍，全书主要分为三部分，分别为古建筑制图基础篇、古建筑施工图绘制与表达篇、古建筑测绘图绘制与表达篇。古建筑制图基础篇主要讲述了我国建筑图学的发展、建筑制图原理及工程制图需要了解的一些基本知识。古建筑施工图绘制与表达篇是本书的核心部分，详细介绍了古建筑总平面图、平面图、剖面图、立面图和详图在实际工程中应表达的各项内容。古建筑测绘图绘制与表达篇是古建筑修缮设计中特殊表达的内容，主要阐述古建筑设计测绘阶段测绘草图及测绘正图的绘制理论与方法。本书在编写中参照了国家颁布的最新建筑制图标准、相关的古建筑设计规范，内容上突出实践性和应用性，通过实际工程案例图纸进行讲解，使本书通俗易懂，实操性强。

本书可作为古建筑工程技术、古建筑修缮与仿建、建筑设计、园林工程技术等专业的教学用书，也可作为古建筑从业人员的参考用书。

图书在版编目（CIP）数据

古建筑工程制图与识图/王晓华，马丽主编. —北京：化学
工业出版社，2021.4（2023.8 重印）
ISBN 978-7-122-38335-8

Ⅰ.①古⋯ Ⅱ.①王⋯②马⋯ Ⅲ.①古建筑-建筑制图-识图 Ⅳ.①TU204.2

中国版本图书馆 CIP 数据核字（2021）第 010406 号

责任编辑：彭明兰　　　　　　　　　　文字编辑：邹　宁
责任校对：宋　夏　　　　　　　　　　装帧设计：史利平

出版发行：化学工业出版社（北京市东城区青年湖南街 13 号　邮政编码 100011）
印　　装：北京印刷集团有限责任公司
787mm×1092mm　1/16　印张 17¼　字数 429 千字　2023 年 8 月北京第 1 版第 3 次印刷

购书咨询：010-64518888　　　　　　　　　售后服务：010-64518899
网　　址：http://www.cip.com.cn
凡购买本书，如有缺损质量问题，本社销售中心负责调换。

定　　价：69.80 元

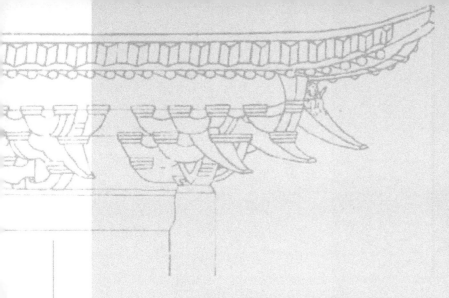

古建筑工程图纸是三维古建筑在二维图面上的抽象表达，是古建筑工程从业人员相互交流的基本语言。早在我国隋代，著名的建筑学家宇文恺（公元555～公元612年）在主持过的许多大型建筑工程中就已经娴熟地使用建筑图样和建筑木样，其中建筑图样就是今天我们所说的工程图纸，而木样就是建筑模型。工程图纸比较抽象，它通过 "点、线、面"等图形语言，并辅以数字、文字说明等来表达建筑二维的内容，如平面、立面、剖面等。对当前的古建筑行业而言，掌握古建筑工程识图与制图技能已成为古建筑从业人员必备的能力要求之一。

当前与建筑制图相关的理论书籍相对较多，但内容多是针对"现代建筑"制图的理论与方法，述及古建筑工程制图方面的专业书籍则很少。随着我国文物古建筑保护事业的快速发展，对古建筑工程制图规范表达的呼声越来越高，迫切需要相应专业书籍的出现。另外，目前相关部门已经连续颁布了新的制图标准，如《建筑制图标准》（GB/T 50104—2010）、《房屋建筑制图统一标准》（GB/T 50001—2017）、《文物保护工程设计文件编制深度要求（试行）》《古建筑测绘规范》（CH/T 6005—2018）等。在古建筑工程制图中需要将这些国家及行业标准、规范等融入其中，这也是行业发展对古建筑制图书籍编写提出的新要求。本书除了与现行国家标准、规范相对接外，同时注重内容与实际工程制图内容的衔接，引用了不少工程案例作为示范性表达，使其更加具有针对性和实用性。

本书由山西工程科技职业大学王晓华、马丽主编，山西古建筑保护研究所刘宝兰任主审，由古风今韵建筑集团有限公司张兵兵和山西工程科技职业大学刘文博任副主编，由王晓华承担全书的统稿和校核工作。全书编写分工如下：山西工程科技职业大学王晓华（绪论、第4章、第6章、第9章、第10～12章）。古风今韵建筑集团有限公司张兵兵（第1章）、山西工程科技职业大学马丽（第2章及附录），山西工程科技职业大学魏艳萍（第3章）、北京瑞德

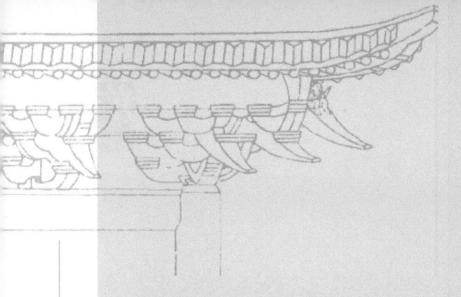

瀚达城市建筑规划设计有限公司闫剑英（第 5 章），山西工程科技职业大学刘文博（第 7 章、第 8 章）。

在本书的编写过程中，得到作者所在学校和公司的大力支持，还得到中外建筑设计研究院（山西分公司）边塞、山西圆方古籍保护修复有限公司温鹏的专业指导，在此表示衷心的感谢。

本书在编写过程中，参考了许多同类教材、专著，引用了相关文献、图集及实际工程中的案例，均在参考文献中列出，在此向文献的作者致谢。

由于编者水平有限，加之经验不足，书中难免有不妥之处，恳请广大读者批评指正。

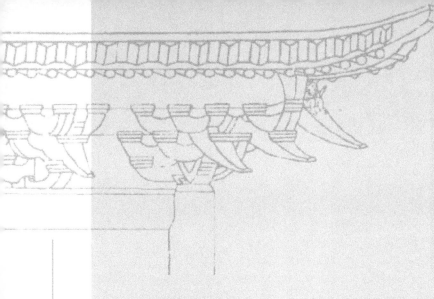

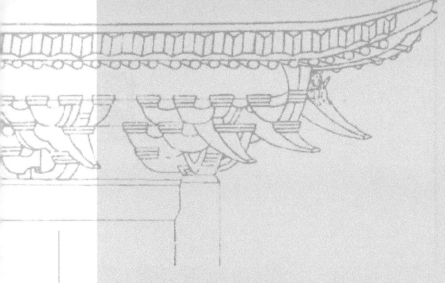

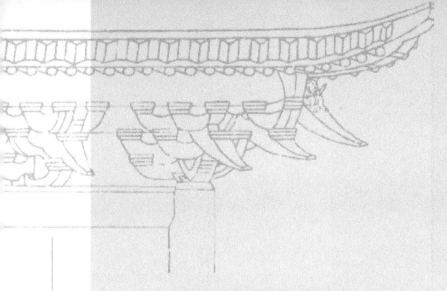

古建筑测绘图绘制与表达　　　　　　　　212

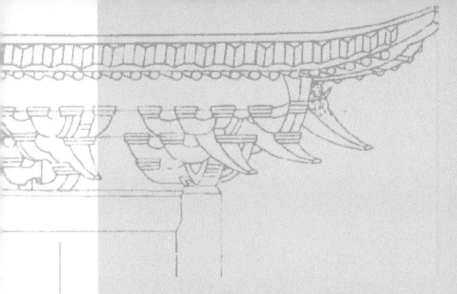

绪论

识读与绘制工程图纸是土木工程技术人员和建筑设计人员的一项基本技能，当前建筑制图相关的理论书籍非常多，多从建筑制图原理（又称画法几何）和专业制图两个角度对现代建筑制图方法进行阐释，述及古建筑工程制图方面的专业书籍并不多，这也是编写本书的目的之一——满足古建筑修建人员的识图与制图需求。

0.1 课程定位

（1）课程简介 古建筑工程制图是以"投影理论"为理论基础，阐释"古建筑工程图样"绘制与表达的一门学科。任何建筑工程图样都需要按照国家或相关部门有关标准的统一规定来进行绘制，通过图样来表达设计构思、进行技术交流、完成工程施工建设等，所以工程图样是一项重要的技术文件。同理，古建筑工程图样是古建筑工程学科中的重要的"技术语言"，掌握了这门语言后才能更好地服务后续更深层次的学习，如古建筑构造、古（仿古）建筑设计、古建筑修缮施工等，这些古建筑专项技能学习都需要借助"古建筑工程图样"进行表述，所以古建筑工程制图作为专业的基础课程，在专业教育中至关重要。古建筑工程制图与现代建筑制图有很多相似之处，在学习过程中可以互通借鉴。

（2）在专业课程体系中地位 从"古建筑工程技术专业教学体系"整体来看，古建筑工程制图，是一门专业基础课程和必修课程。作为一门专业基础课程，前期学习需要具备一定的几何知识，这些知识虽然在初中课本上已经有所接触，但是由于与大学教学之间间隔时间较远，所以本书对这部分知识专立章节，详见第 4 章第 3 节内容。本门课程后续服务于古（仿古）建筑设计、施工和工程预算等类型的课程，如古建筑工程计量与计价，计量的基础就是首先读懂古建筑工程图纸，明确各部分构造，才能准确地进行各分部分项工程量的计算，所以本门课程是一门重要的先导课程和基础课程，需要扎实学习。

（3）课程作用 古建筑工程制图，广泛应用于古（仿古）建筑设计、施工、监理及文物建筑保护等领域，主要培养学生一种知识、两种能力。一种知识即建筑制图原理知识，两个能力即识图能力与制图能力，掌握建筑制图原理知识是基础，识读古建筑不同阶段的图纸是初级应用能力，绘制古建筑不同阶段的图纸是高级应用能力，三者呈递进关系。

（4）课程类型 古建筑工程制图是一门理论与实践一体的课程（理实一体课程）。所谓理实一体，就是要求教师将理论教学与学生实践相结合，通过设定教学任务和教学目标，让师生双方边教、边学、边做，全程构建素质和技能培养框架，丰富课堂教学和实践教学环节，提高教学质量。在整个教学环节中，理论和实践交替进行，直观和抽象交错出现，没有固定的先实后理或先理后实，而理中有实、实中有理，以突出学生动手绘图能力和专业实践技能的培养为目标，才能充分调动和激发学生学习兴趣。

0.2 学习的目的和意义

中国古代建筑是中华民族灿烂文化的重要组成部分，其文化意蕴丰富而又深远，其建筑风格自成体系，在世界建筑史上占有重要地位，是中国古代技术与艺术的完美结合。文物古建筑作为不可移动文物中的重要一项组成，具有特定的历史、艺术、科学价值等，因此掌握古建筑制图与识图方面的知识，是从事古建筑教学科研、古建园林设计、施工、管理工作的人员都需要掌握的专业技能。近年来，虽然古建筑从业人员不断增加，但从业人员业务水平参差不齐，提高从业人员的基本素质需要从最基本的"图形语言"开始。

第一，学习和掌握古建筑工程制图知识和技能是古建筑文物保护工作的需要。

学习掌握古建筑工程制图知识和技能是测绘古建筑、完成古建筑修缮设计、收集古建筑技术资料、建立古建筑档案、有效地进行文物建筑保护的需要。我国遗留下来大量宫殿、宗教、坛庙、陵墓、住宅、园林、会馆、书院等建筑，这些文物古建筑要有效地保护，就必须建立专门档案，包括现状测绘图、相关技术资料，同时还需要懂得技术、业务的古建筑专业人员。因此，学习古建筑专业知识，掌握工程识图、制图的基本技能，是培养专业的古建人才的重要内容。

第二，学习和掌握古建筑工程制图知识和技能是古建筑设计、施工的需要。

学习掌握古建筑工程制图知识和技能是进行古建筑修缮设计和施工的必修课。古建筑行业是专业性很强的一个行业，不管是设计方向或施工方向，都要求专业技术人员必须掌握古建筑的相关知识，具备扎实的工程识图、制图能力。设计技术人员不懂得古建筑各类图纸的表达方法，则不能准确表达古建筑的平、立、剖面及构造细节；施工技术人员看不懂图纸，古建筑图纸所反映的内容则不能准确无误地反映在实际工程中，"照图施工"就会产生很大误差，甚至错误。因此双方都必须学习古建筑专业知识，掌握工程识图、制图的基本技能，才能更好地完成实际工作。

第三，学习和掌握古建筑工程制图知识和技能是古建筑工程管理工作的需要。

学习掌握古建筑工程制图知识和技能是古建筑施工管理从业人员或文物管理部门的必备技能。作为古建筑文物管理部门，需要对古建筑维修保护工作实施管理职能，需要审查和编制施工预算、决算，参与修缮方案的制订，审查设计图纸，监督和管理修缮工程。这都要求管理人员必须懂技术，能看懂基本图纸，指导实际工程，才能胜任管理工作。

0.3　古建筑工程制图与现代建筑工程制图的差异

古建筑工程制图是建筑制图的分支学科，与现代建筑制图相比，由于服务对象不同，所以在表达上存在一些异同。

（1）相同点

① 相同的制图原理　古建筑工程制图和现代建筑工程制图采用的是相同的制图原理，都是以画法几何为理论基础，利用投影法、辅以轴测图和透视图来绘制图样。

② 相同的制图标准　古建筑工程制图和现代建筑工程制图共同遵循国家统一的制图标准，主要包括《房屋建筑制图统一标准》（GB/T 50001—2017）、《建筑制图标准》（GB/T 50104—2010）、《总图制图标准》（GB/T 50103—2010），辅以其他制图标准，如《风景园林制图标准》（CJJ/T 67—2015）来完成图纸绘制。

③ 相同的绘制工具与表现手法　制图工具方面，传统制图采用铅笔、针管笔、丁字尺、三角尺、圆规等，以手绘为主。现代制图有手绘和计算机绘制两种，手绘制图主要使用于学校教育阶段，计算机绘制在学校教育阶段和实际工作中都有应用，尤其是在当前，计算机绘图已经成为古建筑设计、施工企业实际工作中采用的主要方式。不管哪种方式，古建筑制图

与现代建筑制图都使用相同或相似的计算机操作软件，如：Auto CAD、草图大师（Sketch Up）、3ds Max、Revit 等软件。

表现手段方面，传统表现手段只有图纸和模型等有限的表现手段，现代表现手段有图纸、模型、展板、动画、VR（虚拟现实）等，更为多样化。

（2）不同点　古建筑工程制图和现代建筑工程制图的差异性主要体现在以下几个方面。

① 表达对象的差异性　现代建筑虽然种类繁多，但是其主体结构均由基础、墙或柱、楼（地）面、楼梯、屋面、装修（门窗）等几大部分组成，整体结构形态和构造组成比较明确，常以专业不同而采用不同的制图表达方法，如建筑施工图、结构施工图、水暖电等施工图等。其中建筑施工图除了传统的总平面图、平面图、立面图、剖面图外，还有详图，主要用来反映六大构造组成部分的细节内容。而中国古代建筑，主体结构类型不多，以木结构和砖石结构为主，但涉及的专业工种比较多。尤其是在木构架结构体系中，木作、瓦石作、彩画作、裱糊作等传统工艺要求都不相同，另外中国古代建筑，除了不同历史时期的差异外，还存在地域差异，这就带来建筑表达上的复杂性，使得古建筑的制图表达上要更复杂一些。虽然图纸上与现代建筑制图相似，也包括总平面图、平面图、立面图、剖面图及详图，但是内容上却相差很大。比如古建筑图纸中为了反映木作内容，就出现了木构架仰视图、俯视图、轴测图及详图表达。另外还有那些带有斗栱的、重檐的、多层楼阁的古建筑结构就更为复杂，每一幢古建筑中所含的木构件种类繁多，并且采用较为先进的古代装配式（榫卯结构）技术来完成，这样就要求古建筑工程制图需要具备更强的专业知识。

② 表达内容的差异性　一套现代建筑施工图图纸（不包含结构、设备等图纸）主要包括设计说明、建筑总平面图、平面图、立面图、剖面图和详图。普通的古建筑工程图纸也基本包括这些类型的图纸，其中图纸类型差异最大的是详图。现代建筑详图主要包括墙身详图、楼梯详图、卫生间详图和门窗详图（俗称 4 大类详图）及其他节点详图等，而古建筑详图则主要包括屋架详图、斗栱详图，门窗及其他木装修详图、瓦石详图、脊饰详图、木构架节点详图等，与现代建筑截然不同。除了详图之外，其余建筑总平面图、平面图、立面图、剖面图等都各有差异，在后续的章节会详细指出。另外，在文物建筑修缮设计中还涉及古建筑测绘图纸，这是根据文物古建筑的保护需要，测量建筑物的形状、大小和空间位置，并在此基础上绘制反映文物保护建筑现状的平面图、立面图、剖面图，进而完成文物建筑的保护与修缮设计。而现代建筑属于新建建筑，不会存在原址勘测，所以也没有这一类型的图纸。

③ 表达图例的差异性　现代建筑工程图纸中的材料图例一般采用各类制图标准中规定的图例。古建筑工程图纸的材料图例基本参考现代建筑材料图例来绘制，但有由于古建筑工程制图作为一门独立的专业学科出现较晚，制图标准中所包含的材料图例覆盖不全，某些材料图例没有（如各类地面铺装），还有一些特殊图例的表达与现代建筑存在差异（如古建筑墙体中的复合墙体），这样在具体的图纸绘制中就需要补充图例。关于补充图例表达，则需要具体问题具体分析。

0.4　古建筑工程制图的课程内容

本书主要分为三部分内容：古建筑制图基础、古建筑施工图绘制与表达、古建筑测绘图绘制与表达。

（1）古建筑制图基础　主要包括我国传统建筑制图成就、建筑制图原理、工程制图基础三个模块。

① 传统建筑制图成就 按照历史发展脉络介绍了我国建筑史上一些重要的建筑图学成就，以期鉴古知今，帮助了解古建筑制图前身，知道其发展脉络。

② 建筑制图原理 即"画法几何"的内容，是制图的理论基础，主要研究在平面上用图形来表示空间的几何形体（即用二维的或三维的图形表示三维立体），并运用几何作图来解决空间几何问题的基本理论和方法。建筑制图原理分为正投影、轴测投影和镜像投影，均要求掌握投影原理及画法，为后续的专业图纸的识读和绘制奠定基础。

③ 工程制图基础 是从工程角度介绍制图基本工具、《房屋建筑制图统一标准》（GB/T 50001—2017）和《建筑制图标准》（GB/T 50104—2010）中的基本规定，要求学生学会正确使用绘图工具和仪器的方法，掌握手工绘图技能。

（2）古建筑施工图绘制与表达 古建筑施工图绘制与表达是专业制图的重要组成部分，按照古建筑施工图纸的类型划分为多个单独项目，具体包括古建筑总平面图、平面图、立面图、剖面图和详图五个一级项目。在每个一级项目下，又分设二级项目，如在古建筑平面图项目下面又分设古建筑分层平面图、古建筑屋顶平面图、古建筑构架布置图三个子项目内容；要求涵盖主要的古建筑施工图表达内容，要求学生能够初步掌握识读图纸和绘制专业图的基本方法，培养绘制专业图的能力。

（3）古建筑测绘图绘制与表达 是古建筑修缮设计中特殊的表达内容，主要学习测绘基本知识和测绘图绘制的基本方法，使读者能够了解测量古建筑的基本步骤，初步掌握测量古建筑的方法，学会古建筑各种类型的测稿（草图）和最终测绘图的绘制与表达。

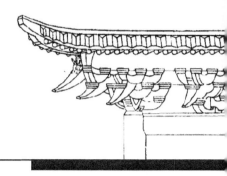

第1篇
古建筑制图基础

1 我国古代建筑制图成就

建筑制图是建筑工程技术领域中不可缺少的技术语言，它起着传递建筑技术信息和设计思想的重要功能。它通过点、线、面、体的二维或者三维表达，将建筑所处的地理环境、外观造型、外表形状、内部布置、结构构造、设备布置及其施工要求，准确而详尽地反映给工程技术人员，广泛应用于建筑设计前期与策划、施工、竣工验收等不同的阶段。

建筑制图的发展与进步对我国传统建筑技术的发展影响深远。它不断发展变化，经历了从简单到复杂，从示意性到规范化表达，从二维到立体的过程。针对我国古代建筑制图成就的研究，对把握当代古建筑工程制图的来龙去脉具有一定的启发意义。

1.1 古建筑制图之渊源

古建筑工程制图源远流长，很难考证其源于哪一个确切的历史年代，最早应用于哪一幢建筑。但是通过我国古代绘制工程图样的工具——"规矩"的研究，可以初探端倪。在甲骨文中已有"规矩"二字。规字的字形，像人手持规画圆，矩字写作匚（fāng），像曲尺形（两个直角三角形），这说明在商代，规矩已被当时的工匠应用于具体的房屋构件制作中。这也从侧面证明我国古建筑工程制图的起源应不晚于商代。

先秦时期建筑工程用图最早的记载见之于《尚书》，在《尚书·洛诰》篇中翔实地记录了周武王克商之后，在洛河流域相宅，兴建都城的情况。其原文如下："周公拜手稽首曰：……予惟乙卯，朝至于洛师。我卜河朔黎水，我乃卜涧水东，瀍（chán）水西，惟洛食；我又卜瀍水东，亦惟洛食。伻（bēng）来以图及献卜。"……

这段话用译文表达为："我在乙卯这天，早晨到了洛邑。我先占卜了黄河北方的黎水地区，我又占卜了涧水以东、瀍水以西地区，仅有洛地吉利。我又占卜了瀍（chán）水以东地区，也仅有洛地吉利。于是遣人绘图（地图），且献上卜兆。"这里的"伻来以图"，据专家推测，可能包含有宫室的平面示意图、都城规划图，还可能包括洛邑一带的地理图。这段话揭示了我国古代遇到大型工程，均需要图纸用于指导工程的一个事实。由于时代久远，很多建筑图纸未能流传至今，导致近代很多西方学者对我国传统建筑制图的科学性产生怀疑。

1.2 先秦时期中山国的兆域图

先秦时期最具有工程意义的建筑图样，是 1977 年在河北省平山县三汲公社西灵山下发掘的战国时期中山王墓出土的兆域图（图 1-1）。中山国（约公元前 414 年—前 295 年）是春秋战国时期我国北方少数民族的诸侯国。中山王于周显王四十六年（前 323 年）称王，薨于周赧王六年（前 313 年）。因此这幅作为中山王陵墓规划图的制作应在公元前 323 年至公元前 313 年之间。据研究人员测量，兆域图铜版版面长 94cm，宽 48cm，厚约 1cm。兆域图，

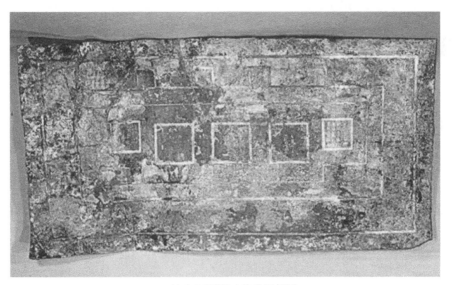

(a) 中山王墓出土的"兆域图"

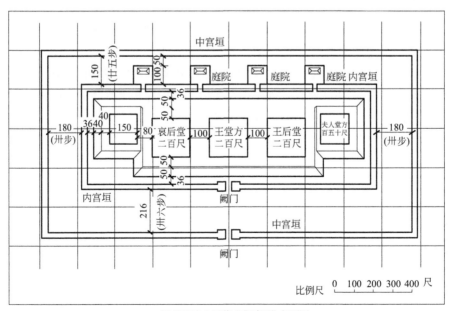

(b) 战国中山王墓"兆域图"复原图

图 1-1　战国时期中山王墓"兆域图"

根据原铜版上的铭文按比例绘制，并考虑了城垣厚度

也就是陵墓的总平面图，这张地图图文用金银镶嵌，铜版背面中部有一对铺首，正面为中山王、哀后陵园的平面设计图。

兆域图中绘制了三座大墓、两座中墓、四座宫室及两重城垣（内宫垣与中宫垣），并采用了篆文标明了宫垣和坟茔所在地点，建（构）筑物各部分名称、大小、位置及相互的距离尺寸，并在图的中心部位刻有中山王的诏书，计 43 字，兆域图是战国时期工程制图一个重要的发现，其进步意义表现在以下几个方面。

① 兆域图应用了"水平投影"原理，采取水平剖视绘制并按比例绘制。它的外轮廓长宽比和铜版图形是一致的，据相关研究结论，王堂方 200 尺为 4 寸，则一寸为 50 尺，也就是说，兆域图是按照 $M = 1 : 500$ 的比例尺绘制的。能够按比例准确制图，这反映了战国时期建筑工程技术已具有一定的水平。

② 兆域图上的诏书称"有事者官图之，进退违法者死无赦。"它表明当时重要的建筑在施工之前要有初步的规划设计，并且还要经过批准。陵墓设计一经批准，就须严格按照原设计施工，如有变动，需经主管官员研究，违反规定者，以死罪论处。

③ 兆域图上为表示单体建筑大小和位置关系，在图中各主要部分标注了尺寸。这些尺寸标注已经具备了定位尺寸和定形尺寸的概念。不过所注尺寸兼用了尺和步两种单位，表明了在图纸表达中尺寸单位尚未统一。

④ 兆域图在表达方式上，成功地应用了制图符号。反映了先秦时期工程制图中的符号化倾向以及社会化程度。图中采用了不同的线型，如"中宫垣"和"内宫垣"及注有堂和宫的几个正方形建筑的轮廓线采用了粗实线，而台基范围边线采用了细实线，这种线分粗细，实为工程制图使用不同线型的先导。

兆域图是我国迄今为止发现的最早的、按比例绘制的一幅建筑图样，在世界范围内也是罕见的建筑图样遗存之一。

1.3 汉代铜镜和画像石

两汉时期是中国古代建筑的一个繁荣时期，关于汉代在大规模的工程建筑中应用图样的记载不乏其书。据《汉书·郊祀志》载："上欲治明堂奉高旁，未晓其制度。济南人公玉带上黄帝时明堂图。明堂中有一殿，四面无壁，以茅盖。通水，水圜（环）宫垣。为复道，上有楼，从西南入，名曰昆仑，天子从之入，以拜祀上帝焉。于是上令奉高作明堂汶上，如带图。"这段记载说明了西汉元封元年和元封二年汉武帝兴建明堂的情况。再如《汉书·王莽传》载王莽营建九庙"营长安城南，提封百顷，"……"博征天下工匠、诸图画，以望法度算"。这段话记载了汉代大型工程施工，先绘制工程图样，然后按图施工的情景。

两汉科学技术和工程图学在前代的基础上，有了很大的发展，突出表现在工程几何学的发展和工程图样的表达方面。

1.3.1 汉代铜镜上的几何学

我国铜镜制造的历史，可远溯至原始社会末期的齐家文化时期（甘肃省），迨至汉代，铜镜的制作工艺已经达到很高的技术水平。汉代铜镜流传至今的很多，铜镜的背面大多都有精确的几何作图，常见的有同心圆组、正方形、平行线、折线、菱形、圆弧形等，这些几何图形的绘制均可归结为等分圆周或等分圆弧的问题。在汉代铜镜上最常见的四、五、六、

八、十二、十六等分圆周都能用规和矩准确作图，所以在铜镜上出现得也最多。常见的汉代铜镜纹饰见图 1-2。这些几何作图知识后来广泛应用于建筑工程中，如亭类、塔类建筑平面。

五乳瑞兽纹镜
（五等分圆）

七乳瑞兽纹镜
（七等分圆）

昭明连弧纹镜
（八等分圆）

昭明连弧纹镜
（十二等分圆）

四乳四弧纹镜
（四等分圆、十四等分圆）

四乳草叶纹镜
（十六等分圆）

图 1-2　常见的汉代铜镜纹饰

1.3.1.1　四等分圆周的画法

用矩尺四等分圆周的画法详见图 1-3。四等分圆周的作图方法，在古代不用规，只用矩就可完成。已知圆、圆心 O 及其直径 AB。用矩的一边与直径 AB 重合，另一边过圆心 O 作 AB 的垂线 OC，然后将矩尺旋转 $90°$，作 AB 的垂线 OD，则 A、C、B、D 将圆周四等分。

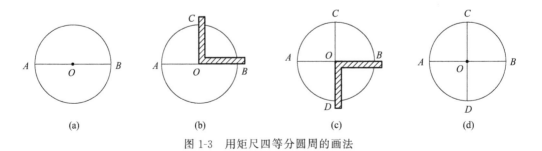

(a)　　　　　　　　(b)　　　　　　　　(c)　　　　　　　　(d)

图 1-3　用矩尺四等分圆周的画法

1.3.1.2　用规矩等分角度的方法

用矩尺等分角的画法详见图 1-4。假定 $\angle AOB$ 和弧 AB 是已知的，用规矩（实际上只用矩而不用规）作图的方法如下。先将矩的一边和 $\angle AOB$ 的一边 OB 对齐，沿另一边作 OB 的垂直线 EF，再把矩反过来，使矩的一边与 $\angle AOB$ 的另一边 OA 对齐，并使对 OA 的刻度

与前者对 OB 的刻度相等（如图 1-4，距离均为 a），同样画出 OA 的垂线 CD。EF 与 CD 交于一点 P，连接 OP，并且延长与弧线 AB 相交于 Q 点，Q 点就是弧 AB 的中点。这样就非常简单地将任一角或弧线二等分。

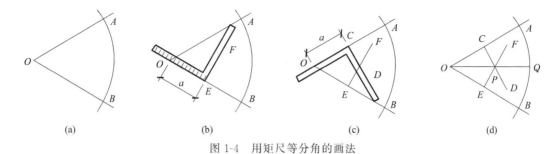

图 1-4　用矩尺等分角的画法

1.3.1.3　八等分圆周及用规矩作正八边形

（1）八等分圆周画法　汉代八等分圆周的画法详见图 1-5。先采用四等分圆周的方法将圆进行四等分，然后再采用等分角的画法，将圆进一步八等分。

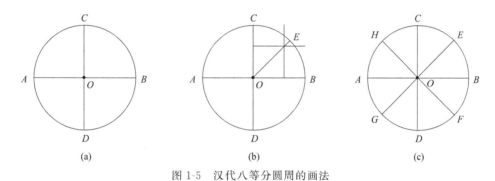

图 1-5　汉代八等分圆周的画法

（2）用规矩作正八边形　用规矩作正八边形的画法详见图 1-6。首先用矩作正方形 $ABCD$，然后连接正方形的对角线，相交于 O 点。分别以 A、B、C、D 点为圆心，以 OA、OB、OC、OD 为半径作圆弧，交于正方形四边于 E、F、G、H、I、J、K、L。连接各交点，即形成正八边形。

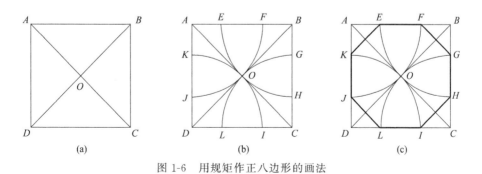

图 1-6　用规矩作正八边形的画法

1.3.1.4　汉代铜镜上的连弧纹画法

用规矩作十二连弧的画法如下。

（1）六等分圆周　六等分圆周的作图方法，在古代不用矩，只用规就可完成。用规六等分图的画法详见图 1-7(a)。已知圆、圆心 O 及其直径 AD。以 A 点为圆心，以 OA 长为半径与圆依次相交于 B、F。以 D 点为圆心，以 OD 长为半径与圆依次相交于 C、E。则 A、B、C、D、E、F 将圆六等分。

（2）十二等分圆周　用规矩等分角度的方法，将圆进一步十二等分。用矩将六等分圆十二等分的画法详见图 1-7(b)。

（3）作连弧　作连弧时，其半径大小由连弧的交点位置决定。在十二连弧作图中，连弧的交点恰好在内圆上，而此交点到中间圆相邻两截点的距离相等。汉铜镜十二连弧的画法见图 1-7(c)。设 $C'D$ 为中间圆上相邻两截点，用矩过圆心 O 作 $C'D$ 的垂线，与内圆相交于 P 点，则 PC'、PD 就是连弧的半径。再以十二等分圆周的截点为圆心，以 PC' 或 PD 为半径，连弧纹便依次作出。

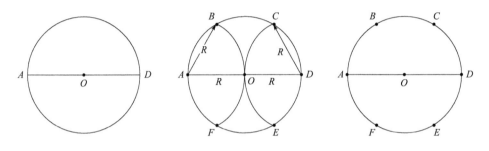

(a) 用规六等分圆的画法

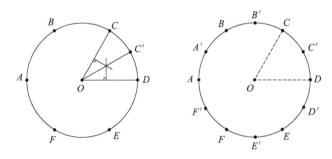

(b) 用矩将六等分圆十二等分的画法

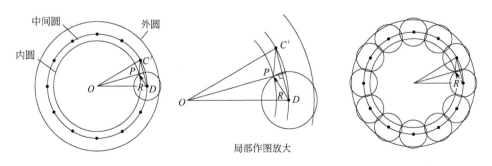

局部作图放大

(c) 汉铜镜十二连弧的画法

图 1-7　用规矩作连弧纹的画法

1.3.2　汉画像石（砖）上的制图成就

1.3.2.1　汉画像石中表现正立面关系的图样

汉画像石中建筑图案有厅堂、楼阁、门阙、桥梁等。这些建筑形象实际上就是当时建筑的摹绘，在绘图手法上，应用近似正投影图的画法，图案类似对建筑的各个立面的投影，虽然投影小于实形，但与原来的图形具有相似性或类似性。汉画像石中的建筑见图 1-8～图 1-10。

图 1-8　东汉楼阁双阙画像石（济南历城区全福庄出土）

画面为一楼双阙，画面主人在楼上坐，楼下一人启门，门上铺首衔环清晰可见，楼外阙下有侍者立。汉阙是汉代的一种纪念性建筑，成对地建在城门或建筑群大门外表示威仪等第，因左右分列，中间形成缺口，故称阙。阙是汉代建筑的典型装饰标志，用以区分等级的高低

图 1-9　四川汉代画像砖双阙

画面反映的是双阙门阙，阙左右对称排列，每一个阙又由单层阙和双层阙组合而成，又称子母阙

1.3.2.2　汉画像石中表现建筑三维立体关系的图样

汉画像石中采用近似轴测图来表现建筑三维立体关系，这在先秦绘画中并没有发现，是我国古代工程制图的一大进步。汉画像石中表现建筑三维立体关系的图样详见图 1-11～图 1-13。

图 1-10　汉代居住建筑之楼屋画像石（江苏徐州市利国镇出土）

此汉代画像石上表现了多层楼阁建筑，采用了正投影的方法，反映出楼屋的高低错落，在柱子与屋檐
相交处设有斗栱，屋脊处有翘起的脊饰。图中人物与动物没有按照比例绘制

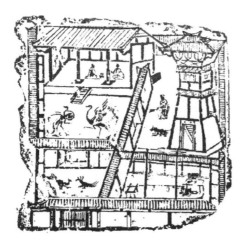

图 1-11　东汉住宅画像砖（四川成都市出土）

图中的正堂和望楼，既表现出了建筑的面阔、进深，
还表现出了建筑的高度，具有直观性，立体感强，
与人们观察物体所得的影像相近

图 1-12　汉画像石中的住宅建筑
（山东曲阜旧县村出土）

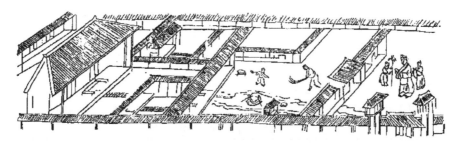

图 1-13　汉画像石中的住宅形象（山东诸城出土）

1.4　宇文恺及敦煌壁画

隋唐是中国封建社会经济文化繁荣昌盛的鼎盛时期，建筑形态经过多区域的交织与融合，形成了理性与浪漫交相辉映的盛唐风格，把中国古代建筑推到了成熟阶段，并远播影响到了朝鲜和日本。

1.4.1　宇文恺"总集众论，勒成一家"

历史上著名的"建筑师"和"建筑图学家"宇文恺是隋代的主要代表人物。宇文恺精熟历代典章制度和多种工艺技能，他最为擅长的便是城市规划和建筑设计。蜚声中外的隋唐长安（大兴城）、东都洛阳两座历史名城都是由宇文恺主持营建的。隋唐长安（大兴城）的设计和布局思想，不但对中国后世的都市建设有着很大的影响，而且对日本、朝鲜的都市建设也有着深刻的影响。

宇文恺在建筑、规划、设计方面多有建树，除了大兴城、洛阳城、仁寿宫的规划、设计外，在其他建筑的设计、建造上，同样表现了他的建筑才华。宇文恺在论证礼制建筑明堂形制时曾测绘过南朝刘宋的太极殿遗址，而且绘制了明堂的建筑设计图，制作了立体模型（木样），在明堂建筑图样和木样中都使用了比例尺，这种利用比例关系绘制建筑图形和制作立体模型的方法，是中国建筑史上的一大创举。

宇文恺在建筑学方面的著述有《东都图记》《明堂图议》《释疑》等。《东都图记》中记载了建造东都的规划图、宫室图以及有关建筑设计和制图方面的情况，是我国较早的一部建筑和制图的图样集。《明堂图议》中作者设计了明堂图及其模型，均采用了 1：100 的比例。但除《明堂图议》的部分内容保存在《隋书·宇文恺传》《北史·宇文贵传》和《资治通鉴》等史籍中外，其他的著作后来都亡佚了，这也是建筑史学上的一大损失。但宇文恺无疑对我国古代建筑制图的发展做了突出的贡献。

1.4.2　敦煌壁画中的建筑制图

敦煌不仅是当今世界上保存最好、石窟数量最多、壁画内容最为丰富的古代艺术宝库，也是中国古代科学技术史料储藏最为丰富的文献宝库。敦煌壁画以佛教题材为主题，历南北朝至隋唐而盛。从建筑图学方面，敦煌莫高窟的储藏包纳甚广，除了建筑制图外，还包括天文图、地图等。其在建筑制图发展史上的意义，在于它较为系统地说明了从北朝到北宋时期建筑制图的发展轨迹。

就敦煌壁画中的建筑制图技术而言，敦煌壁画制图继承了先秦两汉的传统，在北朝和隋代壁画中，类似正投影的画法较多，即用正立面的形象反映建筑主体。初唐以后，壁画以透视画法为主，壁画中所反映的古代建筑院落的建筑图样绘制技术中，包含了一点透视和成角透视，透视角度分别有仰视、俯视、平视以及各角度结合。俯视、平视和仰视出现在同一画面中，似乎是不协调的，但是原作很大，画得又相对细致，人们在洞窟中观画，不会介意这种不协调。如观摩壁画中的建筑屋顶时视线恰好也是仰视，这种画法与人的行为习惯较一致，可以从感觉上消除观摩者的视距误差。以敦煌 148 窟东壁北侧壁画（图 1-14）为例，整幅图画采用了成熟的一点透视画法。俯视的角度使人们对于天国的景象一览无余，仿佛唾手可得，人们可以自由地进入天国。为了显示佛殿建筑的雄伟，对中轴线上两座佛殿的屋顶又采取了仰视的角度，画出了檐下的椽飞斗栱，对中心太平台上的佛、菩萨，又用了正投影画法以显示其庄严端正。敦煌壁画建筑制图采用的透视画法，代表了中国传统建筑制图新的成果，这种俯视、平视和仰视相结合的画法，今称为"散点透视"或"移动透视"，极大地丰富了建筑的外观表达手法。

图 1-14　敦煌 148 窟东壁线描图（盛唐）

1.5　宋《营造法式》的建筑制图成就

宋代是我国古代工程制图发展的全盛时期，代表宋代建筑制图成就的科学技术专著为《营造法式》。其中的工程图样，在表达方式和绘制水平方面已经有了较为系统的工程制图理论作为指导。

《营造法式》是我国古代最为完备的建筑技术书籍，全书主要包括 5 个部分：释名、诸作制度、功限、料例、图样。

1.5.1　《营造法式》中的图样数量

《营造法式》第 29 卷～第 34 卷是诸作图样，详见表 1-1。

表 1-1　《营造法式》中的诸作图样

名称	数量/幅	名称	数量/幅
总图图样	1	雕作制度图样	5
壕寨制度图样	4	彩画作制度图样	82
石作制度图样	20	刷饰制度图样	8
大木作制度图样	90	总数	231
小木作制度图样	21		

1.5.2　《营造法式》的建筑制图成就

（1）建筑制图术语的通用化　建筑工程中各门学科均有自己专门的技术语言和专业术语，《营造法式》中关于建筑专业的术语见之于"看详"及"总释"。作者李诫考究群书，厘定术语。各卷针对古今建筑名称，援引经史，逐类详解。尤其是对诸作异名，再三斟酌，并附以图解。《营造法式》中有关制图的专业术语有"图样""正样""侧样""杂样"等。

（2）建筑工程图纸系列 《营造法式》形成了系统的工程图纸系列，包括：建筑平面图、建筑剖面图、建筑详图及彩画作图样。

建筑平面图：如殿阁地盘分槽。

建筑剖面图：分为建筑横剖面图和建筑纵向剖面图，横剖面图如殿堂等八铺作双槽草架侧样、八架椽屋前后乳栿用四柱侧样等；纵剖面图如博缝襻间图样。

建筑详图：包括建筑部件正样及杂样，如月梁、铺作等图样。

彩画作图样：如五彩遍装、碾玉装等图样。

（3）古建筑工程图纸幅面安排 《营造法式》中图纸幅面安排已经形成固定格式，图幅在完整清晰表达物体结构形状的前提下，图样一般占据图面的正中偏下，图名位于右上方。图面字体采用楷书（欧体、颜体、柳体），有的图样上直接注有技术说明的有关内容等。图幅布局安排紧凑，标注清晰，符合工程制图的美学原则，同时也开我国工程制图所用字体标准的先河。

（4）古建筑工程图纸技术说明 《营造法式》中图样的文字说明部分，包括了建筑的名称、各构件的高度、宽度、长度和其制度，还包括每一类构件的材料和数学计算，工艺加工技术和装配方法，具备了工程制图应用的各项技术要点。《营造法式》中的图样举例见图 1-15 和图 1-16。

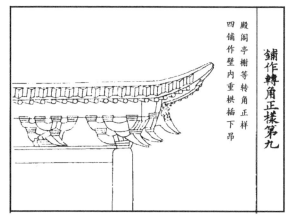

图 1-15 《营造法式》中的图样（铺作转角正样）

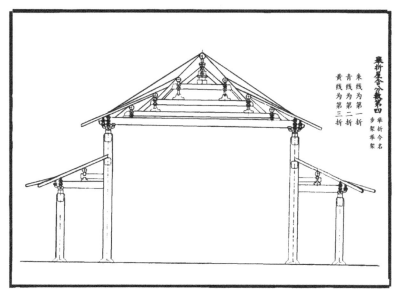

图 1-16 《营造法式》中的图样（举折）

1.6 从"样式雷"看清代建筑工程制图的成就

明清时期是中国古代建筑发展的一个高峰期，且遗留的古代建筑数量最多。

清代官方的建筑工程分别由内务府与工部承担，内务府主要负责皇家宫室、苑囿和陵寝的营造，其余的国家工程多由工部负责。从乾隆帝开始，内务府设立了样式房与销算房，分别负责图纸设计与工料预算。"样式雷"是服务于清代宫廷房屋营造的雷姓建筑世家，其祖为雷发达（1619～1693年），原籍江西建昌，明末迁居南京。清初，雷发达应募到北京供役内廷。清康熙初年参与修建宫殿工程，被敕封为工部营造所"长班"。其子雷金玉继承父志，担任圆明园楠木作样式房掌案（类似今总建筑师）。直至清代末期，雷氏家族有六代后人都在样式房任掌案职务，负责过北京紫禁城、三海（北海、中海、南海）、圆明园、静宜园、承德避暑山庄、清东陵和清西陵等重要建筑工程的设计。此外，北京城中大量的衙署、王府、私宅、御道也有不少出自雷姓之手，因此现存的雷氏所制图样包罗其广，包括宫殿、苑囿、陵寝、王府等建筑，其中多项工程被列入"世界文化遗产"，在中国古代建筑史上影响巨大。

"样式雷"家族对于建筑营造的推动主要体现在"图样"和"烫样"方面，也就是将建筑制图和建造模型制作相结合应用于工程实践。在战国时期，我国已经出现了平面设计图，到了隋唐时期，在宇文恺的推动下，已出现了模型设计。但"样式雷"的最大贡献在于，他们不仅继承和沿用了这两种设计技法，还进行了各种改进和完善。

1.6.1 "样式雷"的建筑图样

"样式雷"的建筑图样涉及当时建筑工程的各个方面，包括测绘图、规划图、设计图、设计变更图、施工图、施工进程图、竣工图，甚至风水地势图、山向点穴图等。就单体建筑而言，又包括地盘图（平面图）、等高线图（地形图）、立样（立面图）、侧样（剖视图）、详样（详图）、轴测图和透视图等类型。目前北京图书馆收藏有数百幅的"样式雷"设计原图，这些设计原图，不仅推翻了中国古代建筑未必经过设计的旧论，也进一步证明了两百年前的中国在建筑设计上已经使用了非常先进的绘图技术。2007年6月20日经联合国教科文组织认定"样式雷"建筑图档入选"世界记忆遗产名录"。"样式雷"的建筑图样举例见图1-17～图1-19。

1.6.2 "样式雷"的建筑烫样

烫样，清代建筑专用名词，是依缩尺比例用草纸板热压而成的建筑模型。"样式雷"烫样最早是"蜡模"，后改用草纸板为主体材料，其他材料还有纸张、木料、秫秸秆、糨糊、水胶、涂料等，工具有刀、尺、笔和各种烫熨铁制工具、火炉等。烫样都按比例制造，有一分样、二分样、五分样、寸样、二寸样，直至五寸样。清代"样式雷"图样与烫样比例见表1-2。

烫样推敲是"样式雷"进行建筑设计的关键步骤，各类烫样，例须恭呈御览钦准后，才能够据以绘制施工图，编制工程做法（即设计说明）和核算工料钱两。烫样作为三维模型，虽然不能把物体的真实形状、尺寸大小准确地表示出来，但和我们看实际物体所得到的印象比较一致，容易看懂。"样式雷"烫样制作精美，通常可分为全分样、个样和细样。全分样用来表达建筑组群布局及空间形象，个样展示重要单体建筑自外到内的形制及其主要构造层次，可逐层揭开观赏内部，细样主要表现局部性的陈设装修。"样式雷"烫样举例见图 1-20。

表 1-2　清代"样式雷"图样与烫样比例

图样分类	图样画法	比例
一分样	建筑物的长度 1 丈，在图样上的尺寸为 1 分	$M=1:1000$
二分样	建筑物的长度 1 丈，在图样上的尺寸为 2 分	$M=1:5000$
五分样	建筑物的长度 1 丈，在图样上的尺寸为 5 分	$M=1:2000$
寸样	建筑物的长度 1 丈，在图样上的尺寸为 1 寸	$M=1:100$
二寸样	建筑物的长度 1 丈，在图样上的尺寸为 2 寸	$M=1:50$
四寸样	建筑物的长度 1 丈，在图样上的尺寸为 4 寸	$M=1:25$
五寸样	建筑物的长度 1 丈，在图样上的尺寸为 5 寸	$M=1:20$

注：表中 1 丈＝10 尺，1 尺＝10 寸，1 寸＝10 分。

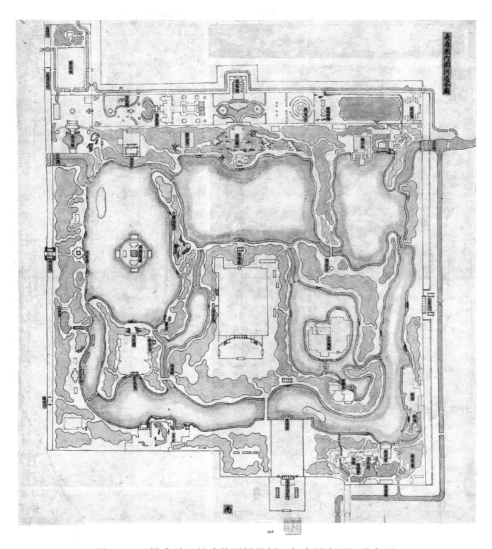

图 1-17　"样式雷"的建筑图样举例（长春园内园河道全图）

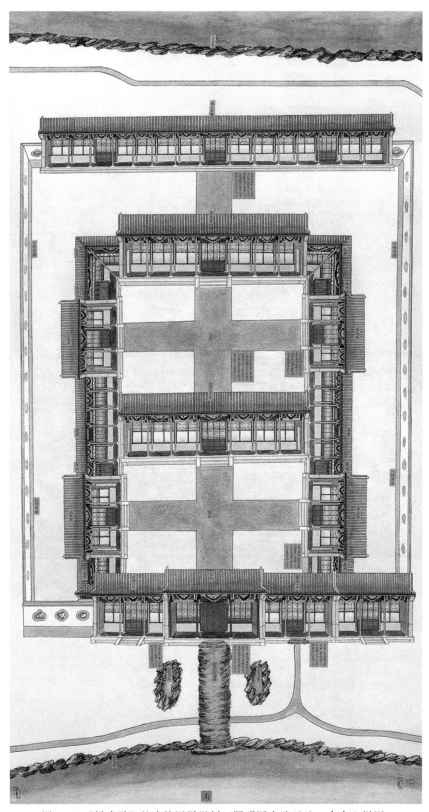

图 1-18　"样式雷"的建筑图样举例（圆明园中路天地一家春立样图）

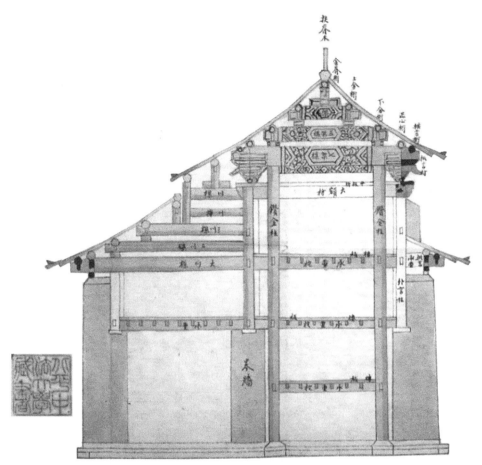

图 1-19　"样式雷"的建筑图样举例（城关大殿檐柱大木侧样图）

(a) 德和园大戏台烫样整体

图 1-20

(b) 德和园大戏台烫样局部

图 1-20 "样式雷"烫样举例（德和园大戏台）

2 正投影

投影原理和投影方法是绘制投影图的基础，也是绘制和识读各种工程图样的基础。

2.1 投影概述

2.1.1 投影的概念

光线照射物体时，在地面或墙面上便会出现影子，当光线的照射角度或距离改变时，影子的位置和形状也随之改变。人们从这些现象中认识到影子是在有光线、物体和投影面的条件下产生的。影子是灰黑一片的，只能反映物体底部的轮廓，而上部的轮廓则被黑影所代替，不能表达物体的外形。如果假设光线能够透过物体，使组成物体的各棱线都能在投影面上投落下它们的影子，这样的影子，不但能反映物体的外形。也能反映物体上部和内部的情况，我们把这时所产生的影子称为投影，通常也称投影图，能够产生光线的光源称为投影中心，而光线称为投影线，承接影子的平面称为投影面。建筑工程图样是按照投影的原理和方法绘制的。影子与投影见图 2-1。

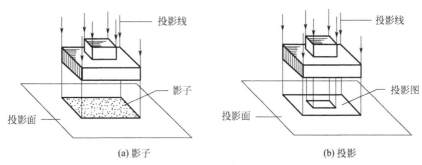

(a) 影子   (b) 投影

图 2-1　影子与投影

2.1.2 投影的分类

投影分为中心投影和平行投影两类。

2.1.2.1　中心投影

投影中心 S 在有限的距离内发出放射状的投影线，用这些投影线作出的投影，称为中心投影，详见图 2-2。作出中心投影的方法称为中心投影法。

用中心投影法绘制的物体投影图称为透视图，详见图 2-3。它只需一个投影面，其特点是图形逼真、直观性强，但作图复杂，物体各部分的确切形状和大小都不能直接在图中度量出来，故不能作为施工图使用。透视图广泛使用于建筑设计方案的比较及工艺美术和宣传广告画等。

2.1.2.2　平行投影

当投影中心 S 移至无限远处时，投影线将依一定的投影方向平行地投射下来。用平行投影线作出的投影，称为平行投影。作出平行投影的方法称为平行投影法。

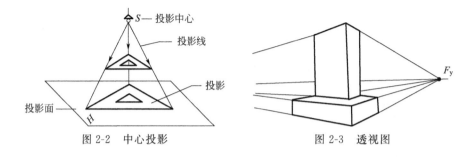

图 2-2 中心投影   图 2-3 透视图

根据投影线与投影面的角度不同，平行投影又可分为斜投影和正投影。

（1）斜投影 投影方向倾斜于投影面时所作出的平行投影称为斜投影，见图 2-4(a)。作出斜投影的方法称为斜投影法。用斜投影法可绘制斜轴测投影图，见图 2-5。画图时，只需一个投影面。其特点是立体感强，非常直观，但不能准确地反映物体的形状，视觉上出现变形和失真，只能作为工程上的辅助图样。

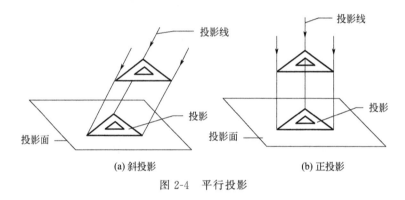

(a) 斜投影   (b) 正投影

图 2-4 平行投影

（2）正投影 投影方向垂直于投影面时所作出的平行投影，称为正投影，见图 2-4(b)。作出正投影的方法称为正投影法。用正投影法在两个或两个以上相互垂直的、并平行于物体主要侧面的投影面上分别获得同一物体的正投影，然后按规则展开在一个平面上，便得到物体的多面正投影图，见图 2-6。

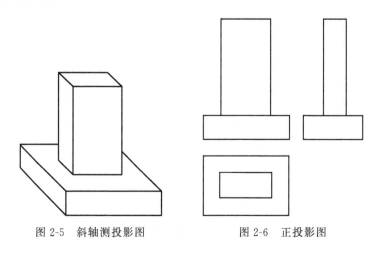

图 2-5 斜轴测投影图   图 2-6 正投影图

正投影图的特点是作图较其他方法简便，便于度量，但缺乏立体感，需经过一定的训练才能看懂。

2.1.3　正投影的基本特性

在建筑制图中，最常使用的投影法是正投影法。正投影有全等性、积聚性、类似性的特性。

（1）全等性　当直线段平行于投影面时，其投影与直线段等长，见图 2-7；当平面图形平行于投影面时，其投影与平面图形全等，见图 2-8。正投影中直线段的长度和平面图形的形状和大小，都可直接从投影图中确定和度量。这种特性称为全等性，这种投影称为实形投影。

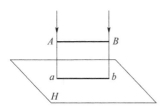

图 2-7　直线段平行于投影面图

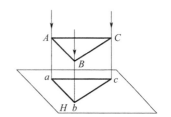

图 2-8　平面图形平行于投影面

（2）积聚性　当直线段垂直于投影面时，其投影积聚成一点，见图 2-9；当平面图形垂直于投影面时，其投影积聚成一直线段，见图 2-10。这种特性称为积聚性，这种投影称为积聚投影。

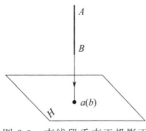

图 2-9　直线段垂直于投影面

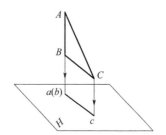

图 2-10　平面图形垂直于投影面

（3）类似性　当直线段倾斜于投影面时，其投影仍是直线段，但比实长短，见图 2-11；当平面图形倾斜于投影面时，其投影与平面形类似，但比实形小，见图 2-12。这种特性称为类似性。

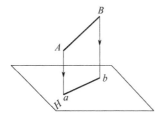

图 2-11　直线段倾斜于投影面

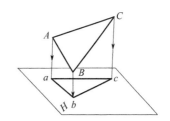

图 2-12　平面图形倾斜于投影面

由于正投影不仅具有反映实长、实形的特性，而且规定投影方向垂直于投影面，便于作图。因此，大多数的工程图样都用正投影法画出。以下各章节提及投影二字，除特别说明外，均指正投影。

2.1.4　三面正投影图

一个投影图只能反映物体一个面的形状和尺寸，并不能完整地反映物体的全部面貌。那么，需要几个投影图才能准确而全面地表达物体的形状和大小呢？一般需要两个或两个以上的投影图。

2.1.4.1　三面投影体系的建立

三个相互垂直的投影面构成三面投影体系，见图2-13。在三面投影体系中，呈水平位置的投影面称为水平投影面，用 H 表示，简称水平面或 H 面；与水平投影面垂直相交呈正立位置的投影面称为正立投影面，用 V 表示，简称正面或 V 面；位于右侧与 H 面、V 面同时垂直相交的投影面称为侧立投影面，用 W 表示，简称侧面或 W 面。三个投影面的两两相交线 OX、OY、OZ 称为投影轴，它们相互垂直。三投影轴相交于一点 O，称为原点。

2.1.4.2　三面正投影图的形成

将物体置于图2-14中的 H 面之上、V 面之前、W 面之左的空间，用分别垂直于三个投影面的平行投影线投影，可得到物体在三个投影面上的正投影图。投影线由上向下垂直于 H 面，在 H 面上产生的投影称为水平投影图，简称平面图；投影线由前向后垂直于 V 面，在 V 面上产生的投影称为正立投影图，简称正面图；投影线由左向右垂直于 W 面，在 W 面上产生的投影称为侧立投影图，简称侧面图。

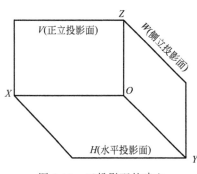

图2-13　三投影面的建立

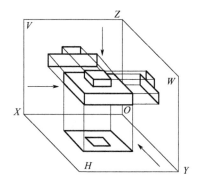

图2-14　投影图的形成图

2.1.4.3　三投影面展开规则

为了把空间三个投影面上所得到的投影图画在一个平面上，需将三个相互垂直的投影面展开摊平成一个平面。展开规则是，V 面保持不动，H 面绕 OX 轴向下翻转 $90°$，W 面绕 OZ 轴向右翻转 $90°$，则它们就和 V 面处在同一平面上，见图2-15。三个投影面展开后，三条投影轴成为两条垂直相交的直线。原 OX、OZ 轴的位置不变，OY 轴则分为两条，在 H 面上的用 OY_H 表示，它与 OZ 轴成一直线；在 W 面上的用 OY_W 表示，它与 OX 轴成一直线。H 面、V 面、W 面的相对位置是固定的，投影图与投影面的大小无关。作图时，不必画出投影面的边界，也不必标注投影面、投影轴和投影图的名称，见图2-16。在工程图样中，投影轴一般可不画出来，但在初学投影作图时，最好将投影轴保留，并用细实线画出，见图 2-17。

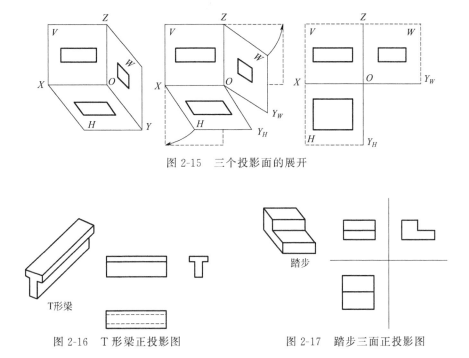

图 2-15　三个投影面的展开

图 2-16　T 形梁正投影图　　　　图 2-17　踏步三面正投影图

2.1.4.4　三面正投影图的投影规律

空间物体都有长、宽、高三个方向的尺度，在作投影图时，对物体的长度、宽度和高度方向，统一按下述方法确定。当物体的正面确定之后，其左右方向的尺寸称为长度，前后方向的尺寸称为宽度，上下之间的尺寸称为高度，见图 2-18。

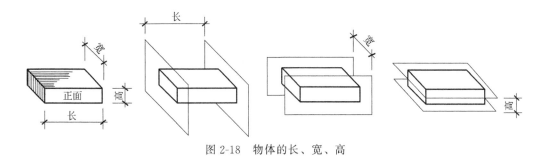

图 2-18　物体的长、宽、高

三面投影图是从三个不同方向投影得到的，对于同一物体，其三面投影图之间既有区别，又有联系。从图 2-19 中可以看出三面正投影图具有下述投影规律。

（1）投影对应规律　投影对应规律是指各投影图之间在量度方向上的相互对应。

由图 2-19（b）可知，H 投影和 V 投影在 X 轴方向都反映物体的长度，它们的位置左右应对正，这种关系称为"长对正"；V 投影和 W 投影在 Z 轴方向都反映物体的高度，它们的位置上下应对齐，这种关系称为"高平齐"；H 投影和 W 投影在 Y 轴方向都反映了物体的宽度，这种关系称为"宽相等"。"长对正、高平齐、宽相等"这三等关系反映了三面正投影图之间的投影对应规律，是绘制和识读正投影图时必须遵循的准则。

（2）方位对应规律　方位对应规律是指各投影图之间在方向位置上的相互对应。任何物

25

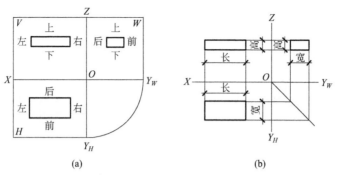

图 2-19　三个投影面展开后的位置

体都有上、下、左、右、前、后六个方位。在三面投影图中，每个投影图各反映其中四个方位的情况，即平面图反映物体的左右和前后；正面图反映物体的左右和上下；侧面图反映物体的前后和上下，见图 2-20(a)。在投影图上识别形体的方位，对识图将有很大的帮助。对一般物体，用三面投影已能确定其形状和大小，因此 H、V、W 三个投影面称为基本投影面。

2.1.4.5　三面正投影图的画法

熟练掌握物体三面正投影图的画法是绘制和识读工程图样的重要基础。下面是画三面正投影图的具体方法和步骤。

① 先画出水平和垂直十字相交线，以作为正投影图中的投影轴，见图 2-20(b)。

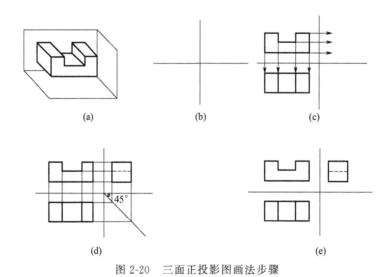

图 2-20　三面正投影图画法步骤

② 根据物体在三面投影体系中的放置位置，先画出能够反映物体特征的正面投影图或水平投影图，见图 2-20(c)。

③ 根据"三等"关系，由"长对正"的投影规律，画出水平投影图或正面投影图；由"高平齐"的投影规律，把正面投影图中涉及高度的各相应部分用水平线拉向侧立投影面；由"宽相等"的投影规律，用过原点 O 作一条向右下斜 45°的线，然后在水平投影图上向右引水平线，与 45°线相交后再向上引铅垂线，得到在侧立面上与"等高"水平线的交点，连接关联点而得到侧面投影图，见图 2-20(d)。

④ 擦去作图线，整理、描深，见图 2-20(e)。

2.2　点的投影

2.2.1　点的三面投影

将空间点 A 置于三面投影体系中，由 A 点分别向三个投影面作垂线（即投影线），三个垂足就是点 A 在三个投影面上的投影，用相应的小写字母 a、a'、a'' 表示，见图 2-21。

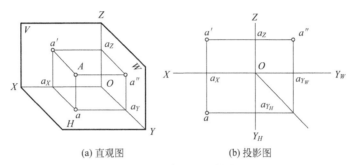

(a) 直观图　　　　　　　　　(b) 投影图

图 2-21　点的三面投影

投影法规定：空间点用大写字母表示；H 面投影用相应的小写字母表示；V 面投影用相应的小写字母并在右上角加一撇表示；W 面投影用相应的小写字母并在右上角加两撇表示。如点 B 的三面投影，分别用 b、b'、b'' 表示。以后学习线、面、体的投影都按此规定标注。

2.2.2　点的投影规律

在图 2-21 中，过空间点 A 的两条投影线 Aa、Aa' 决定的平面 $Aa'a_Xa$ 同时垂直于 H 面和 V 面，因此，该平面与 H 面和 V 面的交线必互相垂直，即 $aa_X \perp a'a_X$、$aa_X \perp OX$、$a'a_X \perp OX$。当 V 面和 H 面展开后，点 A 的水平投影 a 与正面投影 a' 的连线，垂直于 OX 轴，即 $aa' \perp OX$。同理可分析出，$a'a'' \perp OZ$。平面 $Aa'a_Xa$ 为矩形，其对边相等，即 $a'a_X = Aa$、$aa_X = Aa'$。而 Aa 和 Aa' 分别表示空间点 A 到 H 面和 V 面的距离。因此，$a'a_X$、aa_X 分别表示点 A 到 H、V 面的距离。

从以上分析可以得出点在三面投影体系中的投影规律。

① 点的水平投影和正面投影的连线垂直于 OX 轴，即 $aa' \perp OX$。

② 点的正面投影和侧面投影的连线垂直于 OZ 轴，即 $a'a'' \perp OZ$。

③ 点的水平投影到 OX 轴的距离等于点的侧面投影到 OZ 轴的距离，即 $aa_X = a''a_Z$。

④ 点到某一投影面的距离，等于该点在另两个投影面上的投影到其相应投影轴的距离。不难看出，点的三面投影也符合"长对正、高平齐、宽相等"的投影规律。这些规律也说明，在点的三面投影图中，任何两个投影都能反映出点到三个投影面的距离。因此，只要给出点的任何两个投影，就可以求出第三个投影。

【例 2-1】　已知点 B 的两面投影 b'、b''，求作其水平投影 b。

【解】　作图过程见图 2-22。

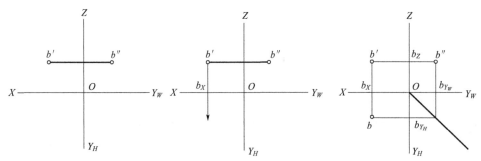

(a) 已知点B的两投影b′、b″   (b) 过b′作OX轴的垂直线b′b_X   (c) 在b′b_X的延长线上截取bb_X=b″b_Z，b即为所求

图 2-22　已知点的两面投影求第三面投影

2.2.3　点的坐标

在三面投影体系中，点在空间的位置可由该点到三个投影面的距离来确定。如果把图 2-23(a) 的三面投影体系看作空间直角坐标系，投影轴 OX、OY、OZ 相当于坐标轴 X、Y、Z，投影面 H、V、W 相当于坐标面，投影轴原点 O 相当于坐标系原点。则空间点 A 到三投影面的距离，就是该点的三个坐标（用小写字母 x、y、z 表示）。即：点 A 到 W 面的距离为 x 坐标；点 A 到 V 面距离为 y 坐标；点 A 到 H 面的距离为 z 坐标。因此，点 A 的空间位置，可以用 $A(x、y、z)$ 表示。已知点的三个坐标，可以作出该点的三面投影图。相反地，已知点的三面投影图，也可以量出该点的三个坐标值。

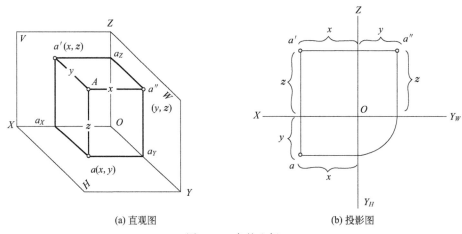

(a) 直观图　　　　　　　　　　(b) 投影图

图 2-23　点的坐标

【例 2-2】　已知点 $A(18,12,14)$，求作点 A 的三面投影图。

【解】作图方法见图 2-24。

2.2.4　两点的相对位置

空间两点的相对位置，是指两点间的前后、左右和上下位置关系，可分别在它们的三面投影中反映出来。H 投影反映出它们的前后、左右关系；V 投影反映出它们的左右、上下关系；W 投影反映出它们的前后、上下关系。在三面投影图中，x 坐标可确定点在三面投影体系中的左右位置，y 坐标可确定点的前后位置，z 坐标可确定点的上下位置。因此，只

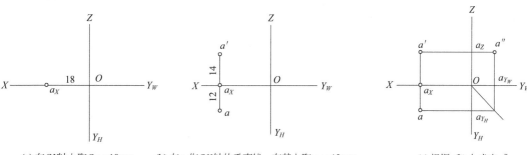

(a) 在OX轴上取Oa_X=18mm　　(b) 在a_X作OX轴的垂直线，在其上取aa_X=12mm，　　(c) 根据a和a' 求出a"
　　　　　　　　　　　　　　　a'a_X=14mm，得a和a'

图 2-24　根据点的坐标作投影图

要将空间两点同面投影的坐标值加以比较，就可判断出两点的左右、前后、上下位置关系。坐标大者为左、前、上，坐标小者为右、后、下。

【例 2-3】　试判断图 2-25 中 A、B 两点的相对位置。

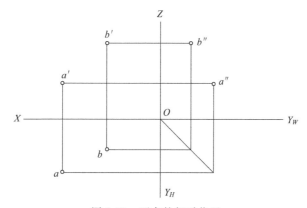

图 2-25　两点的相对位置

【解】判断：从两点的 H、V 面投影来看，A 点的 x 坐标比 B 点的 x 坐标大，即 $x_A >$ x_B，说明 A 点在 B 点的左方，B 点在 A 点的右方。从两点的 H、W 面投影来看，A 点的 y 坐标比 B 点的 y 坐标大，即 $y_A > y_B$，说明 A 点在 B 点的前方，B 点在 A 点的后方。从两点的 V、W 面投影来看，A 点的 z 坐标比 B 点的 z 坐标小，即 $z_A < z_B$，说明 A 点在 B 点的下方，B 点在 A 点的上方。将三面投影联系起来即可确定，A 点在 B 点的左、前、下方，或 B 点在 A 点的右、后、上方。

2.2.5　重影点及其可见性

当空间两点位于某一投影面的同一条投影线上时，这两点在该投影面上的投影必然重合，这两个点称为该投影面上的重影点，见图 2-26。

如图 2-26 所示，点 A 和点 B 在同一垂直于 H 面的投影线上，它们的 H 投影重合在一起。由于点 A 在上，点 B 在下，向 H 面投影时，投影线先遇点 A，后遇点 B。点 A 为可见，它的 H 投影仍标注为 a，点 B 为不可见，其 H 投影标注

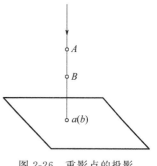

图 2-26　重影点的投影

为（b）。既然两点的投影重合，那么就有一点可见和一点不可见的问题。如何判别重影点的可见性呢？一般根据两点的坐标差来确定。坐标大者为可见，坐标小者为不可见。重影点的投影标注方法是：可见点注写在前，不可见点注写在后并且在字母外加括号。

2.3 直线的投影

2.3.1 直线投影图作图方法

从几何学知道，直线的长度是无限的。直线的空间位置可由线上任意两点的位置确定，即两点可以确定一直线。因此，作直线的投影时，只需求出直线上两个点的投影，然后将其同面投影连接，即为直线的投影。如果已知直线上的点 $A(a,a',a'')$ 和 $B(b,b',b'')$，那么就可以画出直线 AB 的投影图，见图 2-27。

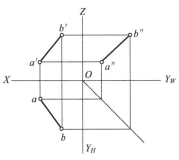

图 2-27　直线投影图作图方法

2.3.2 各种位置直线及投影特性

在三面投影体系中，直线对投影面的相对位置，有投影面平行线、投影面垂直线及投影面倾斜线三种情况。前两种称为特殊位置直线，后一种称为一般位置直线。倾斜于投影面的直线与投影面之间的夹角，称为直线对投影面的倾角。直线对 H 面、V 面和 W 面的倾角，分别用 α、β 和 γ 表示。

2.3.2.1 投影面平行线

平行于一个投影面而倾斜于另两个投影面的直线，称为投影面平行线。

（1）投影面平行线的种类　投影面平行线分为三种情况：

① 水平线，平行于 H 面，倾斜于 V、W 面的直线；

② 正平线，平行于 V 面，倾斜于 H、W 面的直线；

③ 侧平线，平行于 W 面，倾斜于 H、V 面的直线。

这三种投影面平行线的直观图、投影图和投影特性见表 2-1。

表 2-1　投影面平行线

名称	直观图	投影图	投影特性
水平线			1. $a'b'//OX$ 　$a''b''//OY_W$ 2. $ab=AB$ 3. 反映 β、γ 实角
正平线			1. $cd//OX$ 　$c''d''//OZ$ 2. $c'd'=CD$ 3. 反映 α、γ 实角

名称	直观图	投影图	投影特性
侧平线			1. $ef/\!/OY_H$ 　$e'f'/\!/OZ$ 2. $e''f''=EF$ 3. 反映 α、β 实角

（2）投影面平行线的特性　由表 2-1 可以得出投影面平行线的投影特性如下。

① 直线平行于某一投影面，则在该投影面上的投影反映直线实长，并且该投影与投影轴的夹角反映直线对其他两个投影面的倾角。

② 直线在另外两个投影面上的投影，分别平行于相应的投影轴，但不反映实长。

根据投影面平行线的投影特性，可判别直线与投影面的相对位置。即"一斜两直线，定是平行线，斜线在哪面，平行哪个面"。

2.3.2.2　投影面垂直线

垂直于一个投影面而平行于另两个投影面的直线，称为投影面垂直线。

（1）投影面垂直线的种类　投影面垂直线分为三种情况：

① 铅垂线，垂直于 H 面，平行于 V、W 面的直线；

② 正垂线，垂直于 V 面，平行于 H、W 面的直线；

③ 侧垂线，垂直于 W 面，平行于 H、V 面的直线。

这三种投影面垂直线的直观图、投影图和投影特性见表 2-2。

表 2-2　投影面垂直线

名称	直观图	投影图	投影特性
铅垂线			1. ab 积聚成一点 2. $a'b'\perp OX$ 　$a''b''\perp OY_W$ 3. $a'b'=a''b''=AB$
正垂线			1. $c'd'$ 积聚成一点 2. $cd\perp OX$ 　$c''d''\perp OZ$ 3. $cd=c''d''=CD$
侧垂线			1. $e''f''$ 积聚成一点 2. $ef\perp OY_H$ 　$e'f'\perp OZ$ 3. $ef=e'f'=EF$

（2）投影面垂直线的特性　由表 2-2 可以得出投影面垂直线的投影特性如下。

① 直线垂直于某一投影面，则在该投影面上的投影积聚为一点。

② 直线在另外两个投影面上的投影分别垂直于相应的投影轴，且反映实长。

根据投影面垂直线的投影特性，可判别直线与投影面的相对位置。即"一点两直线，定是垂直线，点在哪个面，垂直哪个面"。

（3）一般位置直线　与三个投影面均成倾斜角度的直线，称为一般位置直线，见图 2-28。

由图 2-28 可以得出一般位置直线的投影特性如下。

① 直线倾斜于投影面，则三个投影均为倾斜于投影轴的直线，且不反映实长。

② 直线的三个投影与投影轴的夹角，均不反映直线对投影面的倾角。

根据一般位置直线的投影特性，可判别直线与投影面的相对位置。即"三个投影三斜线，定是一般位置线"。

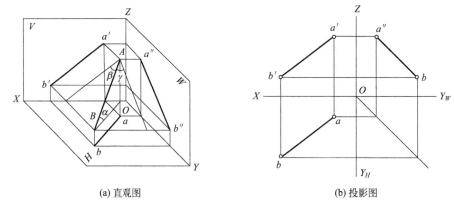

(a) 直观图　　　　　　　　　　(b) 投影图

图 2-28　一般位置直线

2.3.3　直线上的点

点在直线上，则点的各投影必定在该直线的同面投影上，并且符合点的投影规律；反之，如果点的各投影均在直线的同面投影上，且各投影符合点的投影规律，则该点必在直线上。

一般情况下，判断点是否在直线上，可由它们的任意两个投影来决定。在图 2-29 中，e 在 ab 上，e' 在 $a'b'$ 上，且 ee' 连线垂直于 OX 轴，则空间点 E 在直线 AB 上；f 在 ab 上，f' 不在 $a'b'$ 上，则空间点 F 不在直线 AB 上。

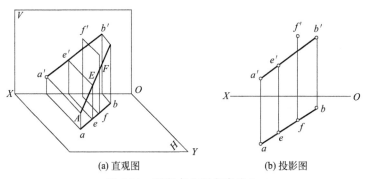

(a) 直观图　　　　　　　(b) 投影图

图 2-29　判断点是否在直线上

如果直线平行于某投影面时，还应根据直线所平行的投影面上的投影，才能判别点是否在直线上。在图 2-30 中，k 在 mn 上，k' 在 $m'n'$ 上，但是 k'' 不在 $m''n''$ 上，则空间点 K 不在直线 MN 上。

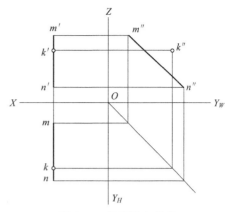

图 2-30　侧平线上的点

2.4　平面的投影

2.4.1　平面的表示方法

平面是广阔无边的，平面可以用确定其空间位置的几何元素来表示。因此，在投影图上，平面在空间的位置可由下列任何一组几何元素来确定，见图 2-31。

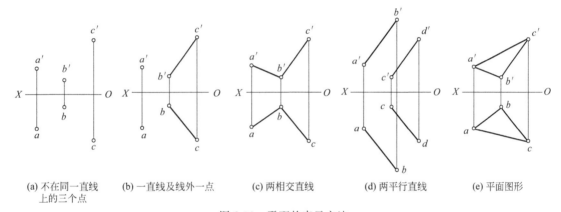

| (a) 不在同一直线上的三个点 | (b) 一直线及线外一点 | (c) 两相交直线 | (d) 两平行直线 | (e) 平面图形 |

图 2-31　平面的表示方法

所谓确定位置，就是通过上列每一组元素，只能作出唯一的一个平面。通常用一个平面图形（如三角形、四边形、多边形、圆形等）来表示一个平面。如果说平面图形 ABC，则只表示在三角形 ABC 范围内的那部分平面；如果说平面 ABC，则表示通过三角形 ABC 的一个广阔无边的平面。

2.4.2　平面投影图作图方法

平面是由点、线所围成的。因此，求作平面的投影，实质上是求作点和线的投影。已知空间一平面 ABC，见图 2-32，若将其三个顶点 A、B、C 的三面投影作出，再将各点的同面投影连接起来，即为平面 ABC 的投影。

2.4.3　各种位置平面及投影特性

在三面投影体系中，平面对投影面的相对位置，有投影面平行面、投影面垂直面及投影面倾斜面三种情况。前两种称为特殊位置平面，后一种称为一般位置平面。倾斜于投影面的平面与投影面之间的夹角，称为平面对投影面的倾角。平面对 H 面、V 面和 W 面的倾角，分别用 α、β 和 γ 表示。

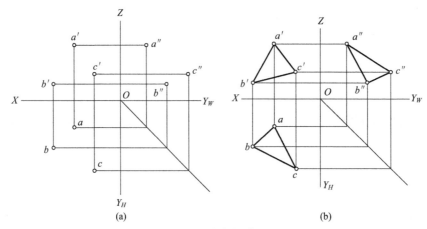

图 2-32 平面投影图作图方法

2.4.3.1 投影面平行面

平行于一个投影面而垂直于另外两个投影面的平面，称为投影面平行面。

（1）投影面平行面的种类 投影面平行面分为三种情况：

① 水平面，平行于 H 面，垂直于 V、W 面的平面；

② 正平面，平行于 V 面，垂直于 H、W 面的平面；

③ 侧平面，平行于 W 面，垂直于 H、V 面的平面。

这三种投影面平行面的直观图、投影图和投影特性见表 2-3。

表 2-3 投影面平行面

名称	直观图	投影图	投影特性
水平面			1. 水平投影反映实形； 2. 正面投影及侧面投影积聚成一直线，且分别平行于 OX 轴及 OY_W 轴
正平面			1. 正面投影反映实形； 2. 水平投影及侧面投影积聚成一直线，且分别平行于 OX 轴及 OZ 轴
侧平面			1. 侧面投影反映实形； 2. 水平投影及正面投影积聚成一直线，且分别平行于 OY_H 轴及 OZ 轴

（2）投影面平行面的特性　由表2-3可以得出投影面平行面的投影特性如下。

① 平面平行于某一投影面，则在该投影面上的投影反映实形。

② 平面在另外两个投影面上的投影积聚成直线，并分别平行于相应的投影轴。

根据投影面平行面的投影特性，可判别平面与投影面的相对位置，即"一框两直线，定是平行面，框在哪个面，平行哪个面"。

2.4.3.2　投影面垂直面

垂直于一个投影面而倾斜于另外两个投影面的平面，称为投影面垂直面。

（1）投影面垂直面的种类　投影面垂直面分为三种情况：

① 铅垂面，垂直于 H 面，倾斜于 V、W 面的平面；

② 正垂面，垂直于 V 面，倾斜于 H、W 面的平面；

③ 侧垂面，垂直于 W 面，倾斜于 H、V 面的平面。

这三种投影面垂直面的直观图、投影图和投影特性见表2-4。

表 2-4　投影面垂直面

名称	直观图	投影图	投影特性
铅垂面			1.水平投影积聚成一直线，并反映对 V、W 面的倾角 β、γ；2.正面投影和侧面投影为平面的类似形
正垂面			1.正面投影积聚成一直线，并反映对 H、W 面的倾角 α、γ；2.水平投影和侧面投影为平面的类似形
侧垂面			1.侧面投影积聚成一直线，并反映对 H、V 的倾角 α、β；2.水平投影和正面投影为平面的类似形

（2）投影面垂直面的特性　由表2-4可以得出投影面垂直面的投影特性如下。

① 平面垂直于某一投影面，则在该投影面上的投影，积聚成一条倾斜于投影轴的直线，且此直线与投影轴的夹角反映空间平面对另外两个投影面的倾角。

② 平面在另外两个投影面上的投影，均为缩小了的原平面的类似形线框。根据投影面

垂直面的投影特性,可判别平面与投影面的相对位置,即"两框一斜线,定是垂直面,斜线在哪面,垂直哪个面"。

2.4.3.3 一般位置平面

与三个投影面均倾斜的平面,称为一般位置平面,见图2-33。

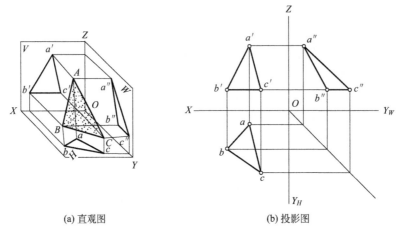

| (a) 直观图 | (b) 投影图 |

图2-33 一般位置平面

由图2-33可以得出一般位置平面的投影特性:平面倾斜于投影面,则三个投影既没有积聚性,也不反映实形,而是原平面图形的类似形。

根据一般位置平面的投影特性,可判别平面与投影面的相对位置。即"三个投影三个框,定是一般位置面"。

2.4.4 平面上的直线和点

2.4.4.1 平面上的直线

① 一直线若通过平面内的两点,则此直线必位于该平面上。如图2-34(a)、(b)所示,直线 DE 上的点 D 在△ABC 的 BC 边上,点 E 在 AC 边上,故直线 DE 在△ABC 上。

② 一直线通过平面上的一点,且平行于平面上的另一条直线,则此直线必位于该平面上。如图2-34(a)、(c)所示,直线 BG 通过平面△ABC 上的一点 B,且平行于 AC,故直线 BG 在△ABC 上。

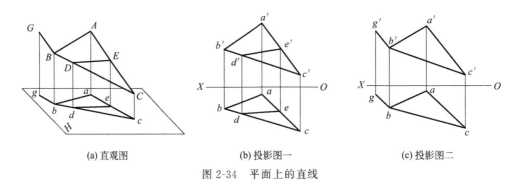

| (a) 直观图 | (b) 投影图一 | (c) 投影图二 |

图2-34 平面上的直线

综上所述,在已知平面上作直线时,一定要过平面上两已知点;或过平面上一已知点,且与该平面的另一条直线平行。

【例 2-4】　在已知图 2-35(a) 中的△ABC 上任取一直线。

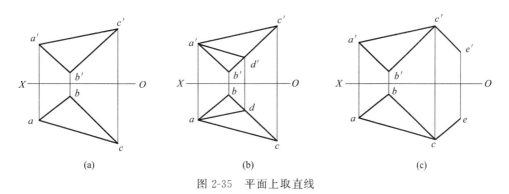

(a)　　　　　　　　　　　　(b)　　　　　　　　　　　　(c)

图 2-35　平面上取直线

【解】此题有两种画法。

(1) 如图 2-35(b) 所示，过 a 作一直线与 bc 相交于 d，自 d 向上引垂线交 $b'c'$ 于 d'；连接 $a'd'$，则 ad 与 $a'd'$ 即为所求。

(2) 如图 2-35(c) 所示，过 c 作 $ce//ab$，过 c' 作 $c'e'//a'b'$，ce 与 $c'e'$ 即为所求。

2.4.4.2　平面上的点

如果一点在直线上，直线在平面上，则点必位于平面上。点 F 在直线 DE 上，而 DE 在平面 ABC 上，因此，点 F 在平面 ABC 上。如图 2-36 所示。

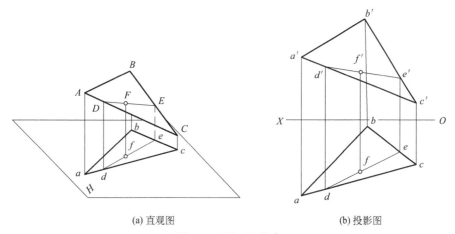

(a) 直观图　　　　　　　　　　　　(b) 投影图

图 2-36　平面上的点

从点和直线在平面内的投影特性可知，在平面上取点，首先要在平面上取线。而在平面上取线，又需先在平面上取点。因此，在平面上取点取线，互为作图条件。

【例 2-5】　已知四边形 ABCD 的水平投影和 AB、AD 两边的正面投影，见图 2-37(a)，完成四边形 ABCD 的正面投影。

【解】解法如下。

(1) 如图 2-37(b) 所示，连接 ac、bd 交于 e，过 e 向上引垂线与 $b'd'$ 相交于 e'。

(2) 如图 2-37(c) 所示，过 c 向上引垂线与 $a'e'$ 的延长线相交于 c'，连接 $b'c'$、$c'd'$ 即为所求。

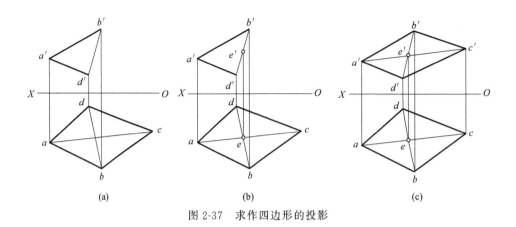

(a)　　　　　　　　(b)　　　　　　　　(c)

图 2-37　求作四边形的投影

2.5　体的投影

工程建筑物的形体复杂多样，但任何建筑形体均可看作由基本几何体经过一定方式组合而成。常见的基本几何体分为平面体和曲面体两大类。表面由若干平面形围成的立体称为平面体，如棱柱体、棱锥体等；表面由曲面或平面形与曲面围成的立体，称为曲面体，如圆柱体、圆锥体等。

2.5.1　平面体的投影

平面体的每个表面均为平面多边形，故作平面体的投影，就是作出组成平面体的各平面形的投影。

2.5.1.1　棱柱体的投影

（1）棱柱体的形成　图 2-38（a）的物体是一个三棱柱，它的上下底面为两个全等三角形平面且互相平行；侧面均为四边形，且每相邻两个四边形的公共边都互相平行。由这些平面组成的基本几何体为棱柱体。当底面为 n 边形时，所组成的棱柱为 n 棱柱。

（2）投影分析　现以正三棱柱为例来进行分析，见图 2-38（b）、（c）。

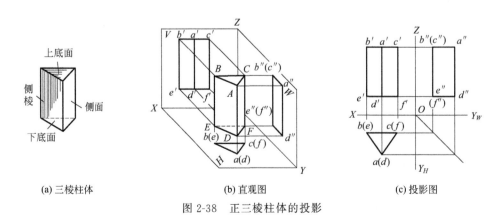

(a) 三棱柱体　　　　　　(b) 直观图　　　　　　(c) 投影图

图 2-38　正三棱柱体的投影

三棱柱的放置位置：上下底面为水平面，左前、右前侧面为铅垂面，后侧面为正平面。

在水平面上正三棱柱的投影为一个三角形线框，该线框为上下底面投影的重合，且反映实形。三条边分别是三个侧面的积聚投影。三个顶点分别为三条侧棱的积聚投影。

在正立面上正三棱柱的投影为两个并排的矩形线框，分别是左右两个侧面的投影。两个矩形的外围（即轮廓矩形）是左右侧面与后侧面投影的重合。三条铅垂线是三条侧棱的投影，并反映实长。两条水平线是上下底面的积聚投影。

在侧立面上正三棱柱的投影为一个矩形线框，是左右两个侧面投影的重合。两条铅垂线分别为后侧面的积聚投影及左右侧面的交线的投影。两条水平线是上下底面的积聚投影。

（3）投影特性　棱柱的三面投影，在一个投影面上是多边形，在另两个投影面上分别是一个或者是若干个矩形。

2.5.1.2　棱锥体的投影

（1）棱锥体的形成　图 2-39（a）的物体是一个三棱锥，它的底面为三角形，侧面均为具有公共顶点的三角形。由这些平面组成的基本几何体为棱锥体。当底面为 n 边形时，所组成的棱锥为 n 棱锥。

（2）投影分析　以正三棱锥为例进行分析，见图 2-39（b）、（c）。

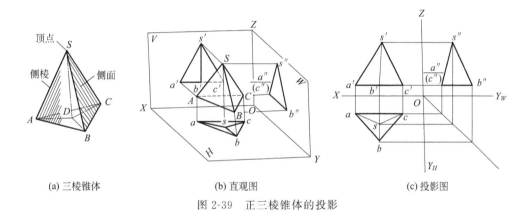

(a) 三棱锥体　　　　　(b) 直观图　　　　　(c) 投影图

图 2-39　正三棱锥体的投影

正三棱锥的放置位置：底面为水平面，后侧面为侧垂面，左前、右前侧面为一般位置面。在水平面上正三棱锥的投影为由三个三角形线框围成的大三角形线框。外形三角形线框是底面的投影，反映实形。顶点的投影 S 在三角形中心，它与三个角点的连线是三条侧棱的投影。三个小三角形是三个侧面的投影。在正立面上正三棱锥的投影为三角形线框。水平线是底面的积聚投影；两条斜边和中间铅垂线是三条侧棱的投影。三角形线框内的小三角形分别为左右侧面的投影，外形三角形线框为后侧面的投影。在侧立面上正三棱锥的投影为三角形线框。水平线是底面的积聚投影，斜边分别为后侧面的积聚投影及侧棱的投影。三角形线框是左右两个侧面的重合投影。

（3）投影特性　棱锥的三面投影，一个投影的外轮廓线为多边形，另两个投影为一个或若干个具有公共顶点的三角形。

综合上面两个例子，可知平面体的投影特点如下。

① 求平面体的投影，实质上就是求点、直线和平面的投影。

② 投影图中的线段可以仅表示侧棱的投影，也可能是侧面的积聚投影。

③ 投影图中线段的交点，可以仅表示为一点的投影，也可能是侧棱的积聚投影。

④ 投影图中的线框代表的是一个平面。

⑤ 当向某投影面作投影时，凡看得见的侧棱用实线表示，看不见的侧棱用虚线表示，

当两条侧棱的投影重合时，仍用实线表示。

2.5.1.3 平面体投影图的画法

① 已知四棱柱的底面及柱高，作四棱柱的投影图，画法详见图 2-40。

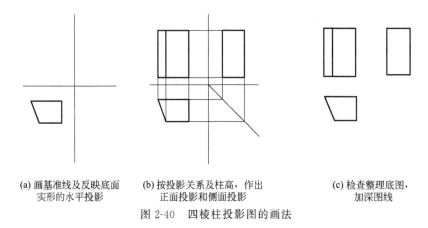

(a) 画基准线及反映底面　　(b) 按投影关系及柱高，作出　　(c) 检查整理底图，
　实形的水平投影　　　　　　正面投影和侧面投影　　　　加深图线

图 2-40　四棱柱投影图的画法

② 已知六棱锥的底面及柱高，作六棱锥的投影图，画法详见图 2-41。

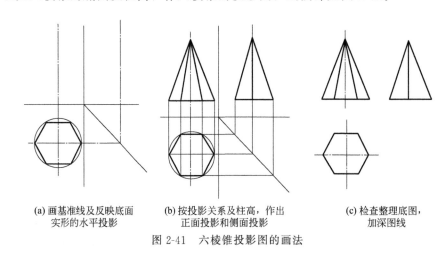

(a) 画基准线及反映底面　　(b) 按投影关系及柱高，作出　　(c) 检查整理底图，
　实形的水平投影　　　　　　正面投影和侧面投影　　　　加深图线

图 2-41　六棱锥投影图的画法

2.5.1.4 平面体投影图的尺寸标注

平面体投影图的尺寸标注，须标注出形体的长、宽、高，尺寸要齐全，避免重复。长、宽尺寸应注写在反映实形的投影图上，高度尺寸尽量注写在正面和侧面投影图之间。表 2-5 为平面立体投影图的尺寸标注样式。

表 2-5　平面立体投影图的尺寸标注

四棱柱体	三棱柱体

三棱锥体	五棱锥体
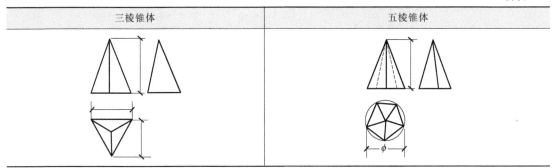	

2.5.2　曲面体的投影

建筑形体中，许多是由曲面或曲面与平面围成的基本体，这样的基本体为曲面体。作曲面体的投影图，实际上就是作组成曲面体的外轮廓线和平面的投影。

2.5.2.1　圆柱体的投影

（1）圆柱体的形成　如图 2-42 所示，一直线 AA_1 绕与其平行的另一直线 OO_1 旋转一周后，其轨迹是一圆柱面。直线 OO_1 为轴，直线 AA_1 为母线，母线在圆柱面上任意位置时称为素线，圆柱面与垂直于轴线的两平行平面所围成的立体称为正圆柱体。我们所讲的圆柱体均指正圆柱体。

（2）投影分析　现以一圆柱体为例来进行分析。如图 2-43 所示，在水平面上圆柱体的投影是一个圆，它是上下底面投影的重合，反映实形。圆心是轴线的积聚投影，圆周是整个圆柱面的积聚投影。

在正立面上圆柱体的投影是一个矩形线框，是看得见的前半个圆柱面和看不见的后半个圆柱面投影的重合，矩形的高等于圆柱体的高，矩形的宽等于圆柱体的直径。$a'b'$、$a_1'b_1'$ 是圆柱上下底面的积聚投影。$a'a_1'$、$b'b_1'$ 是圆柱最左、最右轮廓素线的投影，最前、最后轮廓素线的投影与轴线重合且不是轮廓线，所以仍然用细单点长划线画出。

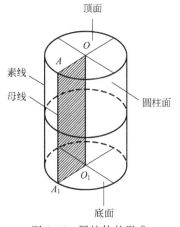

图 2-42　圆柱体的形成

在侧立面上圆柱体的投影是与正立面上的投影完全相同的矩形线框，是看得见的左半个圆柱面和看不见的右半个圆柱面投影的重合，矩形的高等于圆柱体的高，矩形的宽等于圆柱体的直径。$d''c''$、$d_1''c_1''$ 是上下两底面的积聚投影。$c''c_1''$、$d''d_1''$ 是圆柱最前、最后轮廓素线的投影，最左、最右轮廓素线的投影与轴线重合且不是轮廓线，所以仍然用细单点长划线画出。轴线的投影用细单点长划线画出。

（3）投影特性　圆柱的三面投影，一个投影是圆，另两个投影为全等的矩形。

2.5.2.2　圆锥体的投影

（1）圆锥体的形成　如图 2-44 所示，由一条直线（母线 SN）以与其相交于点 S 的直线（导线 SO）为轴回转一周所形成的曲面为圆锥面。母线在圆锥面上任一位置时称为圆锥面的素线，圆锥面与垂直于轴线的平面所围成的立体称为正圆锥体。我们所讲的圆锥体均指正圆锥体。

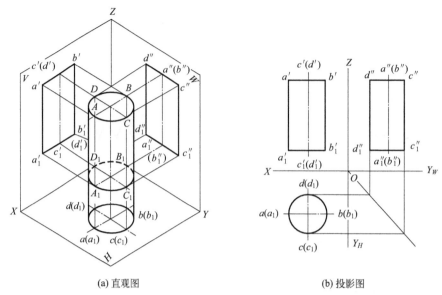

(a) 直观图　　　　　　　　　　　　　　(b) 投影图

图 2-43　圆柱体的投影

图 2-44　圆锥体的形成

（2）投影分析　如图 2-45 所示，现以一圆锥体为例进行分析。

在水平面上，圆锥体的投影是一个圆，它是圆锥面和圆锥体底面的重合投影，反映底面的实形。圆的半径等于底圆的半径，圆心是轴线的积聚投影，锥顶的投影落在圆心上。在正立面上圆锥体的投影是一个三角形线框，三角形的高等于圆锥体的高，三角形的底边长等于底圆的直径。三角形线框是看得见的前半个圆锥面和看不见的后半个圆锥面投影的重合。$s'a'$、$s'b'$是圆锥面最左、最右两条轮廓素线的投影，最前、最后轮廓素线的投影与轴线重合且不是轮廓线，所以仍然用细单点长划线画出。在侧立面上圆锥体的投影是一个三角形线框，与正立面上的投影三角形线框是全等的，它是看得见的左半个圆锥面和看不见的右半个圆锥面投影的重合。$s''c''$、$s''d''$是圆锥面最前、最后两条轮廓素线的投影，最左、最右两条轮廓素线的投影与轴线重合且不是轮廓线，所以仍然用细单点长划线画出。轴线的投影用细单点长划线画出。

（3）投影特性　圆锥的三面投影，一个投影是圆，另两个投影是全等的三角形。

2.5.2.3　球体的投影

（1）球体的形成　以圆周为母线，绕着其本身的任意直径为轴回转一周所形成的曲面为球面，球面围成的立体称为球体，见图 2-46。

（2）投影分析　如图 2-47 所示，以一球体为例进行分析。在水平面上球体的投影是一个圆，它是看得见的上半个球面和看不见的下半个球面投影的重合，该圆周是球面上平行于水平面的最大圆的投影。在正立面上球体的投影是与水平投影全等的圆，它是看得见的前半个球面和看不见的后半个球面投影的重合，该圆周是球面上平行于正立面的最大圆的投影。在侧立面上球体的投影是与水平投影和正立投影都全等的圆，它是看得见的左半个球面和看不见的右半个球面投影的重合，该圆周是球面上平行于侧立面的最大圆的投影。

（3）投影特性　球体的三面投影，是三个全等的圆，圆的直径等于球径。

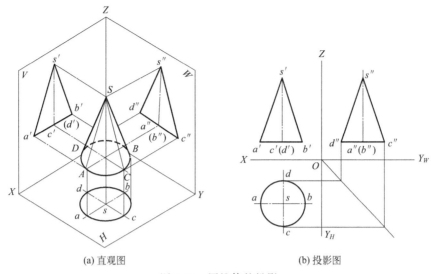

(a) 直观图　　　　　　　　　　　　(b) 投影图

图 2-45　圆锥体的投影

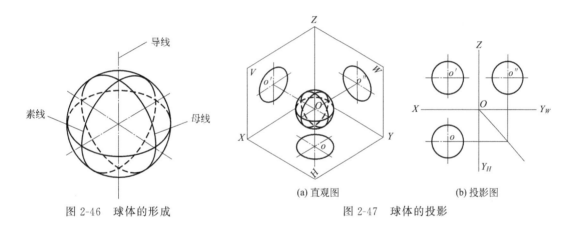

图 2-46　球体的形成　　　　　(a) 直观图　　　　　　　(b) 投影图

图 2-47　球体的投影

2.5.2.4　曲面体投影图的画法

作曲面体投影图时，曲面体的中心线和轴线要用细单点长划线画出。

① 圆柱体投影图画法详见图 2-48。

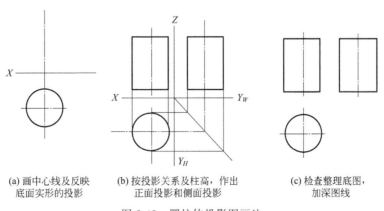

(a) 画中心线及反映　　　(b) 按投影关系及柱高，作出　　　(c) 检查整理底图，
　　底面实形的投影　　　　　正面投影和侧面投影　　　　　　加深图线

图 2-48　圆柱体投影图画法

② 圆锥体投影图画法详见图 2-49。

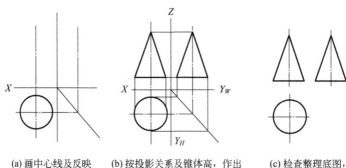

(a) 画中心线及反映 (b) 按投影关系及锥体高，作出 (c) 检查整理底图，
底面实形的投影   正面投影和侧面投影   加深图线

图 2-49 圆锥体投影图画法

③ 球体投影图画法详见图 2-50。

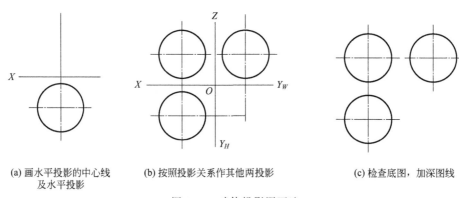

(a) 画水平投影的中心线 (b) 按照投影关系作其他两投影 (c) 检查底图，加深图线
及水平投影

图 2-50 球体投影图画法

2.5.2.5 曲面体投影图的尺寸标注

曲面体投影的尺寸标注原则与平面体的尺寸标注大致相同，表 2-6 为曲面体投影图的尺寸标注样式。

表 2-6 曲面体投影图的尺寸标注

圆柱体	圆锥体	球体

2.5.3 组合体的投影

在实际工程中，工程建筑物的形状多种多样，看似复杂，其实它们都是由一些基本形体

（如棱柱、棱锥、圆柱、圆锥、球体等）按一定方式组合而成的。我们把这样的立体称为组合体。

2.5.3.1　组合体的组合方式

组合体的组合方式有叠加式、切割式和综合式三种。

（1）叠加式　组合体由若干个基本形体叠加或叠砌在一起而成。如图 2-51（a）所示的物体是由两个大小不同的长方体叠加而成的。

（2）切割式　组合体由一个基本体经过若干次切割而成。如图 2-51（b）所示的物体是在一个长方体的上表面挖去一个小长方体后剩下的部分形成的。

（3）综合式　组合体由基本体叠加和切割而成。如图 2-51（c）所示的物体的下部分是由一个长方体两边分别切去一个四棱柱，该长方体的中间切去一个三棱柱后剩下的形体；它的上部分是一个四棱柱切去一个三棱柱后成五棱柱，同时又叠加了一个半圆柱，然后上下部分叠加，组成了该组合体。

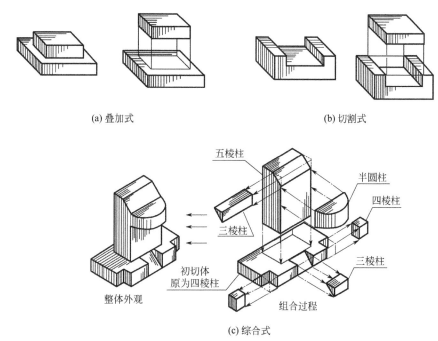

(a) 叠加式　　　　　　　　　　　　　　　(b) 切割式

(c) 综合式

图 2-51　组合体的组合方式

2.5.3.2　组合体投影图画法

作组合体的投影图时，要将组合体分解成若干个基本形体，分析这些基本形体的组合形式、彼此间的连接关系及相互位置关系，最后根据分析逐一解决基本体的画图和读图问题，从而作出组合体的投影图。组合体投影图的具体画法如下。

（1）形体分析　一个组合体可以看作是由若干个基本几何体组合而成，我们对这些基本体的组合形式、表面连接关系和相互位置进行分析，弄清各部分的形状特征，逐步进行作图，这种分析方法即形体分析法。

图 2-52 是一台阶直观图，它可看作是由三块四棱柱体的踏步板按大小至下而上的顺序叠放，两块五棱柱体的栏板紧靠在踏步板的左右两侧叠加而成的。无论是由哪一种形式组成的组合体，画它们的投影图时，都必须正确表示各基本体之间的表面连接关系和相互位置关

系。所谓连接关系，就是指基本体组合成组合体时，各基本形体表面间真实的相互关系，见图 2-53，所谓相互位置关系，就是以某一形体为参照，另一基本形体在组合体的前后、左右、上下等位置关系，见图 2-54。

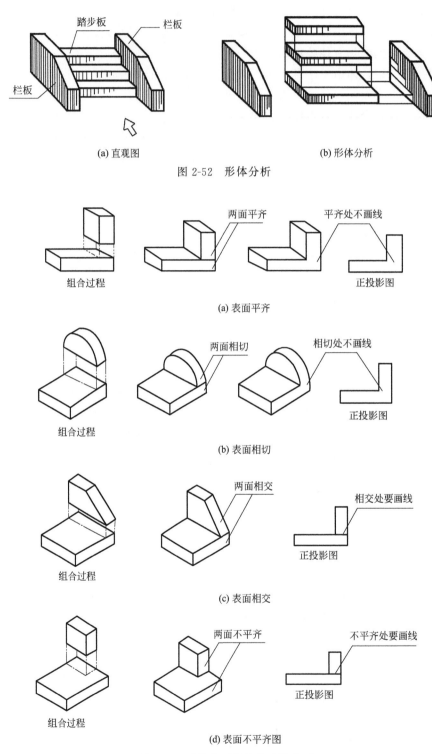

(a) 直观图　　　　　　　　　　　　　　(b) 形体分析

图 2-52　形体分析

(a) 表面平齐

(b) 表面相切

(c) 表面相交

(d) 表面不平齐图

图 2-53　形体表面的几种连接关系

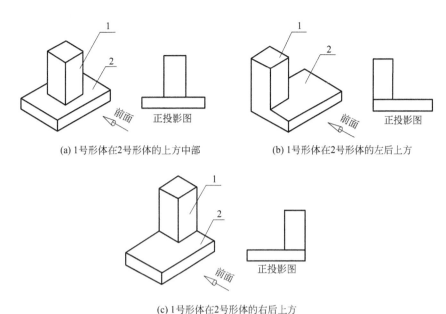

(a) 1号形体在2号形体的上方中部　　　　　(b) 1号形体在2号形体的左后上方

(c) 1号形体在2号形体的右后上方

图 2-54　基本形体间的几种位置关系

（2）投影图的选择

① 原则　用较少的投影图把形体的形状完整、清楚、准确地表达出来，并且要合理使用图纸。

② 确定组合体的安放位置时应注意以下四点：

第一，将最能反映构件或零件外形特征的那个面作为正立面；

第二，主要平面放置成投影面平行面；

第三，按照生活习惯放置；

第四，尽量减少图中的虚线。

如图 2-52 的台阶应平放，箭头方向为正面投影方向，这样符合日常生活中人们对台阶的习惯使用，并且把主要平面放置成了投影面平行面。

③ 确定组合体的投影图数量的具体做法是：

第一步，根据表达基本形体所需的投影图来确定组合体的投影图数量；

第二步，抓住组合体的总体轮廓特征或其中某基本体的明显特征来选择投影图数量；

第三步，选择投影图与减少虚线相结合。

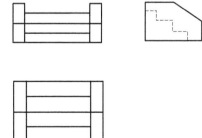

如图 2-55 所示，台阶的三块踏步叠加在一起形成一个立体，两侧栏板是五棱柱体，它们共同组成该组合体，在侧面投影中可以比较清楚地反映出台阶的形状特征，故用正面投影和侧面投影即可将台阶表达清楚，如若仅用正面投影和水平投影就不能清楚地反映出其形状特征。

图 2-55　台阶的投影图

2.5.3.3　组合体尺寸标注

组合体投影图能够反映出物体的形状及各组成部分的相互连接关系，但同时还应标注出各基本体的大小，才能明确形体的实际大小和各部分的相对位置关系，所以要对组合体进行尺寸标注。

（1）尺寸种类及尺寸基准

① 尺寸种类。定形尺寸：用于确定组合体中基本体自身大小的尺寸，它通常由长、宽、高三项尺寸来反映。定位尺寸：用于确定组合体中各基本体之间相对位置的尺寸。总尺寸：用于确定组合体总长、总宽和总高的外包尺寸。

② 尺寸基准。对于组合体，在标注定位尺寸时，须在长、宽、高三个方向分别选定尺寸基准，即要选择一个或几个标注尺寸的起点。通常选形体上某一明显位置的平面或形体的中心线为基准位置。长度方向一般可选择左侧面或右侧面为基准；宽度方向可选择前侧面或后侧面为基准；高度方向一般以底面或顶面为基准；若物体是对称的，还可选择对称线或轴线为基准。

（2）尺寸的标注方法　以图 2-56 中的肋式杯形组合体为例，对它的投影图进行尺寸标注，见图 2-57。

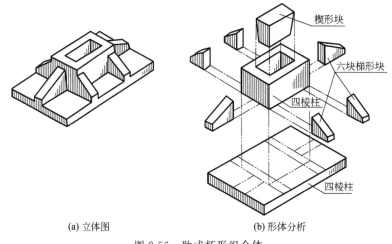

(a) 立体图　　　　　　　　(b) 形体分析

图 2-56　肋式杯形组合体

① 进行形体分析，弄清反映在投影图上的有哪些基本体。如图 2-56（b）所示，该肋式杯形组合体是由一个四棱柱、另一个被挖去一个楔形块的四棱柱和六个梯形块组合而成的组合体。

② 标注定形尺寸，一般按从小到大的顺序进行标注，并把一个基本体的长、宽、高尺寸依次标注完之后，再标注其他形体的尺寸，以防遗漏。如图 2-57 所示，水平投影中四棱柱底板长 3000mm，宽 2000mm；四棱柱长 1500mm，宽 1000mm；前后肋板长均为 250mm，宽均为 500mm；左右肋板长均为 750mm，宽均为 250mm；楔形杯口上底长宽为 1000mm×500mm，下底长宽为 950mm×450mm；从正面投影图中看出组合体底板与杯口高度依次为 250mm、750mm，组合体总高为 1000mm；从侧面投影图中看出，组合体底板高 250mm，肋板高依次为 100mm、500mm、600mm，肋板顶部距离杯口顶部 150mm，组合体总高为 1000mm。

③ 标注定位尺寸，按常规选定基准。杯口距四棱柱的左右侧面的定位尺寸为 250mm，距四棱柱前后侧面尺寸 250mm；杯口底距四棱柱顶面 650mm；左右肋板定位尺寸为 875mm，高度方向定位尺寸 250mm；同理，前后肋板的定位尺寸为 750mm、250mm。

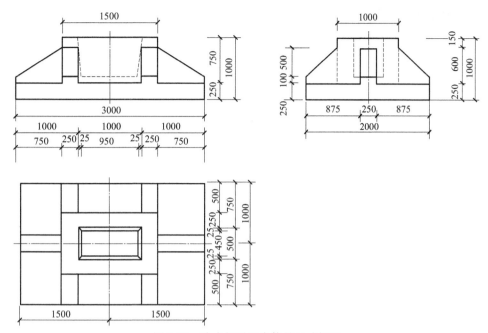

图 2-57　肋式杯形组合体的尺寸标注

④ 标注组合体的总尺寸。组合体的总长 3000mm，总宽 2000mm，总高 1000mm。

⑤ 检查全图，看尺寸标注是否标准、齐全、合理。有时组合体形状变化多，定形尺寸、定位尺寸和总尺寸可以相互兼代。

（3）标注尺寸的注意事项

① 尺寸标注要完整、清晰、易读；

② 尺寸不要重复标注；

③ 尽可能避免在虚线上标注尺寸；

④ 尺寸应尽量注写在反映形体特征的投影图上；

⑤ 尺寸排列要大尺寸在外，小尺寸在内；

⑥ 尺寸最好注写在图形之外，并布置在两个投影图之间，某些局部尺寸允许注写在轮廓线内，但任何图线不得穿越尺寸数字。

3 轴测投影

前面所学的正投影图是将物体放在三个互相垂直的投影面之间，分别作出它的 H 投影、V 投影和 W 投影，用三个图形共同表示一个物体的形状，见图 3-1(a)。正投影图能够比较完整、准确地表达物体的形状和大小，并且作图也较为简便，是工程上普遍采用的图示方法。但这种图样缺乏立体感，要有一定的识图能力才能看懂。为了便于识图，在工程中经常采用一种富有立体感的投影图来表示物体，作为辅助图样，这种投影图称为轴测投影图，简称轴测图，见图 3-1(b)。

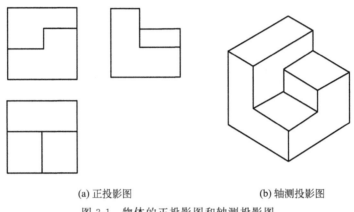

(a) 正投影图　　　　　　　　　　　(b) 轴测投影图

图 3-1　物体的正投影图和轴测投影图

3.1　轴测投影的基本知识

轴测图是用一个图形表示出物体的形状，具有较强的立体感，容易看懂。但也存在一定的缺点，它不能准确地反映物体各侧面的实形、大小及比例尺寸。因此，轴测投影图在应用上具有一定的局限性。

3.1.1　轴测投影的形成

轴测投影属于平行投影，它是选取适当的投影方向，将物体连同确定物体长、宽、高三个尺度的直角坐标轴，用平行投影的方法投影到一个选定的投影面（轴测投影面）上而形成的，见图 3-2。应用轴测投影的方法绘制的投影图，称为轴测投影图，简称轴测图。

3.1.2　轴测投影的种类

按投影方向与轴测投影面的相对位置，轴测投影图分为正轴测图和斜轴测图两大类。当物体的三个直角坐标轴与轴测投影面倾斜，投影线垂直于投影面时，所得到的轴测投影图称为正轴测投影图，简称正轴测图，见图 3-3；当物体两个坐标轴与轴测投影面平行，投影线倾斜于投影面时，所得到的轴测投影图称为斜轴测投影图，简称斜轴测图，见图 3-4。

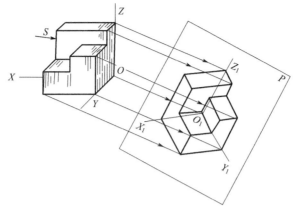

图 3-2 轴测投影的形成

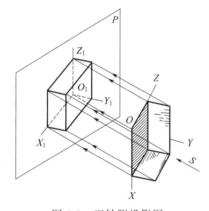

图 3-3 正轴测投影图

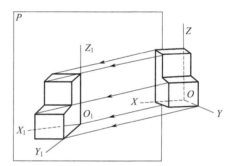

图 3-4 斜轴测投影图

3.1.3 轴测投影的特点

轴测投影是按照平行投影原理作出的，所以它仍具有平行投影的投影特点。

① 空间互相平行的直线，它们的轴测投影仍然互相平行。

② 凡物体上与三个坐标轴平行的直线尺寸，在轴测图中均可沿轴的方向量取。

③ 与坐标轴不平行的直线尺寸，其投影可能变长或缩短，不能在图上直接量取，要先定出直线两端点的位置，再画出该直线的轴测投影。

④ 空间两平行直线线段之比，等于它们的轴测投影之比。

3.1.4 轴间角及轴向变形系数

在轴测投影中，确定物体长、宽、高三个尺度的直角坐标轴 OX、OY、OZ 在轴测投影面上的投影分别为 O_1X_1、O_1Y_1、O_1Z_1，称为轴测轴。相邻两轴测轴之间的夹角，即 $\angle X_1O_1Z_1$、$\angle Z_1O_1Y_1$、$\angle Y_1O_1X_1$，称为轴间角，且三个轴间角之和为 $360°$。在轴测投影中，轴测轴上某段长度与其空间实际长度之比，称为轴向变形系数，分别用 p、q、r 来表示，即：$p = O_1X_1/OX$ $q = O_1Y_1/OY$ $r = O_1Z_1/OZ$。轴间角和轴向变形系数是绘制轴测图的重要元素。由于物体各面或投影线对轴测投影面的倾斜角度不同，同一物体可以画出无数个不同的轴测投影图。在这里仅介绍最常用的三种轴测投影。

3.1.4.1 正等测图

当确定物体空间位置的直角坐标轴 OX、OY 和 OZ 与轴测投影面的倾角相等时，所得到的轴测投影图称为正等测轴测图，简称正等测图，见图 3-5。

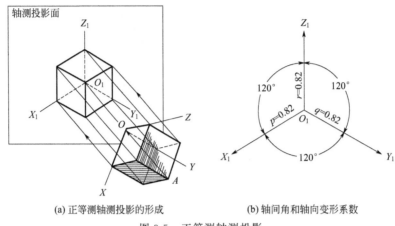

(a) 正等测轴测投影的形成　　　　(b) 轴间角和轴向变形系数

图 3-5　正等测轴测投影

正等测图的三个轴间角相等，即 $\angle X_1 O_1 Z_1$、$\angle Z_1 O_1 Y_1$、$\angle Y_1 O_1 X_1$ 都是 120°，并使 $O_1 Z_1$ 为铅垂线。三个轴测轴的变形系数 p、q、r 均为 0.82。为了作图方便，均取简化变形系数为 1，这样画出的轴测图，比实际投影所得到的轴测图，沿轴向的长度分别放大了约 1.22 倍。

3.1.4.2 斜轴测图

（1）斜二测图　当确定物体空间位置的直角坐标轴 OX 和 OZ 与轴测投影面平行，即坐标面 XOZ 平行于轴测投影面，投影线方向与轴测投影面倾斜成一定的角度时，所得到的轴测投影图称为斜二测轴测图，简称斜二测图，见图 3-6。斜二测图的轴间角 $\angle X_1 O_1 Z_1$ 为 90°，$\angle Y_1 O_1 X_1$ 与 $\angle Z_1 O_1 Y_1$ 常取 135°，并使 $O_1 Z_1$ 轴为铅垂线。由于空间坐标面 XOZ 平行于轴测投影面，所以其轴测投影 $O_1 X_1$ 与 $O_1 Z_1$ 的长度不发生变化，即 $p = r = 1$，q 取 0.5。

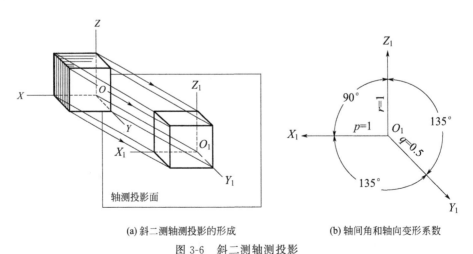

(a) 斜二测轴测投影的形成　　　　(b) 轴间角和轴向变形系数

图 3-6　斜二测轴测投影

（2）斜等测图 斜等测图的形成与斜二测图的形成相同，仅 OY 轴的轴向变形系数不同，即 q 取 1。

3.2 平面体、组合体轴测投影图的画法

画轴测投影图常用的方法有坐标法、切割法和叠加法等。坐标法是最基本的方法，切割法和叠加法是以坐标法为基础的。在作图时，往往是几种方法混合使用。坐标法是根据物体表面上各点的坐标，画出各点的轴测图，然后依次连接各点，即得该物体的轴测图。切割法是将切割型的组合体，看作一个完整的、简单的基本形体，作出它的轴测图，然后将多余的部分逐步地切割掉，最后得到组合体的轴测图。叠加法是将叠加型的组合体，用形体分析的方法，分成几个基本形体，再依次按其相对位置逐个地作出轴测图，最后得到整个组合体的轴测图。轴测图的可见轮廓线宜用中实线绘制，不可见轮廓线一般不绘出，必要时，可用细虚线绘出所需部分。

3.2.1 正等测图

画正等测图时，首先应画出正等测图的轴测轴。一般将 O_1Z_1 轴画成铅垂位置，再用丁字尺和三角板配合，作出 O_1X_1 轴、O_1Y_1 轴，O_1X_1 轴、O_1Y_1 轴与水平线的夹角为 $30°$，见图 3-7。

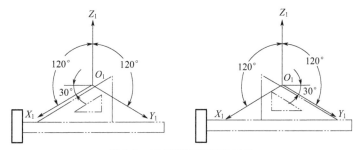

图 3-7 正等测图轴测轴画法

【例 3-1】 用坐标法作长方体的正等测图。

【解】作图的方法和步骤见图 3-8。

① 在正投影图上定出原点和坐标轴的位置。

② 画轴测轴，在 O_1X_1 和 O_1Y_1 上分别量取 a 和 b，过 I_1、II_1 作 O_1X_1 和 O_1Y_1 的平行线，得长方体底面的轴测图。

③ 过底面各角点作 O_1Z_1 轴的平行线，量取高度 h，得长方体顶面各角点。

④ 连接各角点，擦去多余的线，并描深，即得长方体的正等测图，图中虚线可不必画出。

【例 3-2】 用叠加法、切割法作组合体的正等测图。

【解】作图的方法和步骤见图 3-9。

① 在正投影图上定出原点和坐标轴的位置。

② 画轴测轴并用坐标法根据尺寸 a、b、g 画出主要轮廓的正等测图。

③ 在长方体上沿 O_1X_1 轴方向量取 e，沿 O_1Y_1 轴方向量取 f，沿 O_1Z_1 轴方向量取 h，通过作图叠加右上角的长方体。

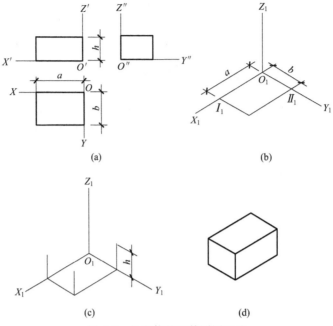

图 3-8　长方体的正等测图画法

④ 在右下角沿 O_1X_1 轴方向量取 c，在左下角沿 O_1Y_1 轴方向量取 d，通过作图切去一块三棱柱，擦去多余线并描深，即得立体的正等测图。

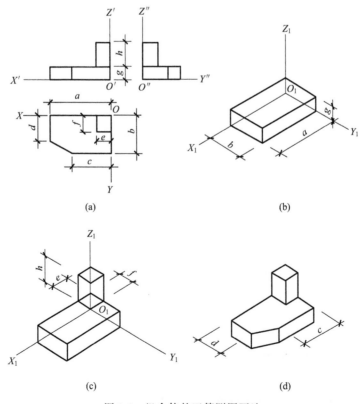

图 3-9　组合体的正等测图画法

3.2.2　斜轴测图

画斜轴测图时，一般仍将 O_1Z_1 轴画成铅垂位置，O_1X_1 轴画成水平位置，再用丁字尺和三角板配合，作出 O_1Y_1 轴，O_1Y_1 轴与水平线成 $45°$，见图 3 10。斜轴测图的画法和正等测图的画法基本相同，但应注意轴间角和轴向变形系数。画斜二测图时，$p=r=1$，$q=0.5$；画斜等测图时，$p=q=r=1.0$。

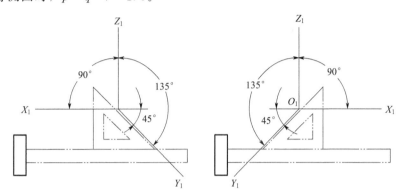

图 3-10　斜轴测图轴测轴画法

【例 3-3】　用坐标法作六棱锥体的斜二测图。

【解】　作图的方法和步骤见图 3-11。

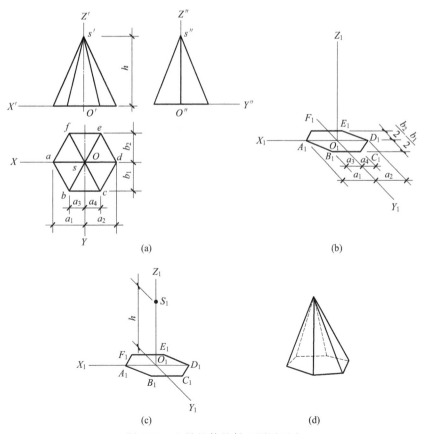

图 3-11　六棱锥体的斜二测图画法

① 在正投影图上定出原点和坐标轴的位置。

② 作斜二测图的轴测轴，沿 O_1X_1 量取 a_1、a_2 得 A_1、D_1，沿 O_1X_1 量取 a_3、a_4，并作 O_1Y_1 轴平行线，沿此线量取 $b_1/2$、$b_2/2$ 得 B_1、C_1、E_1、F_1。

③ 在 O_1Z_1 轴上量取 h 得 S_1。

④ 依次连接各点，擦去多余的线条并加深，即得六棱锥体的斜二测图。

【例 3-4】 作垫块的斜二测图。

【解】 作图的方法和步骤见图 3-12。

① 在正投影图上定出原点和坐标轴的位置。

② 画出斜二测图的轴测轴，并在 X_1Z_1 坐标面上画出正面图。

③ 过各角点作 Y_1 轴平行线，长度等于原宽度的一半。

④ 将平行线各角点连起来加深，即得其斜二测图。

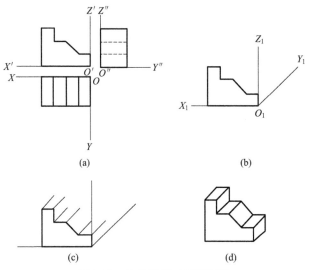

图 3-12　垫块的斜二测图画法

3.3　曲面体轴测图的画法

在正投影中，当圆所在的平面平行于投影面时，其投影仍是圆。当圆所在的平面倾斜于投影面时，它的投影是椭圆。在轴测投影中，除斜轴测投影有一个面不发生变形外，一般情况下，圆的轴测投影是椭圆。圆的轴测投影是椭圆时，其作图方法通常是作出圆的外切正方形作为辅助图形，即先作圆外切正方形的轴测图。当圆的外切正方形在轴测投影中成为菱形时，可用四心法作近似椭圆；当圆的外切正方形在轴测投影中成为一般平行四边形时，可用八点法作椭圆。

3.3.1　正等测图

作平行于坐标面的圆的正等测图，一般采用近似的作图方法——"四心法"，见图 3-13。

① 在正投影图上定出原点和坐标轴位置，并作圆的外切正方形 $efgh$。

② 画轴测轴及圆的外切正方形的正等测图。

③ 连接 F_1A_1、F_1D_1、H_1B_1、H_1C_1 分别交于 M_1、N_1，以 F_1 和 H_1 为圆心 F_1A_1 或 H_1C_1 为半径作大圆弧 B_1C_1 和 A_1D_1。

④ 以 M_1 和 N_1 为圆心，M_1A_1 或 N_1C_1 为半径作小圆弧 A_1B_1 和 C_1D_1，即得平行于水平面的圆的正等测图。

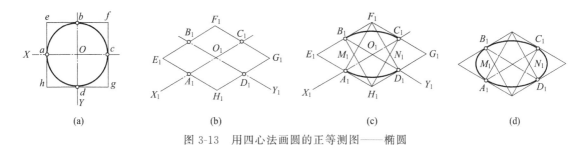

(a)   (b)   (c)   (d)

图 3-13 用四心法画圆的正等测图——椭圆

【例 3-5】 作圆柱体的正等测图。

【解】作图的方法和步骤见图 3-14。

① 在正投影图上定出原点和坐标轴位置。

② 根据圆柱的直径 D 和高 h，作上下底圆外切正方形的轴测图。

③ 用四心法画上下底圆的轴测图。

④ 作两椭圆公切线，擦去多余线条并描深，即得圆柱体的正等测图。

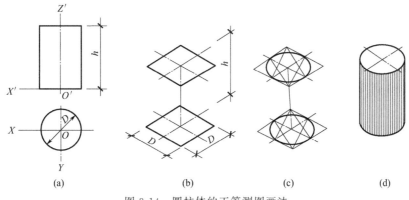

(a)   (b)   (c)   (d)

图 3-14 圆柱体的正等测图画法

【例 3-6】 作圆锥台的正等测图。

【解】作图的方法和步骤见图 3-15。

① 在正投影图上定出原点和坐标轴的位置。

② 根据上下底圆直径 D_1、D_2 和高 H 作圆的外切正方形的轴测图。

③ 用四心椭圆法作上下底圆的轴测图。

④ 作两椭圆的公切线，擦去多余线条，加深，即得圆锥台的正等测。

【例 3-7】 作圆角的正等测图。

【解】圆角的正等测图也可按四心法原理近似求作，见图 3-16。

① 在正投影图上定出原点和坐标轴的位置。

② 根据 a、b 作四边形的轴测图。由角点沿两边量取圆角半径 r 的长度，得 c_1 及 d_1 两

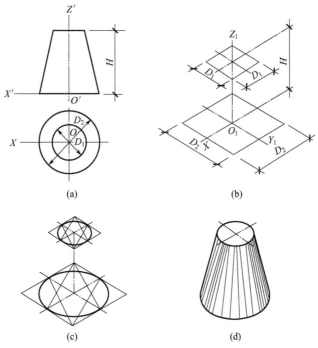

图 3-15 圆锥台的正等测图画法

点，过 c_1、d_1 作所在边的垂线，两垂线的交点即为轴测圆角的圆心，再作圆弧与两边相切，即得圆角的正等测图。

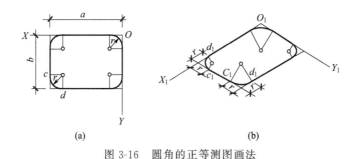

图 3-16 圆角的正等测图画法

3.3.2 斜轴测图

平行于正立面的圆的斜轴测图仍然是圆。平行于水平面和侧立面的圆的斜轴测图都是椭圆。作平行于水平面或侧立面的圆的斜二测图，可采用"八点法"作图，见图 3-17。

① 作圆的外切正方形 $EFGH$，并连接对角线 EG、FH 交圆周于 1、2、3、4 点。

② 作圆外切正方形的斜二测图，切点 A_1、B_1、C_1、D_1 即为椭圆上的四个点。

③ 以 E_1C_1 为斜边作等腰直角三角形，以 C_1 为圆心腰长 C_1M 为半径作弧，交 E_1H_1 于 V_1、$Ⅵ_1$，过 V_1、$Ⅵ_1$ 作 C_1D_1 的平行线与对角线交 $Ⅰ_1$、$Ⅱ_1$、$Ⅲ_1$、$Ⅳ_1$ 四点。

④ 依次用曲线板连接 A_1、$Ⅰ_1$、C_1、$Ⅳ_1$、B_1、$Ⅲ_1$、D_1、$Ⅱ_1$ 各点即得平行于水平面的圆的斜二测图。

用八点法作圆的斜二测图，也适用于各类轴测图中各种位置的圆的轴测图。

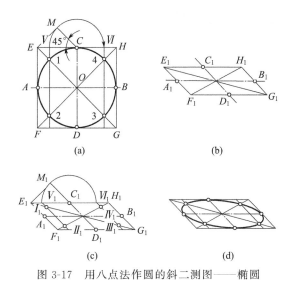

图 3-17　用八点法作圆的斜二测图——椭圆

【例 3-8】　作圆锥的斜二测图。

【解】作图的方法和步骤见图 3-18。

① 在正投影图上定出原点和坐标轴的位置。

② 根据圆锥底圆直径 D 和圆锥的高 H，作底圆外切正方形的轴测图，并在中心定出高。

③ 用八点法作圆锥底图的轴测图。

④ 过顶点向椭圆作切线，最后检查整理，加深图线或描墨，即为所求。

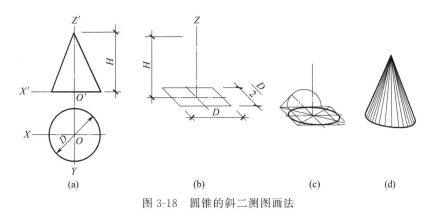

图 3-18　圆锥的斜二测图画法

4 古建筑工程制图基础

为了使建筑图纸达到规格统一，图面清晰简明，有利于提高绘图效率，保证图面质量，满足设计、施工、管理、存档的要求，在建筑制图中都必须遵照统一的规定来执行。本章主要介绍《房屋建筑制图统一标准》（GB/T 50001—2017）中的基本规定，这些是掌握工程制图的基础。另外古建筑工程制图尚需遵循《建筑制图标准》（GB/T 50104—2010）、《总图制图标准》（GB/T 50103—2010）和《古建筑测绘规范》（CH/T 6005—2018）中的相关条文，这些内容将在后续的章节中陆续展开。

图纸是古建筑工程设计的语言，同时是古建筑工程施工的依据。不同类别的古建筑工程项目，对工程图纸的要求各不相同。本章从工程角度出发，系统地介绍了古建筑保护与修缮工程的类别，各类古建筑工程对图纸表达的要求。同时参照各制图标准，节选出古建筑工程制图中常用的图例符号（详见附录1～附录3），以备设计中选用。

4.1 绘图工具

绘图工具是绘制图样时使用的各种绘图仪器和工具的总称。学习建筑工程制图，必须了解制图工具、辅助用品、仪器的性能和特点。古人说："工欲善其事，必先利其器"，所以选择合适的工具仪器，熟练掌握工具正确、合理的使用方法，经常性地保养工具，是提高绘图水平和保证绘图质量的前提条件。

中国古代绘图工具有：规、矩、准、绳、界尺、毛笔等，见图4-1。其中"规、矩、准、绳"是我国古代就已经开始普及运用的四种绘图工具。例如《墨子·法仪》中记载："百工为方以矩，为圆以规，直以绳，正以悬，平以水"。另有《营造法式》总例中："诸取圆者以规，方者以矩，直者抨绳取则，立者垂绳取正"。从古代大量文献记载中可知，在古代，"规"是画圆的工具，"矩"则是直角曲尺，用于画直线、定直角，也可进行距离测量，"准"是一种测定水平的工具，"绳"则是用来测定或画直线的工具。

现代常用手绘图工具有：图板、三角尺、丁字尺、比例尺、分规、圆规、铅笔、针管笔（墨线笔）、建筑模板等，见图4-2。

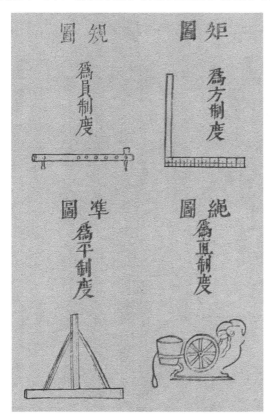

图 4-1 中国古代绘图工具（规、矩、准、绳）

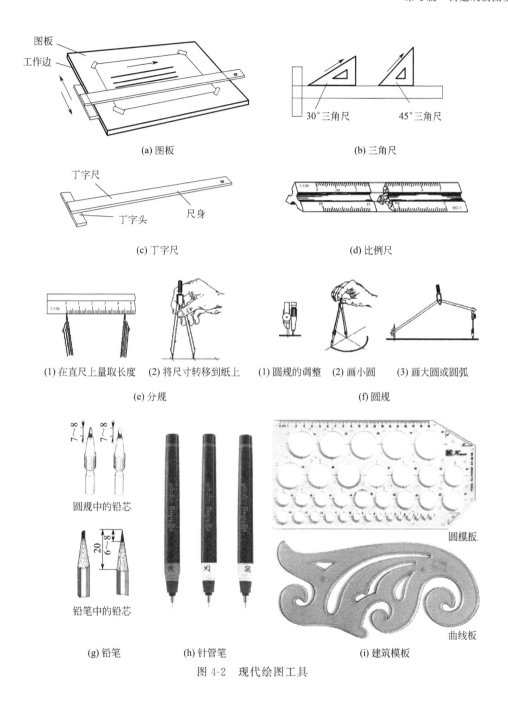

(a) 图板　　　　　　　　　　　　　　　　(b) 三角尺

30°三角尺　　　　45°三角尺

丁字尺　　　丁字头　　尺身

(c) 丁字尺　　　　　　　　　　　　　　　(d) 比例尺

(1) 在直尺上量取长度　(2) 将尺寸转移到纸上　(1) 圆规的调整　(2) 画小圆　(3) 画大圆或圆弧

(e) 分规　　　　　　　　　　　　　　　(f) 圆规

圆规中的铅芯

铅笔中的铅芯

圆模板

曲线板

(g) 铅笔　　　　(h) 针管笔　　　　(i) 建筑模板

图 4-2　现代绘图工具

4.2　建筑制图基本规定

4.2.1　图纸幅面

4.2.1.1　图纸幅面规格

　　图纸幅面是指图纸宽度与长度组成的图面。图幅的大小按照国标规定，分为 A0、A1、A2、A3、A4 五种规格尺寸。其中 A0 图纸的面积是 $1m^2$，一张 A0 图纸，对折一分为二，即是两张 A1 图纸；一张 A1 图纸，对折一分为二，即是两张 A2 图纸；以此类推直至 A4。
不同规格的图纸幅面见图 4-3，具体图幅尺寸规定见表 4-1、图 4-4。

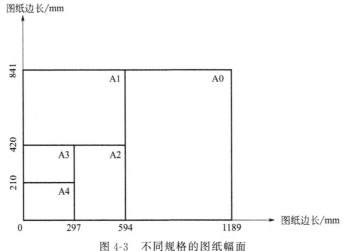

图 4-3　不同规格的图纸幅面

表 4-1　图纸幅面及图框尺寸　　　　　　　　　　　　　　　　单位：mm

幅面代号 尺寸代号	A0	A1	A2	A3	A4
$b \times l$	841×1189	594×841	420×594	297×420	210×297
c	10			5	
a	25				

注：b 和 l 分别表示图幅的宽和长；a 表示图框装订边到图幅边界线的距离；c 表示图框边框到图幅边界线的距离，即图纸绘图的空白边。

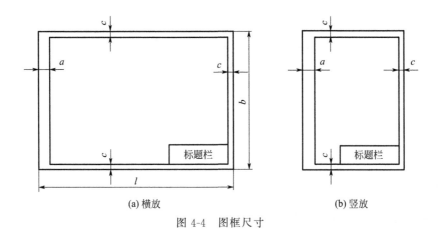

(a) 横放　　　　　　　　　　　　　　　(b) 竖放

图 4-4　图框尺寸

4.2.1.2　图纸幅面加长

　　五种规格的基本图纸，往往不能满足实际制图需要，所以图纸可以适当地放大。但考虑到装订、管理、存放的便利，国标规定：各号图纸，其短边不得变动，长边可以加长，加长尺寸应符合表 4-2 的规定。

表 4-2　图幅加长尺寸　　　　　　　　　　　单位：mm

幅面尺寸	长边尺寸	长边加长后尺寸						
A0	1189	1486	1635	1783	1932	2080	2230	2378
A1	841	1051	1261	1471	1682	1892	2102	
A2	594	743	891	1041	1189	1338	1486	1635
A2	594	1783	1932	2080				
A3	420	630	841	1051	1261	1471	1682	1892

注：有特殊需要的图纸，可采用 $b \times l$ 为 841mm×891mm 与 1189mm×1261mm 的幅面。

4.2.1.3　图纸幅面构图

图幅通常有横式和立式两种形式。用长边作为水平方向构图称为横式图幅，用短边作为水平方向构图称为立式图幅。A0～A3 图纸宜采用横式，必要时也可以采用立式，如现代高层建筑墙身大样图为了图示清楚，常采用立式图幅。A4 则只采用立式图幅。一套完成的建筑工程图纸，每个专业所使用的图纸不应多于两种幅面（不包含目录和表格所使用的 A4 幅面），详见图 4-5。

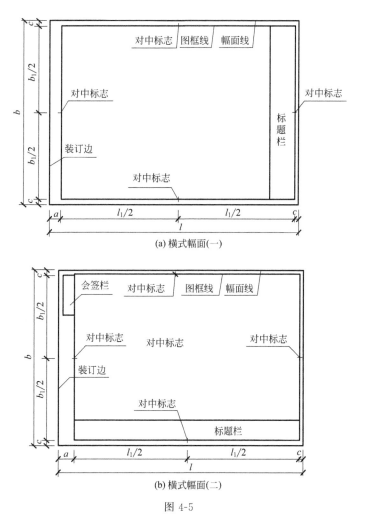

(a) 横式幅面(一)

(b) 横式幅面(二)

图 4-5

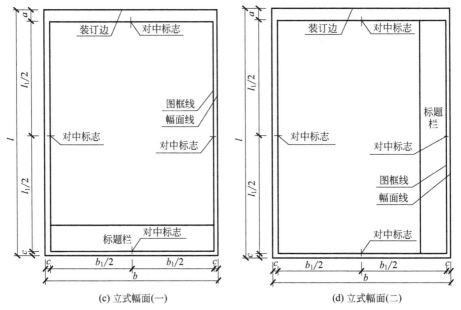

(c) 立式幅面(一)　　　　　　　　(d) 立式幅面(二)

图 4-5　图纸幅面

l_1—图框线长度；b_1—图框线宽度

4.2.1.4　标题栏与会签栏

（1）标题栏　每张图纸都应该包含图纸绘制的信息，即标题栏所涵盖的内容。按照国标规定，标题栏通常位于图纸的右侧或下方，见图 4-5。标题栏应根据工程的需要选择确定其尺寸、格式及分区。标题栏外框线用中粗实线绘制，分格线用细实线绘制，其格式及尺寸见图 4-6。签字栏应包括实名列和签名列，如有涉外工程，标题栏内各项主要内容的中文下方应附有译文，设计单位的上方或左方，应加"中华人民共和国"字样。当由两个以上的设计单位合作设计同一工程时，设计单位名称区可依次列出设计单位名称。在计算机制图文件中当使用电子签名与认证时，应符合国家有关电子签名法规的规定。

（2）会签栏　会签栏供相关专业设计人员会审时签名所用，其格式见图 4-7。

4.2.2　图线

图线是构成图形的基本线段。建筑工程图中，为了表达工程图中不同的图示内容以及主次关系，必须采用不同的线型和不同线宽的图线。

4.2.2.1　图线的种类

建筑工程图常用的图线有六种线型，实线、虚线、单点划线、双点划线、折断线、波浪线，按线宽粗细每种线型又有粗、中粗、中、细之分。图线的种类见图 4-8。

4.2.2.2　图线的线宽的选择

制图标准中规定，图线的基本线宽为 b，宜按照图纸比例和图纸性质从线宽系列中选取。基本线宽 b，一般指粗线的宽度，可选用 1.4mm、1.0mm、0.7mm、0.5mm。每个图样，应根据复杂程度与比例大小，先选定基本线宽 b，再根据表 4-3 选择相应的线宽组。

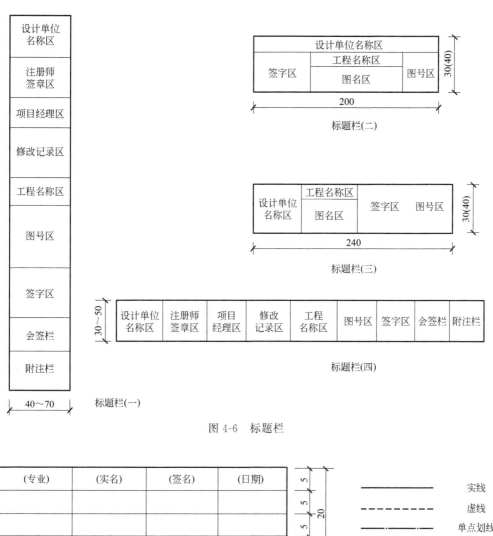

图 4-6 标题栏

图 4-7 会签栏

图 4-8 图线的种类

表 4-3 线宽组 单位：mm

线宽比	线宽组			
b	1.4	1.0	0.7	0.5
$0.7b$	1.0	0.7	0.5	0.35
$0.5b$	0.7	0.5	0.35	0.25
$0.25b$	0.35	0.25	0.18	0.13

在实际绘制图中，制图标准图线的线宽，根据图样的复杂程度和比例，复杂图纸可选择3～4种具体线宽；简单图样，可采用2种线宽。建筑制图中图线的线宽与应用见表4-4。

表 4-4　图线的线宽与应用

名称		线型	线宽	用途
实线	粗		b	1. 平、剖面图中被剖切的主要建筑构造(包括构配件)的轮廓线; 2. 建筑立面图或室内立面图的外轮廓线; 3. 建筑构造详图中被剖切的主要部分的轮廓线; 4. 建筑构配件详图中的外轮廓线; 5. 平、立、剖面的剖切符号
	中粗		$0.7b$	1. 平、剖面图中被剖切的次要建筑构造(包括构配件)的轮廓线; 2. 建筑平、立、剖面图中建筑构配件的轮廓线; 3. 建筑构造详图及建筑构配件详图中的一般轮廓线
	中		$0.5b$	小于 $0.7b$ 的图形线、尺寸线、尺寸界限、索引符号、标高符号、详图材料做法引出线、粉刷线、保温层线、地面、墙面的高差分界线等
	细		$0.25b$	图例填充线、家具线、纹样线等
虚线	中粗		$0.7b$	1. 建筑构造详图及建筑构配件不可见的轮廓线; 2. 平面图中的梁式起重机(吊车)轮廓线; 3. 拟建、扩建建筑物轮廓线
	中		$0.5b$	投影线、小于 $0.5b$ 的不可见轮廓线
	细		$0.25b$	图例填充线、家具线等
单点长划线	粗		b	起重机(吊车)轨道线
	细		$0.25b$	中心线、对称线、定位轴线
折断线	细		$0.25b$	部分省略表示时的断开界线
波浪线	细		$0.25b$	部分省略表示时的断开界线,曲线形构件断开界限,构造层次的断开界限

4.2.2.3　图线的画法要求

① 同一张图纸内,相同比例的各图样应选用相同的线宽组;

② 相互平行的图例线,其净间隙或线中间间隙不宜小于 0.2mm;

③ 虚线、单点划线、双点划线的线段长度和间隔应各自相等;

④ 单、双点划线当在较小的图形中绘制有困难时,可以用实线代替;

⑤ 单、双点划线的两端不应采用点,点划线交接或点划线与其他图线交接,应采用线段交接;

⑥ 虚线交接或虚线与其他图线交接,应采用线段交接;

⑦ 图形不得与文字、数字、符号重叠、混淆,不可避免时应首先保证文字、数字等的清晰。

4.2.3　字体

建筑工程图中除了具体绘制的图样以外,还需注写文字、数字或标点符号。文字注写一般说明工程做法或名称,数字一般多是尺寸标注。工程图样中注写的文字或数字均应字体端正、笔画清晰、排列整齐,标点符号应清楚正确。

4.2.3.1 字体的种类

建筑工程图上注写的字体包括汉字、拉丁字母、阿拉伯数字、希腊字母等种类。

4.2.3.2 字高

文字的字高，应从表4-5中选用。字高大于10mm的文字宜采用True Type字体，如需书写更大的字，其高度应按1.414的倍数递增。

表 4-5　文字的字高　　　　　　　　　　　单位：mm

字体种类	汉字矢量字体	True Type 字体及非汉字矢量字体
字高	3.5、5、7、10、14、20	3、4、6、8、10、14、20

4.2.3.3 字体的选用

图样及说明中的汉字应优先采用True Type中的宋体字，采用矢量字体时应为长仿宋字。同一图纸内字体种类不应超过两种，实际图纸中可以尽量统一成一种字体。矢量字体的宽高比宜为0.7，且应符合字高宽的比例关系。宋体字最小字高为3mm，仿宋字最小字高为3.5mm。

图样中的字母、数字应优先采用True Type中的Roman字体，可以写成直体字或斜体字。斜体字倾斜角度为75°，高度和宽度应与相应的直体字相等。数字、字母的最小字高不应小于2.5mm。在汉字中的阿拉伯数字、罗马数字、拉丁字母，其字高宜比汉字字高小一号。

分数、百分数和比例数的注写，应采用阿拉伯数字和数字符号。

当注写的数字小于1时，应写出个位的"0"，小数点应采用圆点，对齐基准线书写。

4.2.4 比例与比例尺

4.2.4.1 比例

比例是指图中图形与其实相应要素的线性尺寸比，建筑工程图纸中的比例反映图形尺寸与实际尺寸之比。

$$比例 = \frac{图纸上线段的长度}{实物上对应线段的长度}$$

例如，某矩形建筑长×宽为50m×12m，图中平面实际绘制尺寸为50cm×12cm，则绘图比例即是1∶100，表示图纸所画物体的实际尺寸为图纸所画尺寸的100倍。

图形的比例，要求以阿拉伯数字表示，注写在图名的右侧。国标中还规定了常用比例和可用比例，详见表4-6，古建筑工程制图中可根据需要进行选用。

表 4-6　建筑制图所用比例

常用比例	1∶1、1∶2、1∶5、1∶10、1∶20、1∶30、1∶50、1∶100、1∶150、1∶200、1∶500、1∶1000、1∶2000
可用比例	1∶3、1∶4、1∶6、1∶15、1∶25、1∶40、1∶60、1∶80、1∶250、1∶300、1∶400、1∶600、1∶5000、1∶10000、1∶20000、1∶50000、1∶100000、1∶200000

4.2.4.2 比例尺

比例尺是建筑图纸中一条线段的长度与地面相应线段的实际长度之比。

$$比例尺 = \frac{图上距离}{实际距离}$$

比例尺有3种表达方式：数字式、线段式和文字式。

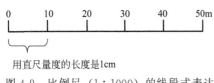

用直尺量度的长度是1cm

图 4-9　比例尺（1：1000）的线段式表达

数字式即常用的比例表达方式，广泛使用于各类工程制图中，如：1：1000。线段式和文字式经常使用于地图绘制。在古建筑工程制图中，如果图纸有缩放要求，一般使用线段式来表达。如，古建筑绘制总平面图样，选用比例1：1000，线段式可表达为图 4-9 所示形式。如果采用文字式，则表述为一千分之一（或图上 1cm 代表实际距离 10m）。

4.2.5　建筑符号

在工程制图中常见符号有剖切符号、索引符号、详图符号、指北针等。建筑制图标准中对各类符号都有具体规定，了解它们的画法和作用是绘制建筑工程图的必备知识。

4.2.5.1　剖切符号

（1）剖面图剖切符号　剖面图的剖切符号应标注在±0.000 标高的平面图或首层平面图上，应用于剖面图绘制。

① 国际通用表示方法。国际通用的剖切索引符号由直径为 8～10mm 的圆和其水平直径以及两条相互垂直且外切于圆的线段组成见图 4-10(a)。水平直径上方应为索引编号，下方应为图纸编号；线段与圆之间应填充黑色并形成箭头表示剖视方向。索引符号应位于剖线两端。

② 国内常用表示方法。国内常用的剖面图剖切符号由剖切位置线和剖视方向线组成。详见图 4-10(b)。剖切位置线表示剖切平面的剖切位置，实质上就是剖切平面所选择的关键位置，剖切位置线的长度宜为 6～10mm；剖视方向线则是剖切平面被剖切后所反映正投影图的方向，剖视方向线应垂直于剖切位置线，长度宜为 4～6mm。这两种线均用粗实线绘制。剖面图剖切符号的编号宜采用粗阿拉伯数字，按照剖切顺序从左至右、由下至上的顺序编排，并注写于剖视方向线端部。需要转折的剖切位置线，应在转角的外侧加注与该符号相同的编号。剖面图剖切符号应标注在绘制图样的轮廓线外，不应与其他图线相接触。

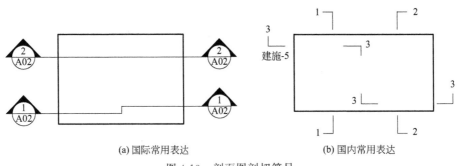

(a) 国际常用表达　　　　　　　(b) 国内常用表达

图 4-10　剖面图剖切符号

（2）断面剖切符号

① 国际通用表示方法。断面剖切符号采用剖切索引符号表达，含义与剖面剖切索引符号相同，水平直径上方应为索引编号，下方应为图纸编号；线段与圆之间应填充黑色并形成箭头表示剖视方向；索引符号应位于平面图外侧一端，另一端为剖视方向线，长度宜为 7～9mm，宽度宜为 2mm。

② 国内常用表示方法。断面剖切符号常用于表达混凝土构配件配筋或构造情况。断面剖切符号只由剖切位置线表示，长度宜为 6～10mm；断面剖切符号的编号宜采用粗阿拉伯数字，按顺序连续编排，注写在剖切位置线的一侧，并表示该断面的剖视方向。断面剖切符号见图 4-11。

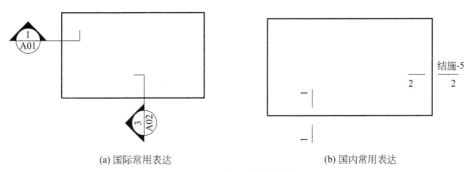

(a) 国际常用表达　　　　　　　　　(b) 国内常用表达

图 4-11　断面剖切符号

4.2.5.2　索引符号与详图符号

建筑工程图中的部分图形或某一构件，由于比例较小或细部构造较复杂而无法表示清楚时，通常要将这些图形和构件用较大的比例放大绘制，从而得到详图。但图纸中要将放大的图样与原来图形相互对应，这就需要详图符号和索引符号引注说明。

（1）索引符号　图样中的某一局部或构件表达不清楚，如需绘制另外的详图，应该在原图上以索引符号索引。索引符号应按下列规定绘制。索引符号由直径为 8～10mm 的圆和其水平直径组成，圆及水平直径应以细实线绘制。索引符号表达详见图 4-12。

① 索引符号由直径为 8～10mm 的圆和其水平直径组成，见图 4-12(a)。

② 详图与被索引图在同一张图纸内，上半圆中用阿拉伯数字注明该详图的编号，并在下半圆中间画一段水平细实线，见图 4-12(b)。

③ 详图与被索引图不在同一张图纸内，上半圆中用阿拉伯数字注明该详图的编号，下半圆中表示详图所在图纸的编号，见图 4-12(c)。

④ 详图在标准图集上，在索引符号水平直径的延长线上加注该标准图集的编号，上半圆中用阿拉伯数字注明该详图的编号，下半圆中表示详图所在图集中的编号，见图 4-12(d)。

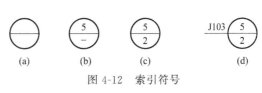

图 4-12　索引符号

当索引符号用于索引剖视详图，应在被剖切的部位绘制剖切位置线，并以引出线引出索引符号，引出线所在的一侧应为剖视方向，见图 4-13。

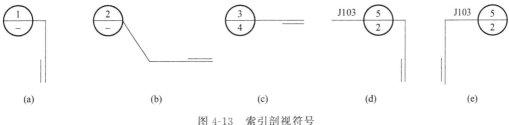

(a)　　　　　(b)　　　　　(c)　　　　　(d)　　　　　(e)

图 4-13　索引剖视符号

（2）详图符号　详图符号是与索引符号相呼应存在的符号，索引出的详图所在位置和编号以详图符号表示。详图符号的圆直径应为14mm，线宽为b，见图4-14。

图4-14　详图符号

① 当详图与被索引的图样同在一张图纸内时，在详图符号内用阿拉伯数字注明详图的编号，见图4-14(a)。

② 当详图与被索引的图样不在同一张图纸内时，应用细实线在详图符号内画一水平直径，在上半圆中注明详图编号，在下半圆中注明被索引的图纸的编号，见图4-14(b)。

4.2.5.3　引出线

引出线是对图样上某些构造节点部位引出文字说明、符号编号和尺寸标注等用的。引出线又可以分为普通引出线、共用引出线、多层共用引出线等几种类型。

（1）普通引出线　引出线应以细实线绘制，宜采用水平方向的直线、与水平方向成30°、45°、60°、90°夹角的直线，或由上述角度再折为水平线。文字说明宜注写在水平线的上方，也可注写在水平线的端部。索引符号在图示中应采用引出线引出，引出线水平方向的直线与索引符号水平直径线相连。普通引出线是建筑工程图纸中最常见的引注方式，见图4-15。

(a) 文字说明在水平线的上方　　(b) 文字说明在水平线的端部　　(c) 引出线和索引符号的应用

图4-15　普通引出线

（2）共用引出线　相同构造节点部分或其他位置同时引出多个的引出线，宜互相平行，也可画成集中于一点的放射线。共用引出线见图4-16。

（3）多层共用引出线　多层共用引出线经常在详图中出现，应用于地面、楼板、屋面、墙体等部位的多层次引出标注。多层共用引出线，应用圆点示意对应通过被引出的各层次。文字说明宜注写在水平线的上方，或注写在水平线的端部，说明顺序应由上至下，与被说明的层次对应一致。若引出构

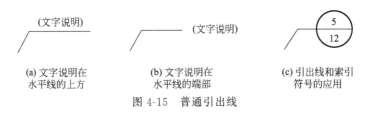

(a)引出线呈平行状　　(b)引出线呈放射状

图4-16　共用引出线

造层次为横向排序，则由上至下的说明顺序应与由左至右的层次对应一致。多层共用引出线见图4-17。多层共用引出线在古建筑制图中的应用见图4-18。

4.2.5.4　其他符号

（1）对称符号　当建筑物或构配件的图形对称时，可在图形的对称中心处画上对称符号，另一半图形可省略不画。对称符号用对称线和两端的两对平行线组成。对称线用细单点长划线绘制；平行线用细实线绘制，其长度宜为6～10mm，每对间距宜为2～3mm。对称线垂直平分两对平行线，两端超出平行线宜为2～3mm。

在古建筑工程制图中，由于古建筑多为对称结构，所以在平面图、构架仰视图、屋顶平面图、立面图及门窗详图等很多图纸中都可以利用对称的特性，只完成一半图纸的绘制。对称符号及其应用见图4-19。

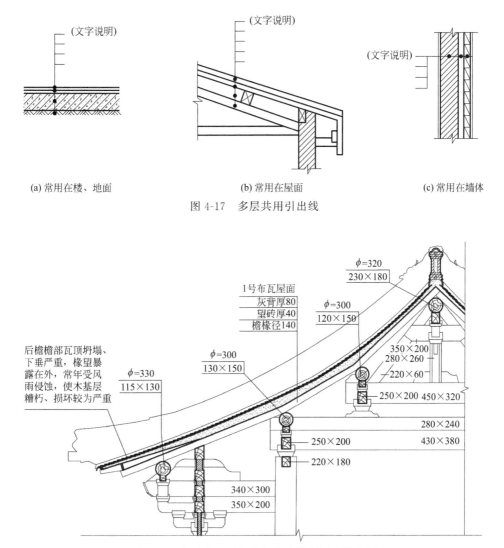

(a) 常用在楼、地面　　　　　　　(b) 常用在屋面　　　　　　　　(c) 常用在墙体

图 4-17　多层共用引出线

图 4-18　多层共用引出线在古建筑制图中的应用

（2）连接符号　连接符号是用来表示构件图形的一部分与另一部分的相接关系的。连接符号应以折断线表示需连接的部位。两部位相距过远时，折断线两端靠图样一侧应标注大写拉丁字母表示连接编号。两个被连接的图样应用相同的字母编号。连接符号见图 4-20（a）。

（3）指北针　指北针是用来指明建筑物朝向的符号，其形状如图 4-20（b）所示，圆的直径宜为 24mm，用细实线绘制；指针尖指向北，指针尾部的宽度宜为 3mm，指针尖端处一般国内建筑工程注"北"，涉外工程注"N"字。如果需用较大直径绘制指北针时，指针尾部宽度宜为直径的 1/8。

（4）风向玫瑰频率图　风向玫瑰频率图是气象科学专业统计图表，也经常在建筑工程图中使用。风向玫瑰频率图一般画出 16 个方向的长短线来表示该地区常年的风向频率，呈辐射状的长短线表示风向从周边吹向中心的频率。离中心越远表示该风向出现的频率越高，反之，离中心越近表示该风向出现的频率越低。图中实线表示全年风向频率，虚线表示夏季风向频率。风玫瑰图见图 4-20（c）。

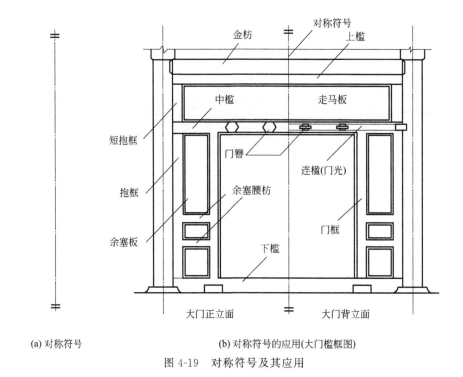

(a) 对称符号　　　　　　　　(b) 对称符号的应用(大门槛框图)

图 4-19　对称符号及其应用

（5）变更云线　图纸中局部变更部分宜采用云线，并注明修改版次。修改版次符号宜为边长 0.8cm 的正等边三角形，修改版次应采用数字表示。变更云线的线宽宜按 0.7b 绘制。变更云线见图 4-20(d)。

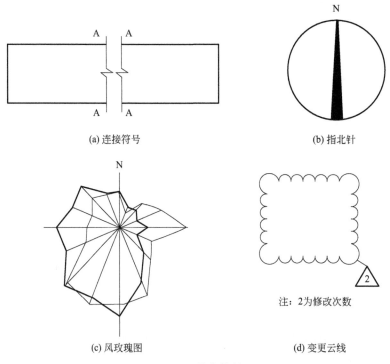

(a) 连接符号　　　　　　　　(b) 指北针

(c) 风玫瑰图　　　　　　　　(d) 变更云线

图 4-20　其他符号

4.2.6　定位轴线

4.2.6.1　定位轴线

定位轴线是建筑工程图纸中用以确定建筑主要承重结构和构件位置的基线，是定位建筑结构构件、指导施工放线的重要依据。在墙承重体系之中，定位轴线用来确定承重墙的位置；在框架结构体系中，定位轴线用来确定框架柱的位置。

定位轴线应用细单点长划线绘制。定位轴线一般应编号，编号应注写在轴线端部的圆内。圆应用细实线绘制，直径为8～10mm，定位轴线圆的圆心，应在定位轴线的延长线上或延长线的折线上。

平面图上定位轴线的编号，宜标注在图形的下方和左侧，或者在图样四面标注。横向编号应用阿拉伯数字，从左至右顺序编写；竖向编号应用大写英文字母，从下至上顺序编写，英文字母的I、O、Z不得用作轴线编号。若字母数量不够使用时，可增用双字母或单字母加数字注脚。普通定位轴线见图4-21。

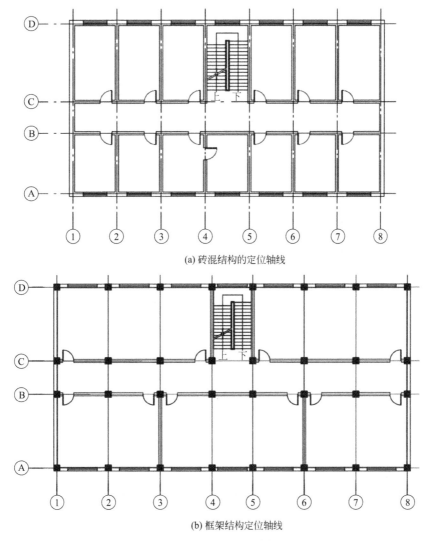

(a) 砖混结构的定位轴线

(b) 框架结构定位轴线

图 4-21　普通定位轴线

4.2.6.2　附加定位轴线

建筑工程图中，除了用定位轴线表达承重的墙体、柱子、大梁、屋架等主要承重构件，对于非承重构件，还需要用附加定位轴线来确定其位置。

附加定位轴线与定位轴线表达方式基本一致，两者只区别于轴线编号。附加定位轴线的编号，应以分数形式表示。两根轴线间的附加轴线，应以分母表示前一轴线的编号，分子表示附加轴线的编号，编号宜用阿拉伯数字顺序编号。1号轴线或A号轴线之前的附加轴线的分母应以01或0A表示。附加定位轴线编号见图4-22、图4-23。

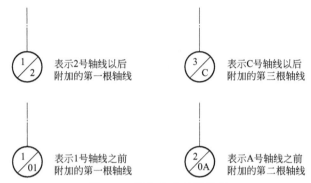

图 4-22　附加定位轴线编号

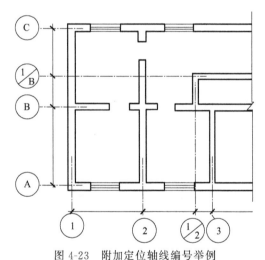

图 4-23　附加定位轴线编号举例

4.2.6.3　分区定位轴线和子项定位轴线

（1）分区定位轴线　形体复杂的建筑可采用分区编号的方法，先将复杂形体分解为几个分区，针对每个分区再进一步采用普通形体编号的方法进行编号。

分区定位轴线编号的注写形式应为"分区号-该分区定位轴线编号"，分区号宜采用阿拉伯数字或大写英文字母表示。分区定位轴线见图4-24。

（2）子项定位轴线编号　与分区定位轴线类似，若建筑由多个子建筑（子项目）组合而成，定位轴线可采用子项编号。编号的注写形式为"子项号-该子项定位轴线编号"，子项号采用阿拉伯数字或大写英文字母表示。文物古建筑多为群体组合，在进行定位轴线编号时，可采用子项定位轴线编号，子项号按照正房、厢房、倒座等建筑位置顺时针或者逆时针编号。子项定位轴线见图4-25。

4.2.6.4　圆形与多边形定位轴线

相比现代建筑而言，古建筑中更大概率会出现圆形和多边形的平面形式，因为在古建筑群中常有亭子、塔、楼阁等类型的建筑，而这些建筑多采用圆形或正多边形平面。所以为解决这些建筑平面施工定位放线的需求，就需要了解这类建筑平面定位轴线的表达。

圆形与正多边形平面图中的定位轴线，其径向轴线应以角度进行定位，其编号宜用阿拉伯数字表示，从左下角或−90°（若径向轴线很密，角度间隔很小）位置开始，按逆时针顺

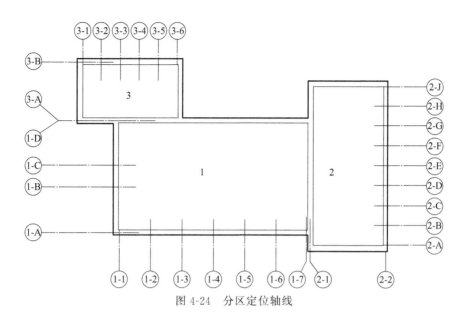

图 4-24　分区定位轴线

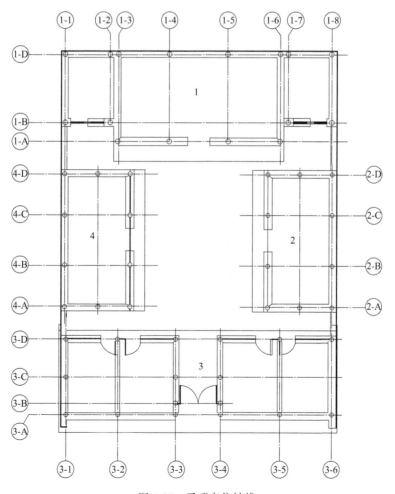

图 4-25　子项定位轴线

序编写；其环向轴线宜用大写英文字母表示，从外向内顺序编写。圆形与多边形定位轴线见图 4-26。

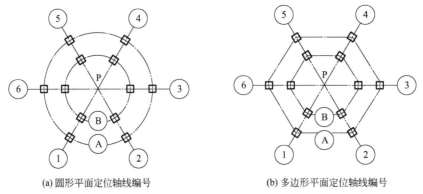

(a) 圆形平面定位轴线编号　　　　　　(b) 多边形平面定位轴线编号

图 4-26　圆形与多边形定位轴线

4.2.6.5　弧线转折或折线转折定位轴线

弧形与转折形建筑平面分为径向（长向）与横向，长向顺着转折方向连续编号。横向（短向）采用大写英文字母编号。弧形转角部位应采用角度定位。弧线转折或折线转折定位轴线见图 4-27。

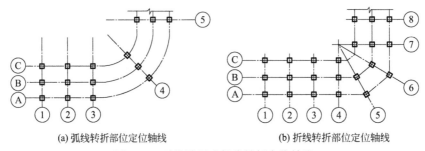

(a) 弧线转折部位定位轴线　　　　　　(b) 折线转折部位定位轴线

图 4-27　弧线转折或折线转折定位轴线

4.2.7　尺寸标注

图纸上绘制的图形只能表示物体形状，物体各部分的具体位置和大小，必须通过尺寸标注来说明。尺寸标注是构成图样的重要组成部分，是建筑施工的重要依据。因此，在绘制图纸时必须保证标注尺寸完整、准确、清晰。

4.2.7.1　尺寸标注四要素

尺寸标注的四个要素，包括尺寸界线、尺寸线、尺寸起止符号和尺寸数字。

（1）尺寸界线　尺寸界线用来限定所标注尺寸的范围，用细实线绘制，一般垂直于与其标定范围。一端应离开图样轮廓线不小于 2mm，另一端宜超出尺寸线 2～3mm，必要时图样轮廓线可用作尺寸界线。

（2）尺寸线　尺寸线应用细实线绘制，应与被注长度平行。图样本身的任何图线均不得用作尺寸线。

（3）尺寸起止符号　尺寸起止符号一般用中粗斜短线绘制，其倾斜方向应与尺寸界线成顺时针 45°角，长度宜为 2～3mm。轴测图中用小圆点表示尺寸起止符号，小圆点直径 1mm。半径、直径、角度与弧长的尺寸起止符号，宜用箭头表示，箭头宽度 b 不宜小于 1mm。

（4）尺寸数字　图样上的尺寸，应以尺寸数字为准，不得从图上直接量取。图样上的尺寸单位，除标高及总平面以"m"为单位外，其他必须以"mm"为单位。水平方向的数字，注写在尺寸线的上方中部，竖直方向的数字，注写在竖直尺寸线的左方中部。如没有足够的注写位置，最外边的尺寸数字可注写在尺寸界线的外侧，中间相邻的数字可上下错开注写，标注空间不足也可以采用引出线标注。尺寸标注要求见图 4-28。尺寸标注实例见图 4-29。

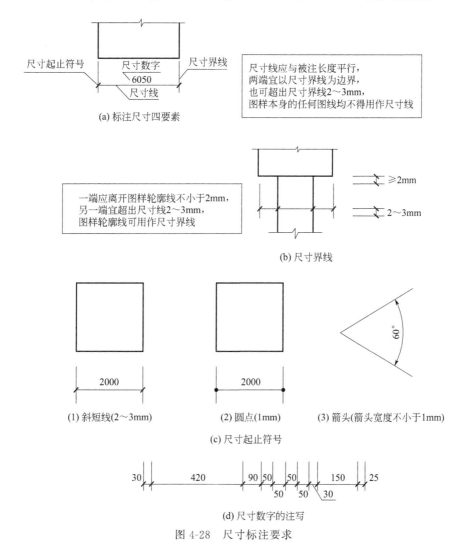

(a) 标注尺寸四要素

尺寸线应与被注长度平行，
两端宜以尺寸界线为边界，
也可超出尺寸界线2～3mm，
图样本身的任何图线均不得用作尺寸线

一端应离开图样轮廓线不小于2mm，
另一端宜超出尺寸线2～3mm，
图样轮廓线可用作尺寸界线

(b) 尺寸界线

(1) 斜短线(2～3mm)　(2) 圆点(1mm)　(3) 箭头(箭头宽度不小于1mm)

(c) 尺寸起止符号

(d) 尺寸数字的注写

图 4-28　尺寸标注要求

4.2.7.2　弧形图样尺寸标注

（1）半径标注法　半径的尺寸线应一端从圆心开始，另一端画箭头指向圆弧。半径数字前应加注半径符号"R"。较大圆弧的半径标注在圆内，较小圆弧的半径尺寸注在圆外。半径标注的方法见图 4-30。

（2）直径标注法　标注圆的直径尺寸时，直径数字前应加直径符号"ϕ"，在圆内标注的尺寸线应通过圆心，两端画箭头指至圆弧。较小圆弧的直径尺寸，同样可以标注在圆外。直径标注的方法见图 4-31。

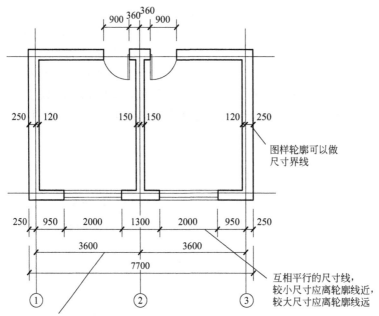

图 4-29 尺寸标注实例

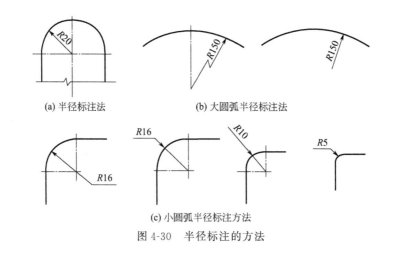

(a) 半径标注法　　　　　　　(b) 大圆弧半径标注法

(c) 小圆弧半径标注方法

图 4-30 半径标注的方法

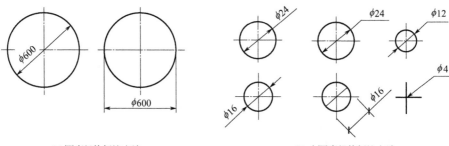

(a) 圆直径的标注方法　　　　　　　(b) 小圆直径的标注方法

图 4-31 直径标注的方法

4.2.7.3　弧形建筑图样尺寸标注

（1）角度标注法　标注圆弧的角度时，尺寸线应以与该圆弧同心的圆弧线表示，以角的两条边为尺寸界线，尺寸界线应指向圆心，起止符号用箭头表示，角度数字应平行于尺寸线方向注写。

（2）弧长标注法　标注圆弧的弧长时，尺寸线应以与该圆弧同心的圆弧线表示，尺寸界线应指向弧端，起止符号用箭头表示，弧长数字上方应加注圆弧符号"⌒"。

弧形建筑图样尺寸标注见图 4-32。

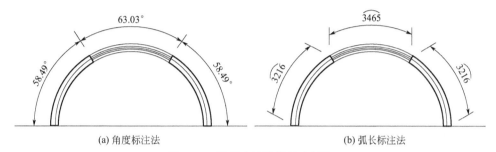

(a) 角度标注法　　　　　　　　　　　　　　(b) 弧长标注法

图 4-32　弧形建筑图样尺寸标注

4.2.7.4　正方形、坡度、非圆曲线等尺寸标注

（1）正方形标注　标注正方形的尺寸，可用"边长×边长"的形式，也可在边长数字前加正方形符号"□"。正方形标注见图 4-33。

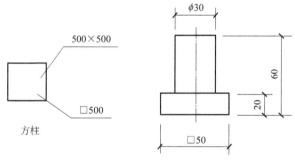

图 4-33　正方形标注

（2）坡度标注　标注坡度时，应加注坡度符号（双面箭头）"←"或（单面箭头）"∠"，箭头应指向下坡方向。坡度也可用直角三角形的形式标注。坡度标注见图 4-34。

（3）非圆曲线构件标注　外形为非圆曲线的构件，可用坐标形式标注尺寸，复杂的图形，可用网格形式标注尺寸。非圆曲线构件标注见图 4-35。

4.2.7.5　尺寸的简化标注

（1）桁架标注　由短形杆件组合而成的屋架、桁架、杆件的长度，在单线图（桁架简图）上，可直接将尺寸数字沿杆件的一侧注写，见图 4-36(a)。

（2）连续排列的等长尺寸　连续排列的等长尺寸，可用"等长尺寸×个数＝总长"的形式标注。

例如：如台阶的简化标注见图 4-36(b)。

（3）对称构件标注　对称构配件采用对称省略画法时，该对称构配件的尺寸线应略超过

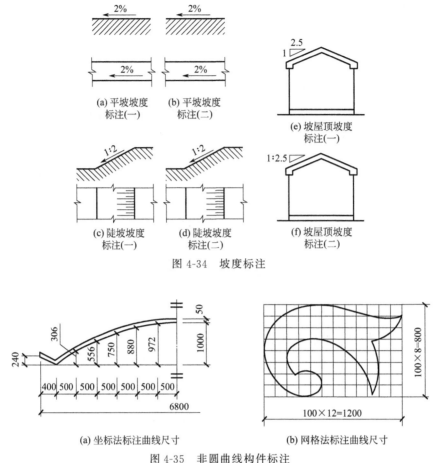

图 4-34　坡度标注

(a) 平坡坡度标注(一)　(b) 平坡坡度标注(二)

(c) 陡坡坡度标注(一)　(d) 陡坡坡度标注(二)

(e) 坡屋顶坡度标注(一)

(f) 坡屋顶坡度标注(二)

(a) 坐标法标注曲线尺寸　　　　(b) 网格法标注曲线尺寸

图 4-35　非圆曲线构件标注

对称符号，仅在尺寸线的一端画尺寸起止符号，尺寸数字应按整体全尺寸注写，其注写位置宜与对称符号对齐。

对称构件的简化标注见图 4-36(c)。

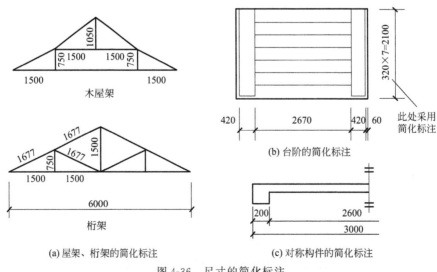

木屋架

桁架

(a) 屋架、桁架的简化标注

(b) 台阶的简化标注

此处采用简化标注

(c) 对称构件的简化标注

图 4-36　尺寸的简化标注

4.2.7.6　标高标注

（1）标高符号分类　建筑工程图绘制，标高有绝对标高和相对标高之分。

绝对标高：我国以1950～1979年青岛验潮站观测资料确定的黄海平均海水面作为绝对高程基准面，以此为基准而设置的标高即为绝对标高。

相对标高：标高的基准面（即±0.000水平面）是根据工程需要而选定的，这类标高称为相对标高。在一般建筑中，通常取底层室内主要地面（一般为门厅）作为相对标高的基准面。

房屋建筑构造中，还有建筑标高和结构标高之分，建筑标高是构件包括粉饰层在内的，装修完成后的标高；结构标高是指建筑结构构件施工完成后，装修之前的毛净面标高。

（2）标高符号　相对标高符号应以直角等腰三角形表示，用细实线绘制；当标注位置不够，需要调整引出线的方向和角度，可按图4-37（a）所示形式绘制。

标高符号的尖端应指至被注高度的位置。尖端一般宜向下，也可向上。标高数字应注写在标高符号的上侧或下侧，如图4-37（b）所示。

零点标高应注写成±0.000，正数标高不注"＋"，负数标高应注"－"，例如3.000、－0.600。标高数字应以"m"为单位，注写到小数点以后第三位，如图4-37（c）所示。

在图样的同一位置需表示几个不同标高时，标高数字可按图4-37（d）所示的形式注写。

总平面图室外地坪标高符号，宜用涂黑的三角形表示，具体画法如图4-37（e）所示。在总平面图中，可注写到小数点以后第二位。

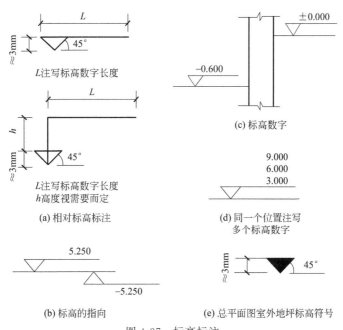

图 4-37　标高标注

4.2.8　图例

在古建筑工程制图中需要用到三类图例，第一类是建筑材料图例，如常见的古建筑材料：木材、黄土、砖、块石、毛石、灰土、抹灰等，见附录1。第二类是建筑构配件图例，如：墙体、隔断、楼梯、栏杆、台阶、坡道、门窗、洞口等，见附录2。第三类是总面制图图例，如原有建筑物、新建建筑物、游廊、敞棚、道路、广场铺地、围墙、道路、水体、树木、灌木、草坪等，见附录 3。我们在进行工程制图时一定要严格遵守各类"国标"中的图例，但是在实际工程中，还是会遇到一些新的材料、构配件等，而在"国标"图例中并没有包含在内，因而"国标"允许自作图例，但要求不得与已确定的图例重复，同时在图纸上绘出图例并加以说明。

4.3 几何作图

建筑物各部分的形状和轮廓都是由直线、曲线、多边形、弧形等几何图形组合而成的，尤其是在古建筑中，不乏四边形、五边形、六边形、八边形乃至扇形的亭子，因此掌握基本的几何作图方法，是古建筑工程制图的基本要求。

4.3.1 直线作图

4.3.1.1 做已知直线的平行线

已知直线段 AB 和直线外一点 C，过 C 点作已知直线 AB 的平行线。作图方法见图 4-38。

① 已知直线段 AB 和直线外一点 C。

② 将 45°三角尺的长边与线段 AB 重合，再将 30°三角尺的长边与 45°三角尺的直角边重合，然后将 30°三角尺的长边作为固定边推动 45°三角尺平行移动。

③ 移动至 C 点，过 C 点画出线段 DE。

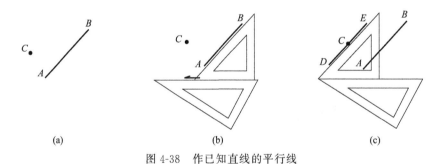

(a)   (b)   (c)

图 4-38　作已知直线的平行线

4.3.1.2 做已知直线的垂直线

已知直线段 AB 和直线外一点 C，过 C 点作直线段 AB 的垂直线。作图方法如图 4-39 所示。

① 已知直线段 AB 和直线外一点 C。

② 将丁字尺的长边与直线段 AB 对齐，用 45°三角尺的直角边一边与丁字尺重叠，另一边过 C 点。所得线段 CD 即所求线段。

4.3.1.3 等分线段

（1）二等分线段　直线段的二等分可用平面几何中作垂直平分线的方法来画，已知线段 AB，分别以 AB 为圆心，大于 $\frac{1}{2}AB$ 的长度 R 为半径作两弧交于 C 点、D 点，连接 C 点、D 点交 AB 于 M，即为 AB 中点。作图方法如图 4-40 所示。

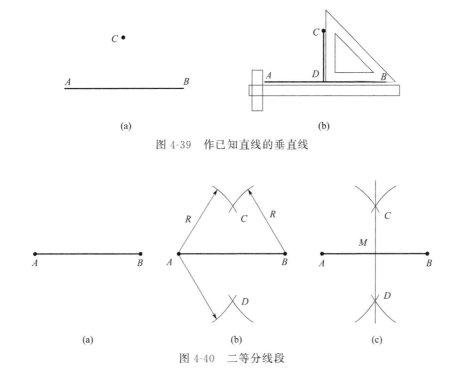

图 4-39　作已知直线的垂直线

图 4-40　二等分线段

（2）任意等分直线段　以 5 等分直线段为例。已知直线段 AB，过点 A 作任一直线 AC 与 AB 成一定角度，用分规从 A 点开始，在画好的直线 AC 上以适当的任意长度顺次序截取 5 个点，分别记 1、2、3、3、4、5，连接 B 和 5 两点，然后依次过 1、2、3、4 作直线 $B5$ 的平行线与 AB 相交，则即得等分点 $1'$、$2'$、$3'$、$4'$。这样 $1'$、$2'$、$3'$、$4'$ 就将直线段 AB 等分为 5 份。其他任意等分直线段方法与此相同。五等分直线段的作图方法见图 4-41。

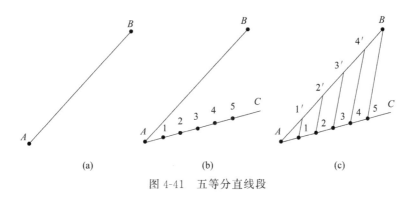

图 4-41　五等分直线段

4.3.1.4　等分两平行线之间的距离

以 5 等分两平行线之间的距离为例。已知两平行线 AB 和 CD，置直尺某点于 CD 线段上的 E 点，移动尺身，将直尺整数刻度落在 AB 线段上的 F 点，截取两点之间的四个点，使 EF 线段 5 等分，过各等分点作 AB（或 CD）的平行线，即可五等分 AB 与 CD 之间的距离。作图方法见图 4-42。

4.3.1.5　二等分角度

二等分 $\angle AOB$，以 O 为圆心，任意长度 R 为半径作圆弧，交 OB 于 C，交 OA 于 D，

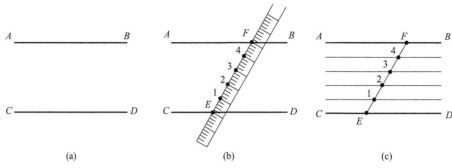

图 4-42　等分两平行线之间的距离（5 等分）

分别以 C、D 为圆心，以相同半径 R 作圆弧，两圆弧交于 E，连接 OE，即可求得二等分角度的线段。作图方法见图 4-43。

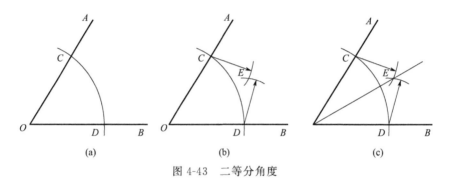

图 4-43　二等分角度

4.3.2　正多边形作图

4.3.2.1　等边三角形作图

（1）已知三角形边长　已知三角形边长 AB，分别以 A 和 B 为圆心，以 AB 长度为半径 R 画弧，二弧交汇于 C 点，连接 AC、BC 完成正三角形的绘制。作图方法见图 4-44。

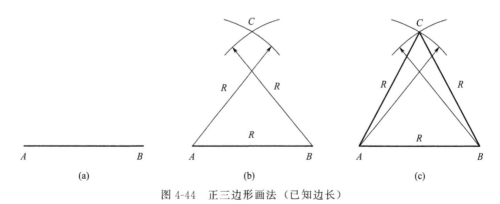

图 4-44　正三边形画法（已知边长）

（2）已知半径为 R 的圆　已知半径为 R 的圆及任意直径 AD，以 D 为圆心，R 为半径作弧交圆心 O 后至 B、C 两点。连接 AB、AC、BC，即可得圆内接正三角形。作图方法见图 4-45。

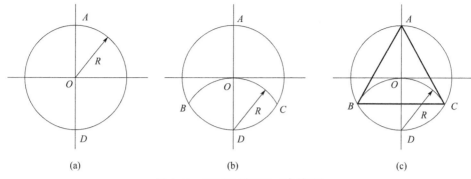

图 4-45　正三边形画法（内接圆）

4.3.2.2　正五边形作图

（1）已知边长，求作正五边形　已知五边形边长 AB，可以按照传统口诀"九五顶五九，八五两边分"来绘制正五边形。作图方法见图 4-46。

具体作图方法如下。

古代工匠施工时，以五边形边长 AB 边为基线，过 AB 的中点 A' 作直线 $A'P$ 垂直于 AB。在直线 $A'P$ 上量取 $A'O'$ 和 $O'D$ 点，使之长度分别为五边形边长尺寸的 0.95 和五边形边长尺寸的 0.59，可得五边形的上顶点 D。然后过 O' 点作 CF 线垂直于 $A'P$。再以五边形边长的 0.8 量取尺寸，可得 C、F 两点。最后依次连接各顶点，即可近似求得正五边形。

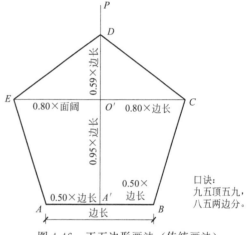

图 4-46　正五边形画法（传统画法）

（2）已知圆，求内接正五边形　用圆规作五等分圆周并内接正五边形的方法如下。

① 已知以 PQ 为直径的圆，O 为圆心。取 A 点于圆上，并形成 $\angle AOQ = 90°$。圆的半径为 R。

② 作 OQ 中点 M，以 M 为圆心，MA 为半径作弧交 OP 于 K 点，AK 则为圆内接正五边形的边长。

③ 以 A 为圆心，以 AK 为半径作圆弧交于 B、E 两点，同理分别再以 B、E 两点为圆心，以 AK 为半径作圆弧找到 C、D 两点。

④ 依次连接 AB、BC、CD、DE、EA，可得到圆内接正五边形。

作图方法见图 4-47。

4.3.2.3　正六边形作图

（1）已知边长，求作正六边形　已知六边形边长 AB，可以按照传统口诀"四七钉边框，说七不到七"绘制六边形。作图方法见图 4-48。具体作图方法如下。

① 先将 AB 等分 4 份，以 AB 为底边，完成矩形 $ABDE$，使 $AE : AB$ 为 $7 : 4$。

② 以矩形四个顶点为圆心，以 AB 长为半径画弧，先后相交于 F、C 点。

③ 连接 EF、FA、BC、CD，则 $ABCDEF$ 所围合的图形为近似正六边形。

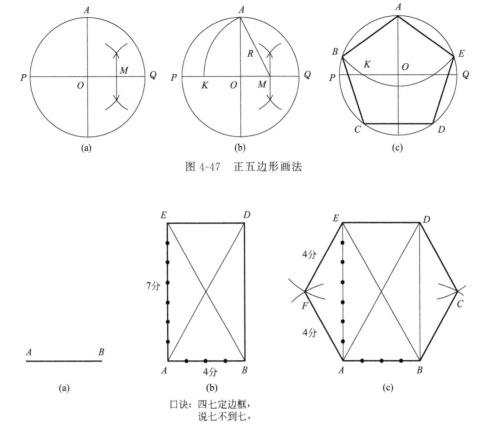

图 4-47　正五边形画法

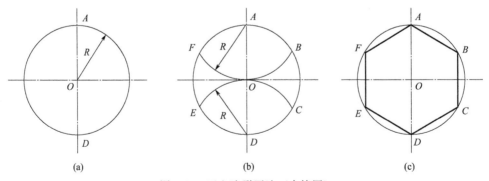

口诀：四七定边框，
　　　说七不到七。

图 4-48　正六边形画法（传统画法）

（2）已知圆，求内接正六边形　用圆规作六等分圆周并内接正六边形的方法如下。

已知以 AD 为直径的圆，以 O 为圆心。分别以 A、D 两点为圆心，以半径 R 作弧与圆相交得到 B、F、E、C 四点，依次连接 AB、BC、CD、DE、EF、FA，可得到圆内接正六边形。作图方法见图 4-49。

图 4-49　正六边形画法（内接圆）

4.3.2.4　正八边形作图

（1）已知边长，求作正八边形　已知八边形边长 AB，可以按照传统口诀"二五定边框，说五不到五"绘制八边形。作图方法见图 4-50。具体作图方法如下。

①　以 AB 为底边，以 B 点为顶点，沿 45°作斜线，以 AB 长为半径 R 画弧，交 45°斜线于 C 点。用相同的方法求得 H 点。连接 HC 点。

②　以 HC 为长边，以 AB 长（L_1）为短边绘制矩形，矩形顶点分别为 $HCDG$；矩形长边与短边之比为 4.83∶2（接近 5∶2）。

③　以 AB 为短边，以 HC 长（L_2）为长边绘制矩形，矩形顶点分别为 $ABEF$。

④　连接 A、B、C、D、E、F、G、H 各点。

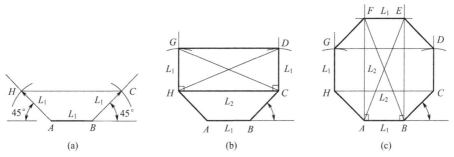

图 4-50　正八边形画法（已知边长）

（2）已知圆，求内接正八边形　用圆规作八等分圆周并内接正八边形的方法如下。

已知以 AE 为直径的圆，以 O 为圆心，过 O 点作垂直于 AE 的线段并交于圆得到 C、G 点。二等分∠AOG、∠AOC，等分线段与圆相交分别得到 H、B 两点，以此方法得到 D、F 两点（或延长 BO、HO 与圆相交得到 D、F 两点）。依次连接 AB、BC、CD、DE、EF、FG、GH、HA，可得到圆内接正八边形。作图方法见图 4-51。

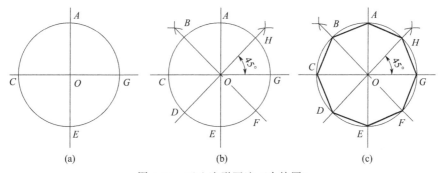

图 4-51　正八边形画法（内接圆）

4.3.2.5　任意正多边形作图

以用圆规作九等分圆周并内接正九边形为例。作图方法见图 4-52。

具体作图方法如下。

①　已知直径为 AP 的圆，将直径 AP 等分 9 份，得到 1、2、3、3、4、5、6、7、8 各点。

②　分别以 A、P 为圆心，以 AP 为半径画弧，与圆中心线的延长线交于 O' 点。

③　连接 O' 及 AP 上的 2、4、6、8 偶数点，并将线段延长至与圆周相交得 J、H、G、F 点；连接 AJ 即可得到正九边形的边长。

④　以此类推，以 AJ 为边长，在另一半的圆上依次截取 B、C、D、E 各点；连接 AB、BC、CD、DE、EF、FG、GH、HJ、JA 得到正九边形。

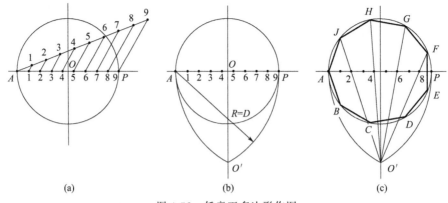

(a)　　　　　　　　　(b)　　　　　　　　　(c)

图 4-52　任意正多边形作图

4.3.3　椭圆作图

椭圆的画法较多，本书主要介绍两种方法。

4.3.3.1　四心圆弧近似法

已知椭圆的长短轴 AB、CD 并分别延长线段，先连接 AC，以 O 为圆心，作 $OP = OA$；再以 C 做圆心，作 $CP = CP'$，作 AP' 的垂直平分线在 AB 线段上交于 O_1，在 CD 线段上交于 O_2；在 AB 线段上作 $OO_3 = OO_1$，在 CD 线段上作 $OO_4 = OO_2$。

连接 O_1O_2、O_1O_4、O_3O_2、O_3O_4 并分别作延长线段，以 O_1、O_3、O_2、O_4 为圆心，再以 O_1A、O_3B、O_2C、O_4D 为半径分别在相应的位置作弧线，使得各弧线相接形成平滑曲线，即求得椭圆。作图方法见图 4-53。

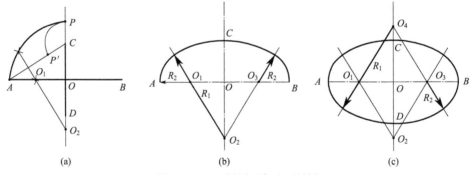

(a)　　　　　　　　　(b)　　　　　　　　　(c)

图 4-53　四心圆弧近似法画椭圆

4.3.3.2　四心圆法

已知椭圆的长短轴 AB、CD，以 O 为圆心，分别以 OA、OC 为半径作圆，形成同心圆，将圆作 12 等分（参见任意多边形绘制方法）；分别过小圆上的等分点作水平线，大圆上的等分点作与小圆水平线垂直的竖直线，两条线所交汇的点即是椭圆上的点，将这些点依次相连就可以得到椭圆。作图方法见图 4-54。

4.3.4　弧形连接

很多物体的轮廓线是由直线、圆弧等光滑地连接而形成的，在作图时，用已知半径的圆弧，把直线和圆弧或者两个圆弧光滑地连接起来，称为圆弧连接。

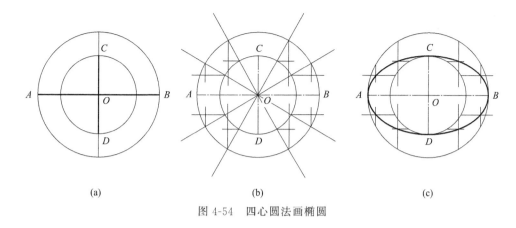

图 4-54　四心圆法画椭圆

　　进行圆弧连接时，通常被连接直线或圆弧是已知的，用来光滑连接的圆弧被称为弧，作图的关键是正确定出连接弧的圆心和切点的位置。

4.3.4.1　直线之间的弧形连接

　　已知直线 OA、OB，并确定圆弧半径 R。以半径 R 作为间距，作直线 OA、OB 的平行线并交于 O' 点；过 O' 点作 OA、OB 的垂线，垂足 E、F 点就是直线与圆相切的切点；以 O 为圆心，圆弧半径 R，过 E、F 点作圆弧连接，即完成 OA、OB 直线间的弧形连接。作图方法见图 4-55(a)。

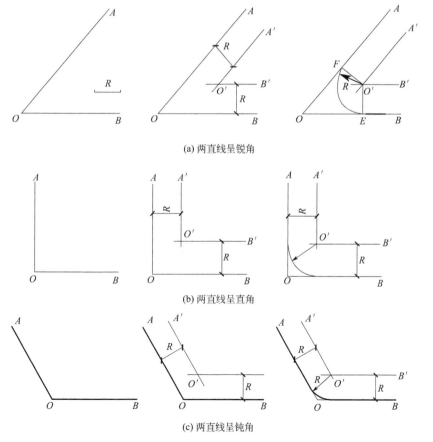

(a) 两直线呈锐角

(b) 两直线呈直角

(c) 两直线呈钝角

图 4-55　直线之间的弧形连接

以上是呈锐角的两条线段间弧形连接，以此方法还可以获得呈 90°直角的两条线段间的弧形连接，以及呈钝角的两条线段间的弧形连接。作图方法见图 4-55(b)、(c)。

4.3.4.2 直线与圆弧之间的弧形连接

(1) 连接弧与圆外切　已知直线 AB，半径为 R_1 的圆，确定连接弧半径为 R_2。

以 R_2 为间距作 AB 直线的平行线，与以 O 为圆心、以 R_1+R_2 为半径所作的弧交于 O_1 点，O_1 即为所求连接弧圆心；连 OO_1 交圆于 E 点，过 O_1 作 OF 垂直于直线 AB，F 则为垂足。以 O_1 为圆心，连接弧 R_2 为半径，过 E、F 点作圆弧连接，即可求得直线 AB 与圆弧之间的弧形连接。作图方法见图 4-56。

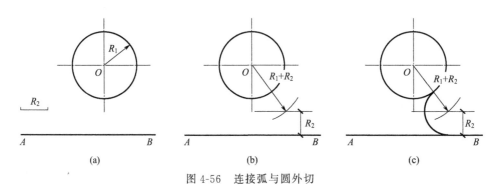

图 4-56　连接弧与圆外切

(2) 连接弧与圆内切　已知直线 AB，半径为 R_1 的圆，确定连接弧半径为 R_1。

以 R_2 为间距作 AB 直线的平行线，与以 O 为圆心、以 R_2-R_1 为半径所作的弧交于 O' 点，O' 即为所求连接弧圆心；连 $O'O$ 交圆于 E 点，过 O_1 作 OF 垂直于直线 AB，F 则为垂足。以 O_1 为圆心，连接弧 R_2 为半径，过 E、F 点作圆弧连接，即可求得直线 AB 与圆弧之间的弧形连接。作图方法见图 4-57。

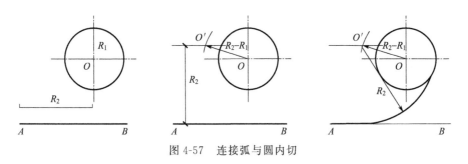

图 4-57　连接弧与圆内切

4.3.4.3 圆弧与圆弧之间的弧形连接

(1) 两圆之间外接弧形线　已知以 O_1 为圆心的大圆和以 O_2 为圆心的小圆，以及确定连接弧半径 R。

分别以 O_1、O_2 为圆心，$R+R_1$、$R+R_2$ 为半径作圆弧，并交于点 P_1、P_2，P_1、P_2 就是所求连接弧的圆心；连接 O_1P_1、O_2P_1 与两圆的圆周相交于 E、F 两点，连接 O_1P_2、O_2P_2 与两圆的圆周相交于 G、H 两点，则 E、F 两点和 G、H 两点即为切点；以 P_1、P_2 为圆心，连接弧 R 为半径，作 E、F 两点和 G、H 两点间的连接弧线，即可以完成两圆弧之间外接弧形线。作图方法见图 4-58。

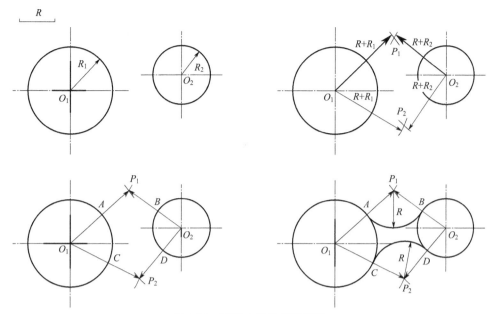

图 4-58　两圆之间外接弧形线

（2）两圆弧之间内接弧形线　已知以 O_1 为圆心的小圆和以 O_2 为圆心的大圆，以及确定连接弧半径 R。

分别以 O_1、O_2 为圆心，$R-R_1$、$R-R_2$ 为半径作圆弧，并交于点 O，O 就是所求连接弧的圆心；连接 OO_1、OO_2 并作延长线与两圆的圆周相交于 A、D 两点，则 A、D 两点即为切点；以 O 为圆心，连接弧 R 为半径，作 A、D 两点间的连接弧线，即可以完成两圆弧之间内接弧形线。作图方法见图 4-59。

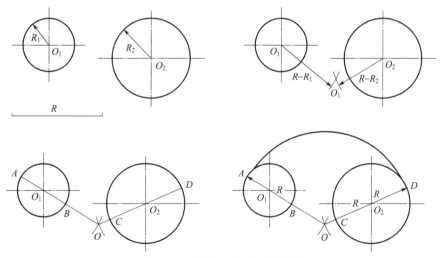

图 4-59　两圆弧之间内接弧形线

（3）两圆弧之间内外相接弧形线　已知以 O_1 为圆心的小圆和以 O_2 为圆心的大圆，以及确定连接弧半径 R。

分别以 O_1、O_2 为圆心，$R-R_1$、$R+R_2$ 为半径作圆弧，并交于点 O，O 就是所求连接弧的圆心；连接 OO_1 并作延长线与小圆的圆周相交于 B 点，连接 OO_2 与大圆的圆周相

交于 C 点，则 B、C 两点即为切点；以 O 为圆心，连接弧 R 为半径，作 B、C 两点间的连接弧线，即可以完成两圆弧之间内接弧形线，过 B 点的连接弧线与小圆内接，过 C 点的连接弧线与大圆外接。作图方法见图 4-60。

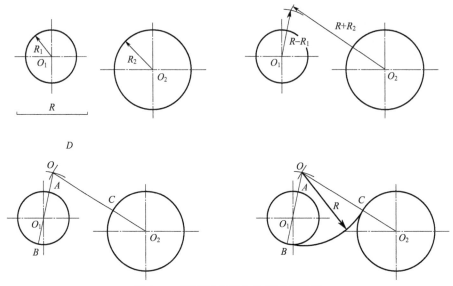

图 4-60　两圆弧之间内外相接弧形线

4.4　古建筑工程类别划分

4.4.1　古建筑的含义

古建筑是指具有历史价值的建筑，包括文物建筑和历史建筑[1]。从这个角度讲，涵盖了具有历史意义的古代民用建筑和公共建筑以及采用传统结构形式的近现代建筑。在日常生活中，我们还看到一些形式上和构建方式上与古建筑相似的现代仿古建筑，我们把它们称之为仿古建筑或仿古代风格的建筑，这类建筑在材料、结构、形式、工艺上与古建筑有着传承与发展关系。

4.4.2　古建筑工程的含义

狭义的古建筑工程，又称古建筑保护工程，特指保护古代遗存的、具有历史价值的文物古建筑、历史建筑[2]的工程项目。这类建筑包含了采用传统方式营建的及近现代由西方传入的建筑。本书中涉及的古建筑工程均指其狭义的含义。

广义的古建筑工程既包括古建筑保护工程，还包括古建筑仿建工程。古建筑仿建工程又可细分为仿古建筑工程及仿古建筑装饰工程。仿古建筑工程是指现代修建的仿唐、仿宋、仿

---

[1]　引自《古建筑测绘规范》（GH/T 6005—2018）。

[2]　文物古建筑指在国家级、省（直辖市、自治区）级、市县级文物保护单位内部的古建筑。历史建筑是指具有一定的历史、科学和艺术价值的，反映城市历史风貌和地方特色的建（构）筑物。历史建筑一般不包括恢复重建、仿古、仿建建筑，不包括文物保护单位中的建（构）筑物以及保护建筑。

明清等仿不同时代风格的建筑工程；仿古建筑装饰工程是指在现代主体结构上采用传统建筑装饰设计语言和手法进行室内外装饰的建筑。

4.4.3　古建筑工程的类别

由于古建筑工程中既包含文物建筑，又包含历史建筑，所以我们先从文物建筑保护工程类别的研究做起，历史建筑则参考文物古建筑工程进行划分。

4.4.3.1　文物保护工程类别

根据文物保护工程专业特征，可以将文物保护工程划分为建筑类工程、遗址类工程、石窟寺及石刻类工程、安全防护类工程。

（1）建筑类工程　如北京故宫的保护工程。北京故宫原称紫禁城，为明清两代皇宫，是我国现存最大、最完整的古建筑群。故宫建筑数量众多、类型丰富，自建成以来，保养、维修、建设持续不断，其保护工程包括日常保养、防护加固、现状整修、重点修复、环境治理及少量的原址重建等各种类型，是典型的建筑类文物保护工程。北京故宫见图 4-61(a)。

（2）遗址类工程　如河南安阳殷墟遗址保护工程。殷墟是中国商朝后期都城遗址，是中国至今第一个有文献可考、并为考古学和甲骨文所证实的都城。遗址由王陵遗址、殷墟宫殿、宗庙遗址、洹北商城遗址、甲骨窖穴等构成。面积达 $24km^2$。自 1961 年至今，殷墟保护工作已纳入了法制化轨道，并划定了保护范围与建筑控制地带。其保护也做到了有章可循，有制度可依。河南安阳殷墟遗址见图 4-61(b)。

（3）石窟寺及石刻类工程　如四川大足石刻保护工程。大足石刻位于重庆大足区龙岗街道东北 15km，是一座造像近万尊的大型密宗佛教道场。其四周 2.5km 内山岩上遍刻佛像，包括以圣寿寺为中心的大佛湾、小佛湾造像，以六道轮回、广大宝楼阁、华严三圣像、千手观音像等最为著名。2011～2015 年完成了千手观音修复工程，2019 年国家文物局正式启动大足石刻宝顶山卧佛和小佛湾摩崖造像保护修缮工程。四川大足石刻见图 4-61(c)。

（4）安全防护类工程　如浙江杭州西湖南岸的"雷锋新塔"的修建。雷锋新塔建在旧塔遗址之上，完全采用了南宋初年重修时的设计风格和大小建造，兼具遗址文物保护罩的功能。保护罩呈八角形，分上下两层，将雷峰塔遗址完整地保护起来，是一个典型的安全防护类工程。雷峰塔旧塔遗址保护见图 4-61(d)。

(a) 北京故宫(建筑类)

图 4-61

(b) 河南安阳殷墟遗址(遗址类)

(c) 四川大足石刻(石窟寺及石刻类)

(d) 雷峰塔旧塔遗址保护(安全防护类)

图 4-61　文物保护工程类别

4.4.3.2 建筑类文物保护工程的类别

根据文物建筑的破坏程度及所采取的具体保护措施，建筑类文物保护工程又可具体划分为保养维护工程、抢险加固工程、修缮工程、迁建工程、原址复建工程和环境整治工程等。

（1）保养维护工程 保养维护工程指不改变古建筑的现状结构、外貌、装饰、色彩而进行的经常性的小型修理工程。例如：屋面除草勾抹、修补破损的瓦面；梁柱、墙壁等简易的支顶；庭院清理，疏通排水设施以及检修防潮、防腐、防虫措施；检修防火、防雷装置等。保养维护工程不需要委托专业机构编制专项设计，但应制订保养维护规程。

【案例】佛光寺文物管理所每年均按照日常保养制度对佛光寺内的文物建筑实施相应的保养工程，针对文物古迹自身，每年到春季（雨季到来之前）修补、更换破损的瓦顶，检查水渠畅通，避免雨季渗漏，并打扫杂物、裱糊窗户、修补墙灰、拔除屋顶杂草等。在雨季注意及时修补屋顶渗漏，检查水渠畅通。对附属的防护设施（如消防、安防和电路）等定期维护，保证其正常运行。对文物建筑所处的环境工程，在每年春季雨季到来之前，疏通寺院内外的排水管道及山坡排水渠等，打扫杂物。每年夏季雨季来临时及时排除积水。每年秋季清除寺庙内外杂草，以消除火灾隐患。每年冬季及时清除积雪，并注意防火。为此，佛光寺还保证每年库存一定量的古建筑维修材料，包括木材、砖瓦、白灰、麻刀黄土、烟煤等，以利于随时进行日常保养。佛光寺建筑群见图4-62(a)。

（2）抢险加固工程 当古建筑突发严重危险时，由于技术、经济、物资受限所进行的支顶、牵引、挡堵等临时加固工程称为抢险加固工程。这种工程的目的在于保固延年，以待条件成熟再进行彻底的修缮。因此抢险加固工程所采取的任何技术措施都应该是临时性的——既要安装方便，又要易于拆除，一定不能采用浇灌式固结措施，如灌注混凝土。

【案例】秦始皇陵兵马俑1号、2号、3号陪葬坑为大型坑道式土木结构地下建筑，分别正式发掘于1987年、1988年和1994年。由于俑坑曾经数次进水，且长期受上部2～3m厚的覆土层的重压，出土时，坑壁和隔墙局部已坍塌，同时由于出土后的环境变化，使坑壁和隔墙很快产生了许多较为严重的裂缝，随着发掘的进行，急需对坑壁采取防护加固措施。当时进行发掘的工作人员根据实际情况挑选了试验证明有效的防护加固措施，根据加固部位和裂缝的实际情况分别选用了"砂灰锚杆加固法（利用打孔设备打孔，安装铝合金锚杆后填充灰砂，二者可连接成为坚固整体，达到锚固作用，且对原有外观特征改变不大。）、钢板相夹法及改进后的网状钢架支撑"而放弃使用物理、化学连用加固法。兵马俑1号、2号、3号陪葬坑见图4-62(b)。

（3）修缮工程 修缮包括现状整修和重点修复。

① 现状整修。现状整修是较为彻底的排险工程，主要是规整歪闪、坍塌、错乱和修补古建筑残损部分，并清除经评估为不当的现代添加物等。现状整修中被清除和补配的部分应有详细的档案记录，补配部分应当与原有的构件能区分、可识别。

② 重点修复。除了排除古建筑所存在的险情，局部根据复原性研究复原，包括恢复文物古迹结构的稳定状态、修补损坏的部分、添补主要的缺失部分。

在修缮工程中，现状整修和重点修复往往并存于对某座建筑的处理当中，二者的目标都是排除险情、修复损伤、恢复原状，并共同遵守不改变文物原状和最小干预原则。二者可以通过对现状保留的多少、对原物干预的深浅、新构件填配多寡来区分。采取归整构件、修补少量残损、清除无价值的近代添加物等措施的属于现状整修；而采取增加必要的加固结构、添配缺失的部分等手段时则为重点修复。

【案例】天津独乐寺观音阁修缮为一典型的重点修复工程，主要表现在以下几个方面：对大木构架局部落架、卸载拨正，并使壁画和早期夹泥墙妥善保存，分层进行结构加固；使用与原构件同种类的材料进行木构件修配，并加年代标识；按照原做法修复屋面、墙体等；对壁画等珍稀艺术品进行现状防护加固，对栱眼壁揭取并加固归安；利用弹簧原理改善观音像拉固装置的受力状态。修缮中对木构件进行裁补、对瓦件进行粘接，使大量的原构件得以保留和充分利用。工程优先使用观音阁建造时具有特殊价值的传统工艺和材料，以确保修缮做法的真实性，避免历史信息的丢失，从而有效地保护了传统技术。天津独乐寺观音阁见图 4-62(c)。

（4）迁建工程 迁建工程是经过特殊批准的个别工程。由于种种原因，需要将古建筑全部拆迁至新址，重建基础，用原材料、原工艺、原构件按照原样建造。迁建工程是近现代出现的新的工程类别，迁建工程应符合下列条件：

① 出于国家重大建设工程的需要；

② 由于自然环境改变或发生不可抗拒的自然灾害影响，难以在原址保护；

③ 单独的实物遗存已失去依托的历史环境，很难在原址保护；

④ 文物古建筑本身具备可迁移的特性，才可以原状迁移。

在我国新修订的《文物保护法中》指出："建设工程选址，应当尽可能避开不可移动文物，因特殊情况不能避开的，对文物保护单位应当尽可能实施原址保护。"并且进一步指出："迁移或者拆除省级文物保护单位的，批准前须征得国务院文物行政部门同意。全国重点文物保护单位不得拆除；需要迁移的，须由省、自治区、直辖市人民政府报国务院批准。"所以迁移工程一般不提倡。

【案例】芮城永乐宫原址位于芮城县永乐镇彩霞村。1959 年国家计划修黄河三门峡水库，因永乐宫旧址地处水库淹没区，国家为了保护这一珍贵的文化遗产，决定将永乐宫搬迁到芮城县北郊龙泉村附近，距离原址 20km 许。拆迁和重建工程从 1959 年开始到 1964 年竣工。在中国古建研究所祁英涛总工程师的领导下，在全体员工努力下，开创了中国古建及壁画拆迁重建的历史记录。被世界誉为"不亚于埃及古代神殿的移筑"。芮城永乐宫 1959 年搬迁见图 4-62(d)。与此类似，重庆市云阳张桓侯（张飞）庙位于三峡水利枢纽工程淹没区内，1999 年经三峡工程库区文物保护规划组确定对其进行搬迁保护，采取"就地后靠方案"，随县城搬迁至老城上游 30km 外的双江镇。

4.4.3.3 原址复建工程

原址复建工程是为了某种特殊需要，将仅存遗址的重要古代建筑，按照原来的式样、结构、材料和工艺重新建造起来的工程。

原址重建是保护工程中极特殊的个别措施。核准在原址重建时，首先应保护现存遗址不受损伤。重建应有直接的证据，不允许违背原形式和原格局的主观设计。

【案例】北京故宫建福宫花园位于紫禁城内廷西六宫的西北部，建福宫后西侧。建于清乾隆五年（1740 年），1923 年 6 月 27 日，园中敬胜斋失火，导致全园建筑焚毁。2000 年故宫博物院开始对建福宫花园进行复建，为了保证文物的真实性，确凿的设计依据是可否复建的决定因素之一，建福宫花园的复建依据主要包括文献资料图片、烧毁后现存的基址、相关的实物遗存（故宫中同类型、同一时期修建的、保存原建风貌的建筑、雕刻、彩画）等。建福宫花园重建中力求使用原工艺、原材料，将传统工艺和材料做法作为保护对象，按照故宫记载选材，并聘请八大作（木作、瓦作、石作、搭材作、土作、油作、彩画作、裱糊作）的老匠人把关施工，保证了工艺上的真实性和历史信息的延续。建福宫花园原址重建工程见图4-62(e)。

4.4.3.4　环境整治工程

环境不仅是文物古迹的组成部分，还是影响文物古迹保存状态、引起古迹损坏病变的外部诱因。治理、控制环境，减少环境危害，使其向有利于文物保护的方向发展，是变消极防御向主动保护的重要措施。

环境整治是保证文物古迹安全，展示文物古迹环境原状，保障合理利用的综合措施。环境整治工程主要包括：清除可能引起灾害和有损景观的建筑杂物（如私搭乱建的简易房屋），制止可能影响文物古建安全的生产和社会活动（如在文物建筑周边建有工业厂房），防治环境污染造成文物的损坏（如工业生产产生的废气、废水、废渣、粉尘污染的影响），营造为公众服务及保障安全的设施和绿化。服务型建筑应远离文物主体，展陈、游览设施应用统一设计安置。绿化应尊重文物古迹及周边环境的历史风貌，如采用乡土物种，避免因绿化而损害文物古迹和景观环境。芮城广仁王庙环境整治工程见图4-62(f)。

(a) 佛光寺建筑群(日常维护)

(b) 兵马俑1号、2号、3号陪葬坑(基坑加固)

图4-62

(c) 天津独乐寺观音阁(重点修复)

(d) 芮城永乐宫1959年搬迁(迁建)

(e) 建福宫花园原址重建工程

(f) 芮城广仁王庙环境整治工程

图 4-62 建筑类文物保护工程的类别

4.5　古建筑工程工作阶段划分

古建筑保护工程的通常可分为"勘察、设计、报批、施工、验收"等几个主要阶段。

4.5.1　勘察阶段

4.5.1.1　勘察目的

探查文物古建筑的"保存状态、破坏程度、破坏因素和产生原因",为工程设计提供基础资料和必要的技术参数。

4.5.1.2　勘察内容

从技术角度而言,古建筑勘察可以分为勘查和测绘两部分。其中勘查内容又分为三类:即建筑历史信息勘查、法式及传统做法勘查和残损情况勘查。

①　建筑历史信息勘查,即收集文物古建筑的历史资料、考古资料和历次维修资料,了解文物的原材料、原形制、原工艺、原做法,判别文物年代等。建筑历史信息的勘查可以通过查阅文献、方志、碑文、通史记载、人物访谈等渠道展开,必要时也可以结合放射性碳素(C-14)测定法和热释光法测定木构件和砖瓦构件的年代。

②　法式及传统做法勘查,是对建筑法式、形制特征方面的综合勘查。建筑法式是指古建筑所包含的一定的设计规则,如古建筑的建筑形制特点和结构构造特征等,是形成建筑风格的依托。如宋官式建筑有《营造法式》、清官式建筑有《工程做法则例》,民间建筑和地方建筑有些形成了自己的成文法则,如苏州地区的《营造法原》,还有些地域虽然没有成文的法式规则,但也形成了自己的习惯做法。建筑的法式特征可以作为鉴别古建筑历史年代参考依据。法式勘查的目的就是要明确在古建筑保护工程中应特别注意保护古建筑的建筑形制特点和结构构造特征,如柱网布置、柱子形制、梁架形制、斗栱形制、屋顶形制、装修、彩画及色调等。

传统做法勘查是对古建筑各个组成部分材料加工及施工工艺做法的勘查,直接关系到维修材料的选择和修复方法的确定。比如,北方官式做法的墙体砌筑有干摆、丝缝、淌白、糙砌等几个等级,同时由于砌筑形式不一样,对砖的加工方法也不一样,另外各类墙体的内部构造方式也不相同,在具体砌筑时砖的摆放形式也有差异。因此维修前的施工工艺做法勘查也非常重要,否则维修就会改变原有的做法,造成维修前后做法的不一致。

③　残损情况勘查,是针对文物古建筑的承重结构及其相关工程的损坏程度与破坏原因所做的勘查。勘查的目的是直接为古建筑的安全性鉴定及制订修缮方案提供依据。《古建筑木结构维护与加固技术规范》(GB/T 50165—2020)中结合古代木构建筑的做法和特点,列举了对古代木构建筑的残损勘查的具体内容和要点,具体勘察时可参考。除了木结构内容外,具体修缮时还应包括建筑其他的部分的残损勘查,如屋面是否渗漏、墙体是否歪闪、砖面是否风化酥碱、抹灰层是否脱落、台基和室内外地面及散水的破损情况、装修的损坏情况、彩画的损坏情况等。

残损情况勘查一般针对病害损伤部位、损伤或隐患现象描述、损伤程度、历史变更状况、损坏原因分析等内容进行列表。残损现状统计览表(示意)见表4-7。

表 4-7 ××建筑群中××建筑残损现状统计览表（示意）

序号	建筑部位		构件	材质/规格	数量	残损现状	原因分析
1	屋面	瓦顶	瓦件 脊饰				
		木基层	椽子 望板 连檐 瓦口 博缝				
2	木构架	二层	檩条 梁架 斗栱 柱子 额枋 雀替				
		一层	楞木 承重 柱子				
3	墙体 墙基石		槛墙 檐墙 山墙 墙基石				
4	地面	二层	地面				
		一层	地面 阶条石 踏跺石				
5	装修	二层	门、窗 天花				
		一层	门、窗				

4.5.1.3 勘查结论

对文物古建筑的建筑形制、年代、价值、环境和病害原因进行分析评估，提出文物建筑保存现状的结论性意见和保护建议。

4.5.1.4 现状勘察文件

包括现状勘察报告、现状实测图纸（含区位图、保护范围图、现状总平面图、平面图、立面图、剖面图、结构平面图、详图）、现状照片。

4.5.2 设计阶段

在勘察结束之后，就进入设计阶段。古建筑保护工程设计一般可以分为方案设计和施工图设计两个阶段。大型和重要工程应增加用于立项申请的概念性方案设计，说明项目的必要性和可行性；小型简单工程可在完成现状勘察设计文件的基础上直接进入施工图设计阶段。

4.5.2.1 方案设计阶段

方案设计阶段的任务是编制方案设计文件和工程概算。

（1）方案设计文件 依据现状勘察结果编制，包括设计说明和设计图纸两部分内容。方案设计应达到下列要求：

① 说明保护的必要性；

② 保证技术措施的合理性和可行性；

③ 满足编制工程概算的需要；

④ 指导下一步施工图设计。

（2）工程概算　工程概算由设计单位或造价咨询单位编制，依据为方案设计文件，参照各地的概算定额（如无概算定额，则参考相类似的典型工程）编制而成。概算定额是确定和控制项目投资额的依据，也是建设项目招标的依据。

4.5.2.2　施工图设计阶段

施工图设计阶段的任务是编制施工图设计文件和施工图预算。

（1）施工图设计文件　施工图设计文件根据已批准的方案设计文件和批准文件中的修正意见编制，包括施工图设计说明和施工图图纸两部分内容。施工图设计应达到下列要求：

① 对工程规模、工程部位、工程范围进行控制；

② 明确指导工程施工、实施对各类古建筑损害的具体维修技术措施；

③ 满足编制工程招标文件、编制工程预算并核算各项经济技术指标的准确性；

④ 满足设备材料采购、基本构件制作及施工组织方案编制的需要。

（2）施工图预算　施工图预算可以采用定额法编制，也可采用实物法编制（清单计价），取费执行国家或地方的相关规定。

4.5.3　工程报批阶段

各级文物保护类的古建筑，应根据文物保护单位的级别和工程性质，经管理部门，将设计文件（包括勘察报告、设计图纸、工程概算或预算等）报请有关主管部门审查批准后才能开始施工。需报批的文件，因工程性质、工程量的大小不同而异。一般情况下，报批的文件，除了做法说明书和预算书外，报批的图纸也因工程性质而有所区别。

（1）保养维护工程　一般只需呈报平面图，比例 1∶200 到 1∶100。

（2）抢险加固工程　需呈报加固位置和加固样图。

（3）修缮工程

① 现状整修。只需呈报实测图，包括平面图、立面图、断面图和斗栱、装修大样图。

② 重点修复。分两次申报，第一次为确定方案阶段，需呈报实测图、方案图、设计概算，并附修复研究报告。方案审批后进入施工图设计阶段，只呈报修复设计施工图图纸、做法说明书和工程预算书。

（4）迁建工程　分两次申报，第一次为确定方案阶段，除了实测图、方案图、设计概算外，还应该附加说明新址的选址报告及新址的地基勘察资料。审批确定后，再呈报相应施工图设计图纸和工程预算。迁建工程的施工图设计图纸应包括基础设计图纸，必要时还应附"基础设计计算书"。

（5）原址复建工程　分两次报批。第一次为确定方案阶段，主要是方案设计图、说明书和设计概算，且附原基址发掘报告书和历史资料的研究报告。审批确定后呈报文件与迁建工程相同。

（6）环境整治工程　需呈报环境整治设计方案（主要包含现状评估、设计方案、施工方案、设计图纸及投资估算等）。

4.5.4 施工阶段

古建筑工程完成的好坏，与施工的关系非常密切，若没有好的施工组织管理，没有科学合理的施工技术方案，则一切理想都不能完满地实现。

（1）古建筑工程施工前准备　在古建筑工程施工前要做好施工进度计划、制订有关的施工现场管理制度，做好工具材料的购置、工人的调度等。

（2）古建筑工程施工过程管理　开工前先做好施工技术交底❶，相关施工人员研读、熟读设计文件（包括施工图纸、工程做法说明书等），掌握修缮原则、方法。施工中，应当做好施工现场布置与管理；严格按照施工技术方案和《古建筑修建工程施工与质量验收规范》（JGJ 159—2008）把控工程质量；认真做好施工记录和资料管理，除了日常的工人出勤、用料、每日完成的工作量和其他常规性机记录外，还应做好古建筑施工中特殊需要的记录，如隐蔽工程和文献资料的发现等。

4.5.5 竣工验收阶段

古建筑工程完成后，按照工程性质和古建筑的级别，报请设计审批单位，按照设计文件的要求进行验收。

古建筑保护工程竣工验收要求如表 4-8 所示。

表 4-8　古建筑保护工程竣工验收要求

序号	文物古建筑工程类别		验收与备案	验收文件	备注
1	保养工程		文物管理部门的上一级部门	工程总结,附财务开支报告	
2	抢险加固工程		省级文物主管部门	工程总结,附财务开支报告	
3	修缮工程	国家级保护单位	国务院文化部进行验收	工程施工总结报告书、竣工图纸和竣工结算	大型落架修缮工程中的隐蔽工程,应增加阶段性验收,验收单位为原审批部门
		省、直辖市、自治区保护单位	原审批部门验收,国务院文化部备案		
		市、县级保护单位	一般市、县级文物主管部门组织验收,重要的应报省级文物主管部门验收或备案		
4	迁建工程		同修缮工程	同修缮工程	增加基础验收
5	复建工程		同修缮工程	同修缮工程	如需要重做基础或部分基础加固后,增加阶段验收
6	环境整治工程		同修缮工程	同修缮工程	隐蔽工程应增加阶段验收

---

❶ 施工技术交底实为一种施工方法，在建筑施工企业中的技术交底，是指在某一单位工程开工前，或一个分项工程施工前，由相关专业技术人员向参与施工的人员进行的技术性交代，其目的是使施工人员对工程特点、技术质量要求、施工方法与措施和安全等方面有一个较详细的了解，以便于科学地组织施工，避免技术质量等事故的发生。

4.6　古建筑工程图纸

古建筑工程图纸主要有三类：现状测绘图、方案设计图、施工图。仿古建筑工程和仿古建筑装饰工程与现代建筑工程对图纸的设计要求相同，一般有方案设计图、初步设计图、施工图三种。

4.6.1　现状测绘图

4.6.1.1　现状测绘图的类型

用于勘察设计阶段，包括测稿、整理稿和测绘正图。

（1）测稿　又称测绘草图，就是通过现场观察、目测或步量，徒手或用尺规勾画出建筑的平面、立面、剖面和各部位的细节详图，然后依照所勾画的草图，现场进行测量与标注，最终形成的带有尺寸的草图。

徒手勾画测稿是对古建筑工程设计人员的基本要求，初学者无法把握建筑的尺度和比例关系时，可以选用坐标纸来辅助完成，随着手绘技能的提高，则可在绘图纸上进行。曲阜孔庙驻跸平面测稿见图 4-63。

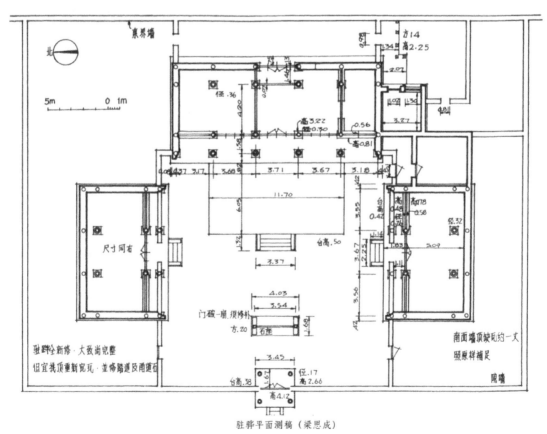

驻跸平面测稿（梁思成）

图 4-63　曲阜孔庙驻跸平面测稿（梁思成手绘稿）

（2）整理稿　即将记录有测量数据的测稿整理成具有合适比例的、清晰准确的尺规草图，以作为下一步绘制测绘正图的底稿。整理稿除了要将徒手草图转化为尺规作图外，还起着查漏补缺的作用。测量中漏缺的尺寸、未交代清楚的大样关系、各种图案纹饰、彩画的精确绘制都在这个阶段完成。整理稿一般要求在现场进行，当场发现问题、当场解决。

（3）测绘正图　即最终版的现状测绘图，又称现状图或实测图，是现状勘查文件的重要组成部分，是测绘工作最后一个阶段的成果。一般在测绘整理稿的基础上，按照《房屋建筑制图统一标准》（GB/T 50001—2017）和《建筑制图标准》（GB/T 50104—2010）的要求，采用尺规作图（学生学习阶段）或计算机绘制。测绘正图是下一步提出古建筑保护与修缮方案设计和施工图设计的基础，应按照方案设计图纸的深度要求进行表达。详见第12章相关内容。

现状测绘图见图4-64～图4-67。

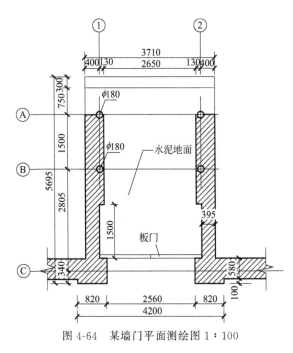

图 4-64　某墙门平面测绘图 1：100

4.6.1.2　现状测绘图的表达内容

现状测绘图应反映出现存建筑与周边环境（其他建筑、古树名木、地形地貌、自然水体及其他重要地物）的关系，应表达清楚建筑自身平面形制、立面特征、结构形态、竖向标高、细部结构（如梁架、斗栱等）特征以及建筑内外装饰装修细节等，还应表达清楚可见部位的病害损伤现象、损伤范围及损伤程度。其图纸类别主要有：区位图、保护范围图、现状总平面图、平面图、立面图、剖面图、结构平面图（构架仰视图）和详图。

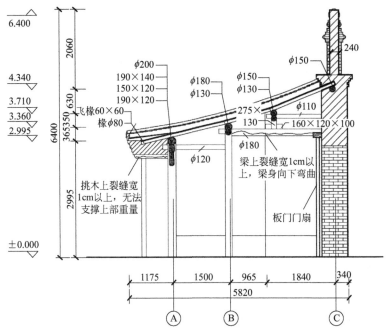

图 4-65　某墙门剖面测绘图 1：100

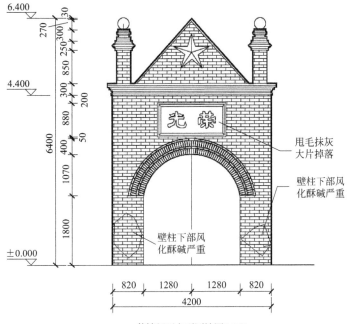

某墙门正立面测绘图1:100

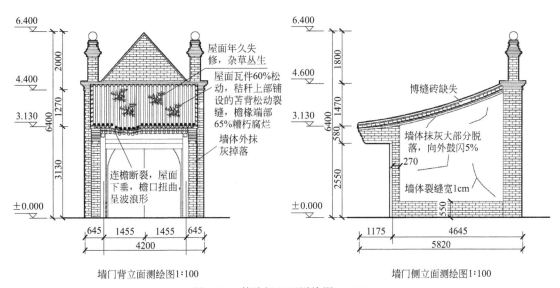

墙门背立面测绘图1:100　　　　　　　墙门侧立面测绘图1:100

图 4-66　某墙门立面测绘图 1：100

4.6.2　方案设计图

方案设计图用于大型和重要工程方案的设计阶段。

（1）古建筑工程的方案设计与现代建筑工程方案设计的区别　二者设计表达的内涵不一样。现代建筑方案设计是针对设计任务书或招标文件要求所做的设计方案，更多强调的是设计构思理念、功能、结构构造、节能等方面的合理性。古建筑工程方案设计则是针对现状测绘中古建筑出现的各类残损破坏提出合理的解决方案。例如：在古建筑现状中，大梁中间出现弯垂、梁两端出现裂缝、梁上的旧彩画出现褪色、龟裂等现象。在方案设计图中，我们就

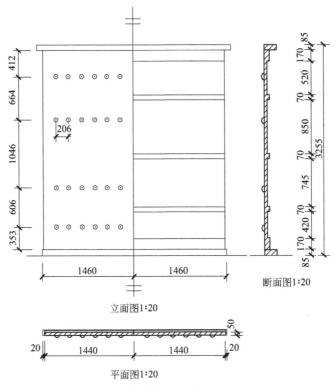

图 4-67　某墙门门扇测绘图（详图）

要针对梁的破坏提出修缮方案，如在大梁下部一定位置进行钢柱支顶，梁的两侧施加铁箍，裂缝内部采用环氧树脂灌浆，彩画进行拓样另绘制详图等。这些保护措施提出后，先要用文物修缮的法则来判断是否合理，在确认了合理性以后，再用图纸绘制表达出来，就是我们的方案设计图纸。

（2）古建筑工程的方案设计图纸与现状测绘图纸的区别　如某古建筑大梁出现了一系列的破坏现象，在现状测绘图中就要实事求是地表达清楚大梁的破坏，而方案设计图纸则是针对现状测绘图中标注的古建筑的各类残损破坏提出合理的解决方案。所以说，古建筑现状图纸是古建筑修缮前的建筑状态表达，而方案设计图纸是未来修缮后的建筑状态表达。

方案设计图由总平面图、平面图、立面图、剖面图和详图（现代建筑方案设计图中一般不表达详图）构成。其表达深度与古建筑测绘图相近，要求能表达清楚古建筑保护与修复的各类技术措施，满足编制古建筑工程概预算即可。除了上述图纸外，还有用于表现建筑修缮完成后效果的外观透视图或者是古建筑模型。

4.6.3　施工图

古建筑施工图是在方案设计图的基础上，进一步深化、完善的图样，是用来表达建筑物的总体布局、内部空间布局、外部造型、建筑结构、细部构造、内外装饰装修等在维修之后达到的标准图样，是相对微观、定量和具有实施性特征的设计，是施工单位的施工依据。古建筑施工图图纸应完整统一、尺寸齐全、正确无误，并将施工的具体要求明确地反映在图纸中。

与现代建筑施工图相似，古建筑施工图可以按照专业的不同，具体划分为建筑、结构和设备施工图，其中建筑施工图是最基本的，是各个专业的龙头，结构和设备施工图要以它为依据，按要求进行配套设计。

古建筑施工图（建筑专业）可分为总平面图、平面图、立面图、剖面图、结构平面图（在古建筑施工图中可在构架仰视图、构架俯视图中任选其一表达）及详图等。

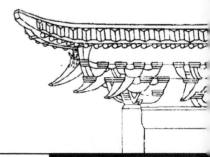

第2篇
古建筑施工图绘制与表达

古建筑施工图绘制与表达是古建筑工程制图学习的核心内容。根据图纸所反映内容的不同，古建筑施工图纸可分为古建筑总平面图、平面图、立面图、剖面图和详图。

5 古建筑总平面图绘制与表达

建筑总平面图是表达整个建筑用地内的总体布局的图样，是在建筑基底地形图上，把已有、新建和拟建的建（构）筑物以及道路、广场、绿化用地等，按照一定的比例绘制出来的图纸。对于场地较为复杂的建筑工程，还要求分项绘制竖向布置图、管线综合布置图、绿化布置图等。

5.1 古建筑总平面图的形成法则及作用

5.1.1 古建筑总平面的形成法则与表达

5.1.1.1 总平面的形成法则

将新建工程四周一定范围内的新建、原有和拆除的建筑物、构筑物连同其周围的地形、地物状况用水平投影的方法和相应的图例所画出的工程图样，称为建筑总平面图。总平面图是单面正投影图（向地面作水平投影形成）。

5.1.1.2 建筑总平面图的表达

建筑总平面图有首层轮廓表达法、屋顶轮廓表达法和建筑平面表达法三种。

（1）首层（或±0.000平面）轮廓表达法 根据《总图制图标准》（GB/T 50103—2010）中的规定："新建建筑物以粗实线表示与室外地坪相接处±0.000外墙定位轮廓线。建筑上部（±0.000以上）外挑建筑用细实线表示，地下建筑物轮廓用粗虚线表示。"首层（或±0.000平面）平面轮廓表达法广泛用于现代建筑设计施工图绘制与表达中（图5-1）。

（2）屋顶轮廓表达法 屋顶轮廓表达法常用于方案设计阶段新建建筑的表达。在方案设计阶段，总平面图中需要表达出建筑的平面形状、层数、高度等要素。设计中常常以新建建筑的屋顶投影图来表达新建建筑，并按照阴影透视的法则画出建筑阴影，更真切地表达出建筑的空间和立体效果（详见图 5-2、图 5-3）。

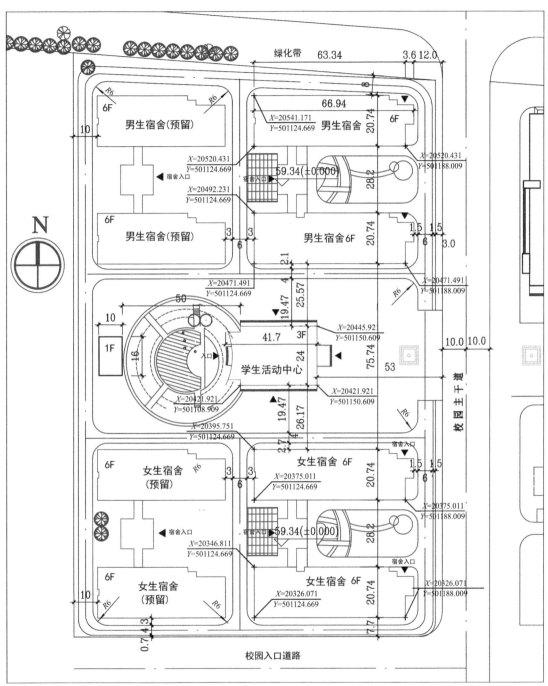

图 5-1　某学校宿舍及活动中心总平面图

（首层平面轮廓表达法）

（3）建筑平面表达法　建筑平面表达法是古建筑制图中的沿袭做法。

在古建筑行业的传统制图中，常常将单体建筑平面图或者单体建筑简化平面图拿过来拼接组合形成古建筑总平面图（图 5-4）。这种表达方法有利有弊。其好处是，从总平面图中

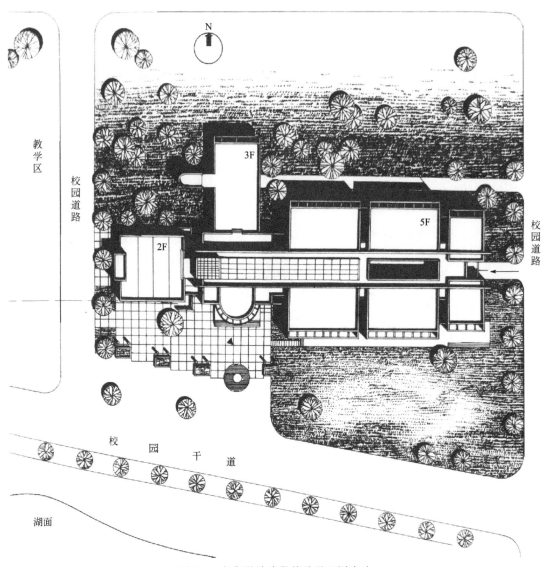

图 5-2　方案设计阶段的总平面图表达
（学生作业，强调设计理念与理想的建筑环境表达）

能够直观地判断各单体建筑的平面类型、开间数量、规模大小。其弊端是在大比例的总平面图中如（1∶300）～（1∶100）的图中，古建筑平面尚基本清晰，但是随着总平面图比例变小，如在（1∶1000）～（1∶500）时，由于按比例出图尺寸过小，图面中的墙柱等细节反而表示不清楚，所以建议在 1∶500 及其以上的古建筑总平面图中，宜以 ±0.000 所在层的建筑外轮廓线或台基外轮廓线来表达单体建筑的范围线。

目前，古建筑设计公司常采用"建筑平面表达法"绘制古建筑总平面图。其表达方式与现代建筑总平面图的不同之处主要有以下几点：一是制图单位不同，现代建筑总平面图中单位为 m，古建筑总平面图中单位为 mm；二是标高表达不同，现建总平面图中采用绝对标高，而古建总平面图中室内地面与场地地面标高全部采用相对标高；三是定位方法不同，现

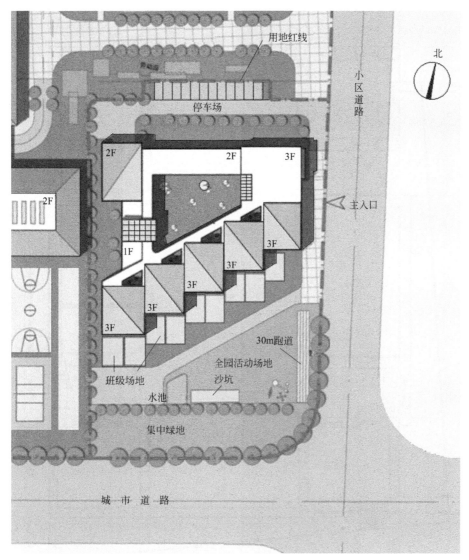

图 5-3　方案设计阶段的总平面图表达

（工程案例，强调设计理念与真实场景的表现）

建总平面图中既可采用坐标定位法，也可采用相对尺寸定位法，而古建筑总平面中多采用相对尺寸定位法。从上述比较可以看出，古建筑总平面图的习惯表达方式实际上与国家制图标准相背离，笔者认为古建筑总平面图还是应该按照《建筑制图标准》（GB/T 50104—2010）和《总平面制图标准》（GB/T 50103—2010）规定的表达方式进行绘制更为合理。

5.1.2　总平面图作用

总平面图主要表示整个建筑基地的总体布局，具体表达房屋的位置、朝向、平面形状和层数，以及周围环境（含原有建筑、地貌地形、道路交通和绿化配置）的基本情况，是新建房屋及其他设施的施工定位、土方施工以及设计水、电、暖、煤气等管线总平面布置的依据。

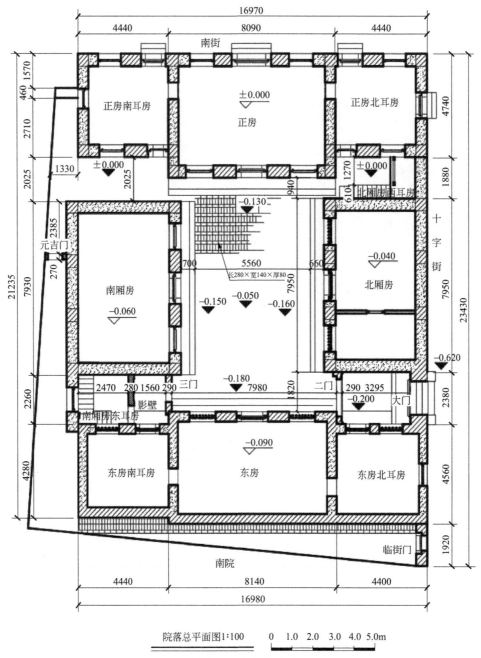

院落总平面图1:100

0 1.0 2.0 3.0 4.0 5.0m

图 5-4　某小型古建筑群总平面表达
（建筑平面表达法）

5.2　古建筑总平面图表达内容

5.2.1　古建筑总平面图的表达内容

古建筑总平面图的表达内容主要有以下几项：

① 古建筑工程用地范围，即根据保护规划划定的文物保护范围；

② 保留的地形地物，如山丘、水体、古树名木、古建筑等；

③ 测量坐标网、坐标值或建筑坐标网、坐标值，采用建筑坐标网要列出建筑坐标与城市坐标的关系；

④ 新建建筑、构筑物的平面位置（建筑定位）、平面形状、建筑层数、名称或编号等；

⑤ 建筑周围环境设施，包括道路、广场、停车场、围墙、护坡、挡土墙、无障碍设施等；

⑥ 建筑室内绝对标高、场地标高、道路标高、坡度及地面排水情况；

⑦ 绿化平面布置、管线布置；

⑧ 指北针或风玫瑰图。

5.2.2 用地范围的确定

建筑用地范围一般涉及 7 种边线控制线，分别为用地红线、道路红线、建筑红线、城市蓝线、绿线、紫线和城市黄线，最常见的是用地红线、道路红线和建筑红线，俗称三大红线。

（1）用地红线　用地红线即地产线或征地界限，即规划主管部门批准的各类建筑工程项目用地使用权属范围的边界线。用地红线在总平面图中用双点划线表达。

（2）道路红线　规划主管部门确定的各类城市道路（含居住区级道路）路幅用地界限。道路红线一般由城市规划行政主管部门在用地条件图中标明，并且道路红线总是成对出现，两条道路红线之间的用地即城市道路用地。道路红线的边线为细实线。

（3）建筑红线　也称建筑控制线，是建筑物基底位置的控制线，是基地中允许建造建筑物、构筑物的基线。按照城市规划要求，建筑红线都会退后用地红线、道路红线等一定距离，用来安排台阶、道路、广场、绿化及地下管线等。建筑红线（建筑控制线）在总平面中用虚线表达。

（4）其他控制线　城市蓝线、绿线、紫线和城市黄线分别指城市总体规划中确定的长期保护的城市河湖水系、城市绿地、历史文化街区或文物保护单位用地以及涉及城市全局发展有影响的基础设施用地的控制界线。

在古建筑工程总平面设计中，一定要对建设基地条件充分了解，把控好建筑边线的约束与限制，才能更好地把控好建筑用地范围，进行场地的建设和利用。

建筑用地内的红线、控制线见图 5-5。

5.2.3 坐标网格

总平面图所用地形图可以使用测量坐标系统，也可以使用建筑坐标系统。

（1）测量坐标网　我国当前的地图采用的是 1980 西安坐标系下的高斯投影坐标 (X, Y)，大地原点设在陕西省泾阳县永乐镇。在测量坐标系中，X 轴表示南北方向（经线），Y 轴表示东西方向（纬线）。

（2）建筑坐标网　建筑坐标系是在建筑工程设计总平面图时，采用假定坐标系来求算建筑方格网的坐标，以便使所有建（构）筑物的设计坐标均为正值，且坐标纵轴和横轴与主要建筑物或主要管线的轴线平行或垂直。

建筑坐标系与测量坐标系往往不一致，见图 5-6。图中 XY 轴代表的是测量坐标系，

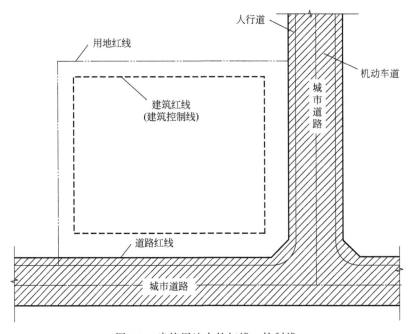

图 5-5　建筑用地内的红线、控制线

用地面积—用地红线与道路红线之间围合的面积；可建建筑范围—可用于建设建筑物或构筑物的范围，
在没有其他公共限制的情况下，指建筑控制线范围内围合的面积

AB 轴代表的是建筑坐标系。当总平面图上有测量和建筑两种坐标系统时，应在附注中注明两种坐标系统的换算公式。

建筑坐标具体表达方法为：以建设地区的某一定点为"O"点，沿水平方向为 *B* 轴，沿垂直方向为 *A* 轴来进行分格，分格大小一般为 $100m \times 100m$ 或 $50m \times 50m$。建筑坐标定位以建筑墙角距离"O（坐标原点）"点的距离来确定其各点的位置，见图 5-7。

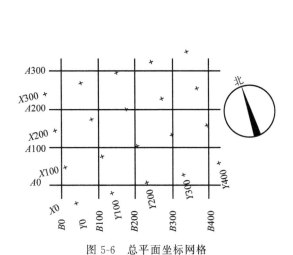

图 5-6　总平面坐标网格

图中 *X* 为南北方向轴线，*X* 的增量在 *X* 轴线上；
Y 为东西方向轴线，*Y* 的增量在 *Y* 轴线上。*A* 轴相当于测
量坐标网中的 *X* 轴，*B* 轴相当于测量坐标网中的 *Y* 轴

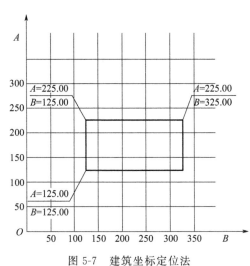

图 5-7　建筑坐标定位法

5.2.4　建筑标高

5.2.4.1　建筑制图中的三种标高

（1）绝对标高　我国规定以 1950～1979 年青岛验潮站观测资料确定的黄海海平面作为标高的零点，其他各地标高以此为基准。任何一地点相对于标高零点的高差，我们就称它为绝对标高。

（2）相对标高　以建筑物室内首层主要地面高度为零点作为标高的起点（±0.000），所计算的标高称为相对标高。

（3）结构标高　在相对标高中，凡是不包括装饰层厚度的标高，称为结构标高，结构标高分为结构底标高和结构顶标高。

5.2.4.2　建筑总平面图中的标高

总平面图中标注的标高应为绝对标高，当标注相对标高时，应注明相对标高与绝对标高的换算关系。

建筑室内地面标高（相对标高±0.000）的绝对标高，应高于散水标高。散水标高系指散水坡脚处的标高，其值应高于四周地界或路面标高，以便顺利排除雨水。散水的标高可为变值，以利用地形、减少工程量，并方便使用。

总平面图中标高的应用详见图 5-8。

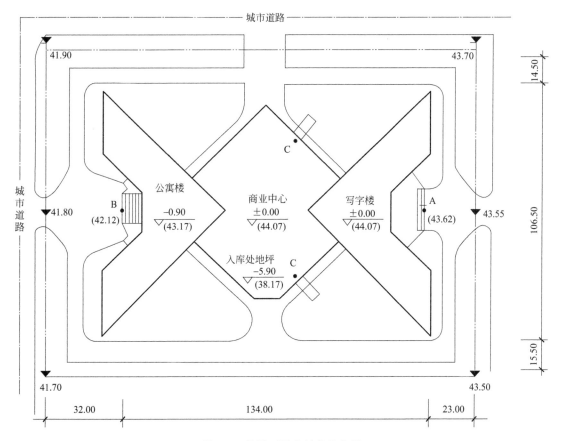

图 5-8　总平面图中标高的应用

图 5-8 所示为某综合楼，由高层写字楼、公寓和商业裙房组成，地下则为汽车库。场地北高南低。以写字楼北入口室内地面为 ±0.000，其绝对标高为 44.07m。北入口室内外设置了 3 步台阶，室内外高差为 450mm，室外地面的绝对标高为 44.07－0.45＝43.62（m）。商业中心首层地面标高与写字楼相同，公寓楼首层地面标高为 －0.900m，其绝对标高为 44.07－0.9＝43.17（m）。公寓楼室内外高差 1.05m，设置了 7 步台阶。则公寓楼外地面的绝对标高为 43.17－1.05＝42.12（m）。整个总平面图中建筑标高表达如图 5-8 所示。

5.3 古建筑总平面图制图规定

5.3.1 古建筑总平面图的特点

① 绘图比例小。总平面图表达的范围较大，除了用地范围内，还要包括周边的建筑、道路、绿化等总体布局。现代建筑总图比例常选用 1∶500、1∶1000、1∶2000。古建筑总图常用比例有 1∶300、1∶500、1∶1000。

② 用图例表示其内容。由于总平面图的绘图比例较小，图中的原有房屋、道路、绿化、桥梁、边坡、围墙及新建建筑等均需要用图例表示，绘制总平面图时应符合《总图制图标准》（GB/T 50103—2010）中的相关图例的要求。传统的古建筑总平面图中，对保护与修缮建筑或新建仿古建筑往往采用单体建筑平面图来代替平面图图例表达，在比例较大（如 1∶300）的情况下，尚可看清楚墙柱，当采用 1∶500 或 1∶100 的情况下，就会出现墙柱表达不清楚、图纸内容混乱的情况，所以还是以图例表达建筑的方式优先使用。

③ 按照《总图制图标准》（GB/T 50103—2010）中的规定，总平面图中的单位为"m"，注写到小数点后两位。目前上存在以"mm"作为标注古建筑总平面中各尺寸大小的现象，如图 5-4 所举的案例，这是一种不规范表达。

④ 古建筑总平面中的标高标注与《总图制图标准》（GB/T 50103—2010）也有一定的冲突，在实际古建筑工程中，一般分成两种情况，如果是地形相对不复杂的文物古建筑保护项目，总平面图中的标高可以采用相对标高标注。但是若古建筑群所处地形复杂，则必须采用绝对标高表达场地各部分地物之间的高差关系。如果是仿古建筑工程项目，总平面图中的标高应采用绝对标高标注，当标注相对标高（如首层地坪或 ±0.000 平面），应注明相对标高与绝对标高的换算关系。

⑤ 不同级别的文物古建筑工程项目对总平面图的编制深度要求不同，省级及国家级文物保护单位，出于对文物保护的需要，总平面图需要分项表达。常见的总平面图纸类型又细化分为：总平面布置图［反映古建筑群中，各建（构）筑物的相对位置及布置］、地面铺装图（反映室外铺地、甬路、散水、天井的铺装形式）、竖向设计图（反映室内标高、场地的排水）、绿化设计图（反映室外古树名木保护、绿化、水体等环境要素设计）等。

5.3.2 古建筑总平面图制图要求

古建筑总平面图制图与现代建筑总平面图制图有很多相似之处，古建筑与现代建筑总平面制图法则见表 5-1。

表 5-1　古建筑与现代建筑总平面制图法则

序号	内容		现代建筑总平面表达	古建筑总平面表达
1	线型		1.新建建筑物以粗实线表示与室外地坪相接处±0.000外墙定位轮廓线; 2.新建构筑物、道路、桥涵、边坡、围墙、运输设施等可见廓线用中粗线或中线; 3.原有建筑物、构筑物、道路、桥涵、边坡、围墙、运输设施等可见廓线用细线; 4.新建(构)筑物地下轮廓线用粗虚线; 5.预留扩建的建(构)筑物用中粗虚线; 6.原有(建)构筑物地下轮廓线用细虚线	1.优先使用现代建筑总平面图表达方法,建筑以首层平面图中的台基边线或外墙轮廓线表达,线型为粗实线,场地内的其他要素的轮廓线为细线; 2.大比例总平面图1:300以下的小型古建筑院落总平面图可以采用古建筑平面图的表达方式,剖到的建筑主要构部件轮廓线采用粗实线,其余可见的构部件轮廓线采用细实线
2	比例		总平面图经常采用1:300、1:500、1:1000、1:2000的比例绘制	古建筑总平面常用1:300、1:500、1:1000,可用比例1:250、1:400、1:600
3	建筑定位	坐标定位法	1.建筑物一般以±0.000高度处的外墙定位轴线交叉点坐标定位,轴线用细实线表示,并标明轴线号; 2.当建筑物与构筑物与坐标轴线平行时,可注其对角坐标。当建筑物与坐标轴线成角度或建筑平面复杂时,宜标注三个以上坐标,坐标宜标注在图纸上	此方法采用较少; 要求与习惯与现代建筑总平面表达相同
		尺寸定位法	通过与原有建筑之间距离定位,一般采用外墙皮至外墙皮之间的距离	此方法采用较多; 要求与习惯与现代建筑总平面表达相同
4	标高标注		1.总图中标注的标高应为绝对标高; 2.建筑物在一栋建筑物内宜标注一个±0.000标高,当有不同地坪标高以相对±0.000的数值标注;标注相对标高时应注明相对标高与绝对标高的换算关系,即±0.000相当于绝对标高多少; 3.建筑物室外散水,标注建筑物四周转角或两对角的散水坡脚处标高; 4.构筑物标注其有代表性的标高,并用文字注明标高所指的位置; 5.道路标注路面中心线交点及变坡点标高	1.地形相对不复杂的文物古建筑保护项目,总平面中的标高可以采用相对标高标注,±0.00常常选取在正房(正殿)或大门的台基的柱顶盘上表面。无柱子,则选择在阶条石上皮; 2.地形复杂的文物古建筑保护项目和新建仿古建筑工程项目,标高标注方法同现代建筑
5	计量单位		总图中的坐标、标高、距离以"m"为单位。坐标以小数点标注三位,不足以"0"补齐;标高、距离以小数点后两位数标注,不足以"0"补齐。详图可以"mm"为单位	
6	指北针和风玫瑰图		通过指北针可以判断新建建筑物的朝向,通过风玫瑰图即可知道建筑朝向,还可了解当地常年主导风向和夏季主导风向。有风玫瑰图就不绘指北针	
7	名称和编号		总图上的建筑物、构筑物应注写名称,名称宜直接标注在图上。当图样比例小或图面无足够位置时,也可编号列表标注在图内。当图形过小时,可标注在图形外侧附近处	

5.3.3　总平面详图

　　总平面涉及的详图多为室外工程详图,如:停车场、道路断面、无障碍坡道、挡土墙、花池、水池等。详见《室外工程》(12YJ9-1)、《环境景观设计》(12YJ9-2)。这里就不再赘述。

5.4 古建筑总平面图的绘制

在学习古建筑总平面图的绘制与表达之前应先学习并掌握现代建筑总平面图的绘制与表达方法。

5.4.1 现代建筑总平面图表达方法引入

5.4.1.1 方案设计深度的总平面图表达

（1）表达方法 在方案图设计深度的总平面图中重点要表达清楚建筑设计的构思立意，建筑布局，不同外部空间要素（道路、广场、绿化、水体、雕塑、小品等）在场地中的布置。为了使图纸更加简洁清晰，常常采用色彩渲染，为了突出建筑的立体感和真实感，我们往往还给建筑做出阴影。关于技术性内容一般要交代清楚建筑定位，建筑的总长、总宽、层数、高度等。

（2）案例分析 某学校综合楼总平面图如图 5-9 所示。

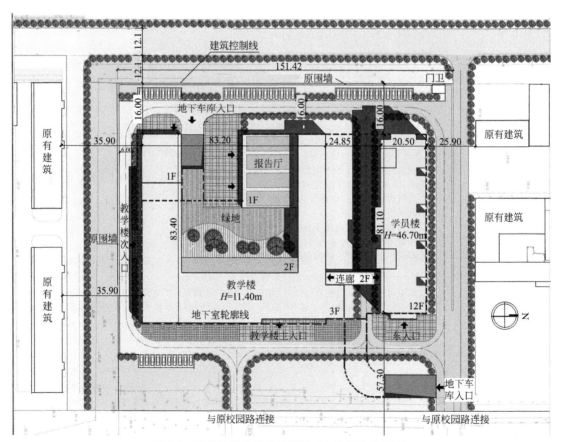

图 5-9 某学校综合楼总平面图（方案图设计深度）

问题导读：识读图 5-9，回答以下问题。

① 某学校综合楼由教学楼和学员楼组成，教学楼主体为（ ）层建筑，学员楼为（ ）层建筑，二者之间通过（ ）联系在一起。

②　图中的粗虚线表示（　　　　　）。

③　图中地下车库入口有（　　）处，分别位于基地的（　　）和（　　）方位（此三处填写方位如东、东北、南、东南、西南）。

④　综合楼的教学楼部分，主入口位于（　　）方位，次入口位于（　　）方位。

⑤　场地内的道路呈环绕式围绕建筑，道路的宽度为（　　　），场地内在道路外侧设置了一定数量的停车位，这些停车位的停车方式为（　　）（此处填写"垂直式""斜列式"或"水平式"停车）。

⑥　综合楼总平面图中，建筑的定位方式为（　　　）。

⑦　综合楼北侧距离原围墙（建筑控制线）（　　）m，西侧距离原有建筑（　　）m，南侧距离原有建筑（　　）m。

5.4.1.2　施工图设计深度的总平图表达

（1）表达方法　施工图的绘制要严格按照总图制图标准进行，重点解决以下的问题。

①　线型表达，要突出新建建筑，通过明晰的粗线、细线、实线、虚线表达新建的与原有的建筑、构筑物、道路、停车场等。

②　建筑定位，可以采用坐标定位法和相对尺寸定位法两种。坐标定位法中建筑物一般以±0.000 高度处的外墙定位轴线交叉点坐标定位，轴线用细实线表示，并标明轴线号。相对尺寸定位法一般以建筑外皮为准进行定位。

③　建筑周边环境设计，在现代建筑中，常涉及道路、广场（铺装）、停车场绿化等的表达。

④　场地的竖向设计，标注±0.000 处的标高，建筑物室外散水坡脚处标高及道路路面中心线交点及变坡点标高；组织场地的排水，一般情况下，应满足"室内地坪标高＞室外地坪标高＞室外道路标高"的条件。

⑤　标注建筑层数、建筑高度、指北针等。

（2）案例分析　某综合训练馆总平面图如图 5-10 所示。

问题导读：识读图 5-10，回答以下问题。

①　综合训练馆建筑层数为（　　）层，建筑高度为（　　）m。

②　综合训练馆（±0.000 处）平面轮廓应采用（　　　）线表达，科研业务楼、运动员公寓的平面轮廓应采用（　　　）线表达。此案例中原有建筑外轮廓表达（是　否）正确。

③　在综合训练馆总平面图中，训练馆的水平定位轴线为（　　　　　），垂直定位轴线为（　　　　　），定位坐标体系为（　　　　　）（此处填写"测量坐标体系"或"建筑坐标体系"）。

④　在综合训练馆总平面图中，除了坐标定位法，还采用了（　　　）定位法。如图 5-10 所示，综合训练馆西侧距离科研业务楼（　　）m，东侧距离运动员公寓（　　）m，北侧距离原有建筑（　　）m。

⑤　在综合训练馆总平面图中，停车场布置在训练馆的（　　）侧和（　　）侧。

⑥　在综合训练馆总平面图中，室内±0.000 处标高相当于绝对标高（　　　）m。

⑦　在综合训练馆总平面图中，南侧道路是（　　　）高，（　　　）低（此处填写"中部""东部""西部"）。

⑧　总平面图中，尺寸标注的单位是（　　　），标高标注的单位是（　　　）。

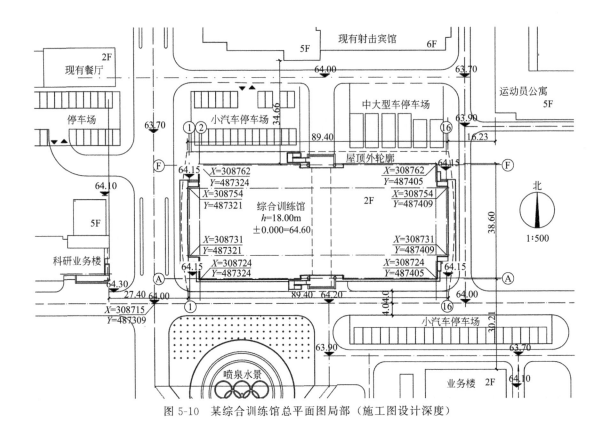

图 5-10　某综合训练馆总平面图局部（施工图设计深度）

5.4.2　古建筑总平面图绘制表达

古建筑总平面表达，以某小型古建筑总平面表达为例（图 5-11），主要反映以下几个方面的内容。

① 院落的总体布置状况。包括了正殿带耳房、配殿、山门戏台、钟鼓楼等建筑，院落内的甬路、花坛、铺装等环境要素。

② 建筑之间的空间位置关系。建筑本身的面阔、进深、院落的面阔、进深。

③ 整个建筑群的标高关系。建筑室内地面标高，室外地坪标高，通过不同位置处的地面标高变化，可以判断整个院落的排水方向。

④ 室内外地面的铺装方式。如，该建筑室内方砖十字缝墁地，室外采用陡砖铺墁，甬路采用方砖斜墁。

⑤ 绿化配置。图 5-11 的表达较为粗糙，仅仅给出了院落内花坛的位置，对保留的古树名木没有进行细致的表达。

5.4.3　古建筑总图绘制表达的延伸

（1）总图是一系列单项总平面图的集合　大型古建筑或国家级、省级文物保护建筑，总平面图常常分解成总平面布置图、地面铺装图、竖向设计图和绿化布置图等。每一类型的平面图只用来解决一个问题。这样虽然绘制图的数量增加，但是有利于解决总平面图中的单项问题。

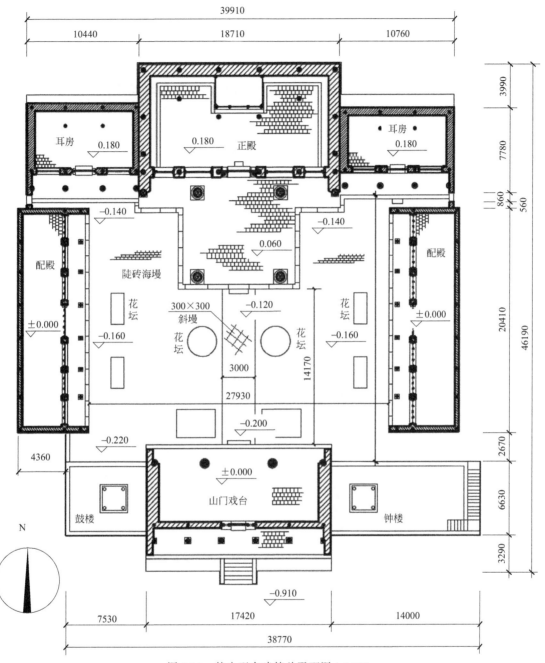

图 5-11　某小型古建筑总平面图 1：300

（2）总图是总平面图、总剖面图和总立面图的综合　还有一些古建筑群，由于建筑所处的地形较为复杂，如依山而建，处在不同的台地上，这样在古建筑总平面表达的同时，要求绘制相应的总的纵剖面图和各个方向的总立面图。通过纵剖面图的绘制，有利于我们对纵轴线上不同台地的建筑进行分析，如台地上建筑建造的大小、体量，是否有护坡或挡土墙设施，建筑外墙距离护坡边缘的安全距离是否符合要求；对建筑群进行视线分析，前部的建筑是否遮挡后面的主体建筑等。某古建筑群总图见图 5-12～图 5-14。

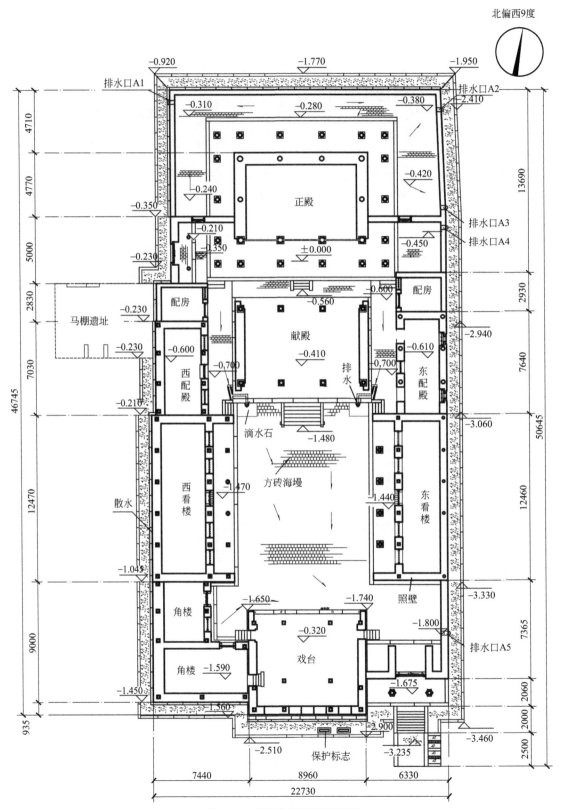

图 5-12 某古建筑群总平面图

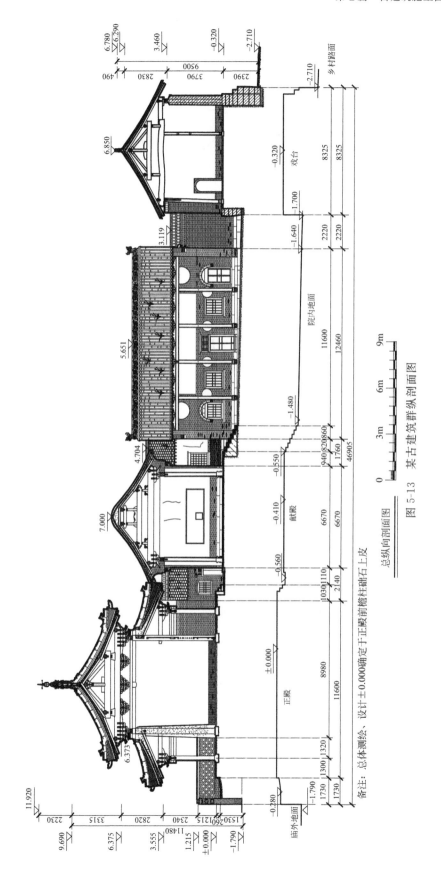

图 5-13　某古建筑群纵剖面图

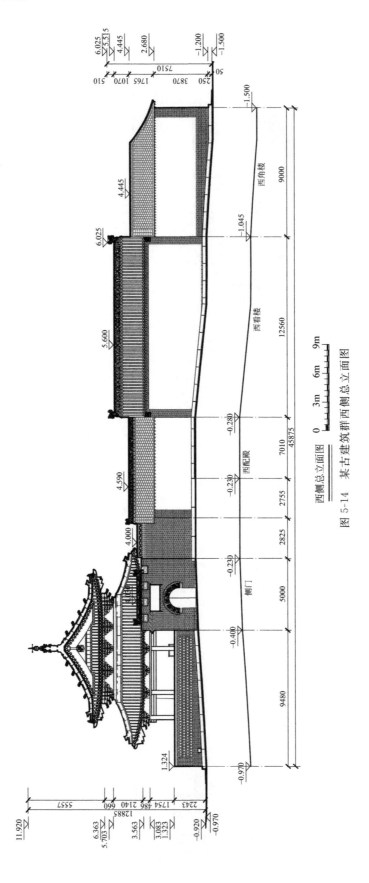

西侧总立面图

图 5-14　某古建筑群西侧总立面图

5.5　古建筑总平面图中常见的专业术语

古建筑总平面图中常见的专业术语及图例表达见表 5-2。

表 5-2　古建筑总平面图中常见的专业术语及图例表达

序号	古建筑名词	注释	图例
1	无廊平面	建筑四面由墙体围合,多见于民居	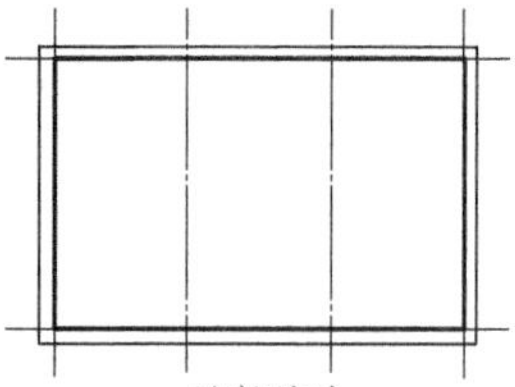 无廊平面
2	前出廊平面	分为硬山前出廊和悬山前出廊,悬山前出廊两山部位没有廊心墙和墀头	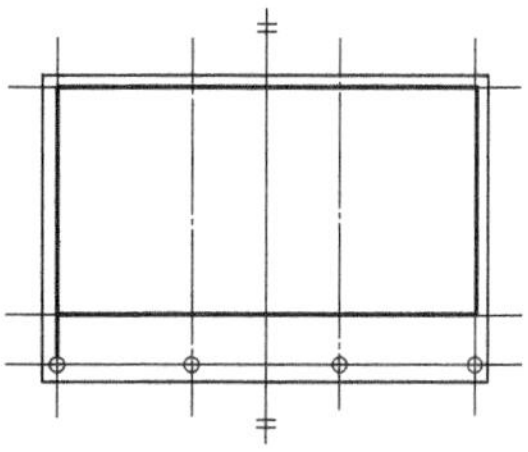 硬山前出廊　悬山前出廊
3	前后廊平面	分为硬山前后廊和庑殿歇山前后廊,多用于门厅、过厅	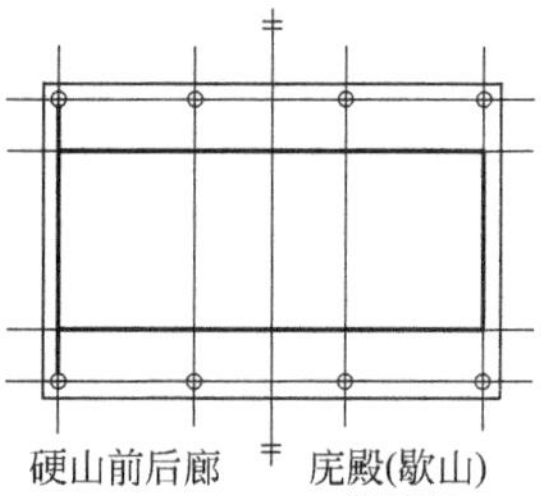 硬山前后廊　庑殿(歇山)前后廊
4	周围廊平面	分为庑殿、歇山周围廊,以歇山周围廊居多	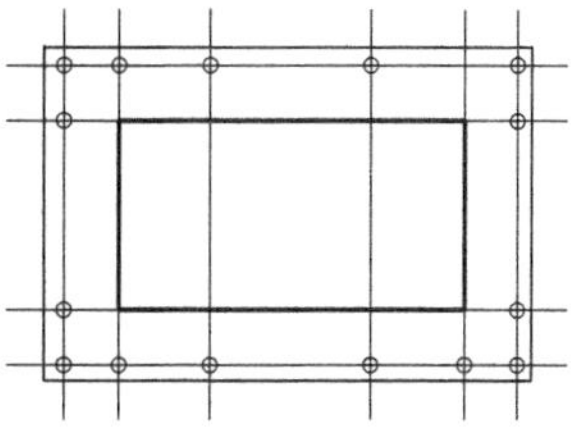 庑殿(歇山)周围廊
5	甬路	古建筑庭院正中,单体建筑之间的通路	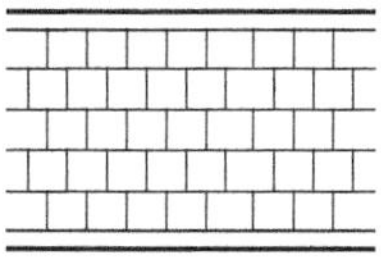
6	御路	宫殿建筑中使用的道路,中间部位铺设御路石	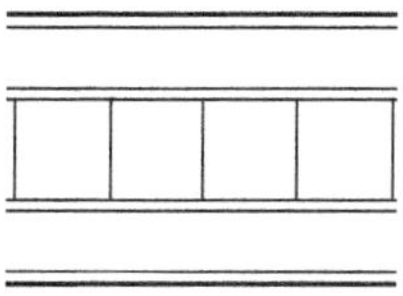

序号	古建筑名词	注释	图例
7	散水	古建筑台基四周的排水设施	牙子砖　散水
8	垂带踏跺	古建筑中的普通台阶,两边带有垂带石	
9	御路踏跺	古建筑中的高级台阶,两边带有垂带石,中间设有御路石,多施雕刻	御路石
10	礓磋	古代坡道	垂带石　垂带石　如意石
11	月台	位于建筑台明前部的露天台基,高度上比建筑台明低一个阶条石	建筑台明　月台
12	明沟	位于散水外侧或庭院中明设的排水渠	+107.5　1%　20.00　明沟排水
13	驳岸	即挡土墙,可以是砖砌,也可是石砌。短粗线在挡土一侧,标注顶标高和底标高	5.00　1.50
14	宇墙、墙墙、院墙	分隔区域的界限,院墙一般高于人体,宇墙、墙墙的高度低于人的身高	
15	石勾栏	地面高差过大时设置的安全维护设施	望柱　栏板　地栿

6 古建筑平面图绘制与表达

古建筑平面图包括分层平面图、结构平面图和屋顶平面图，三种平面图中，结构平面图又可分为构架俯视图、构架仰视图和分层构架平面图，其中构架仰视图采用镜像投影法绘制，其余的各类平面图应按照正投影法绘制。

6.1 古建筑分层平面图

我国古代建筑以单层为主，二层及其以上的建筑数量相对较少，多为楼阁建筑。

6.1.1 古建筑平面图的形成法则及作用

6.1.1.1 古建筑平面图的形成法则

古建筑平面图的形成原理与现代建筑平面图一致，即采用一个假想水平剖切平面（$V—V$ 平面），沿建筑门窗洞口处将房屋剖切开，移去剖切平面以上的部分，将剩余的部分用正投影法向水平面作投影所得到的投影图。建筑平面图的形成原理见图 6-1。

建筑分层平面图实际上就是房屋各层的水平剖面图。现代建筑根据建筑层数有单层、低层、高层、超高层之分，单层建筑只需绘制一个平面，低层和高层建筑所需表达的平面图数量要根据实际情况而定，一般若平面图中表达内容相同，则只需要表达一个；如果平面图中表达内容不同，就需要绘制不同的平面图。古建筑单体多为单层建筑，相应只需绘制一个平面图即可。除单层建筑外，也有一些二、三层和多层楼阁建筑，这些楼阁建筑，结构相对复杂，均须单独绘制各层平面。

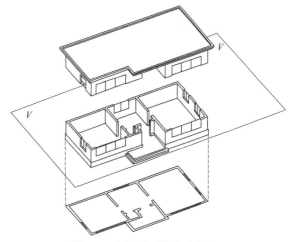

图 6-1　建筑平面图的形成原理

6.1.1.2 古建筑平面图的作用

古建筑平面图主要反映房屋的平面形状、内部布置，墙体的位置、厚度和材料，门窗的位置以及其他建筑构配件的位置和各种尺寸等，是施工放线、大木制作安装、墙体砌筑、室内外装修和编制预算的重要依据。另外，古建筑平面图是其他建筑施工图的基础，与其他图纸及建筑详图呈逐级的关联性，只有先将平面图弄明白，识读其他图纸才能做到心中有数。

6.1.2 古建筑平面图表达内容

某古建筑平面图见图 6-2。古建筑平面图应表达的内容如下。

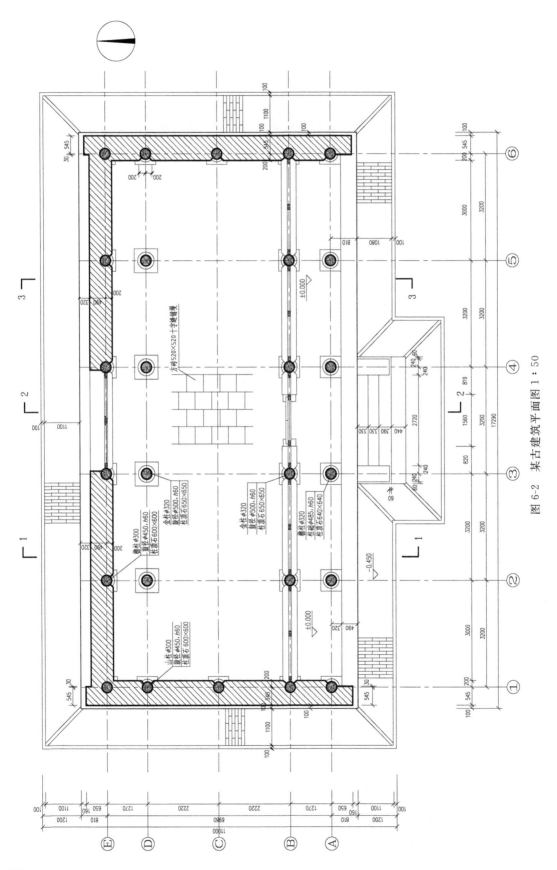

图 6-2　某古建筑平面图 1:50

① 应反映古建筑平面布局，房间的面阔，进深大小，墙、柱等竖向承重结构和围护结构布置。

② 应表达室内地面铺装、柱顶石及台阶栏杆、外檐装修（门、窗）和内檐装修（隔墙、隔断、花罩、屏风）等及与单体建筑相关的部位和设施的平面位置和形状。

③ 单体古建筑有毗邻建筑时，应表示与相邻建筑的关系。

④ 在楼阁类建筑中，建筑内部应反映木楼梯的布置情况，二层及以上的平面图应包含下层屋面垂直可见的瓦垄、瓦沟、脊与脊饰等。

⑤ 古建筑平面图中铺地的边界线应表达清楚，铺地的类型主要有室内铺地、外廊铺地、散水铺地、甬路铺地等。平面图表达时应在每一类铺地位置处标明地砖或地板的规格尺寸以及排列方式等。

⑥ 室内特殊设施在平面图中的位置也应标出，如佛像台座、民居中的土炕等。

6.1.3　古建筑平面图绘制要求

6.1.3.1　图名与比例

（1）图名　古建筑平面图命名方式有两种，整体命名和单体命名。

整体命名适用于古建筑组群规模较小的情况，单体建筑平面图与总平面图合二为一，用一个平面图来表达，统一进行定位轴线编号，则命名为××建筑平面图。

单体命名适用于是古建筑组群规模较大的情况，如某些古建筑群，包含了多进院落，每进院落又包含多个建筑，可以按照组群建筑所处的院落和单体建筑的名称命名，如某组群建筑中，第一进院落，正厅平面图等。也可对建筑进行编号，按照编号绘制平面图，如①号建筑平面图、②号建筑平面图……

对于二层及二层以上的楼阁建筑，则要标注××建筑首层平面图、××建筑二层平面图，以此类推。

（2）比例　古建筑平面比例常用 1∶50、1∶100、1∶150，可用比例 1∶40、1∶60、1∶80。

6.1.3.2　定位轴线

古建筑平面图中，定位轴线的编号方式与平面图命名方式具有一定的对应关系。具体可分为整体编号、单体编号、分区（分项）编号。整体编号见图 6-3，适用于建筑规模较小的古建筑群，多为单进院落；单体编号见图 6-4，适用于建筑规模较大的古建筑群；分区（分项）编号借鉴现代建筑分区编号方法，适用于大型的不太规则的古建筑群体，见第 4 章图 4-24、图 4-25。还有很多古建筑攒尖建筑，如古建筑亭子或砖石塔，平面为正多边形，单体建筑编号不同于普通的方形建筑，一般从西南角或西北角开始顺时针进行编号，见图 6-5。

6.1.3.3　线型表达

古建筑平面图应根据图样复杂程度来确定基本线宽 b，再依次确定其他线宽。一般古建筑平面图选用线型应不少于三种，为了更好地表现层次关系，可用四种线型。古建筑平面图线型选用见表 6-1，平面图图线宽度选用见图 6-6。

表 6-1　古建筑平面图线型选用

线宽比	取值范围/mm	线型用途
b	0.7～1.4	凡是被剖切到的墙体、柱子等主要构件轮廓线

线宽比	取值范围/mm	线型用途
0.7b	0.5~1.0	台明外轮廓线、剖切后的抱框、门框轮廓线
0.5b	0.35~0.7	窗榻板、坐凳面、台阶（踏跺）外轮廓线
0.25b	0.18~0.35	装修构件边界投影线，地面砖、散水铺装线、阶条石铺装线、定位轴线、引出线、索引符号、尺寸标注线、材料图例表达线

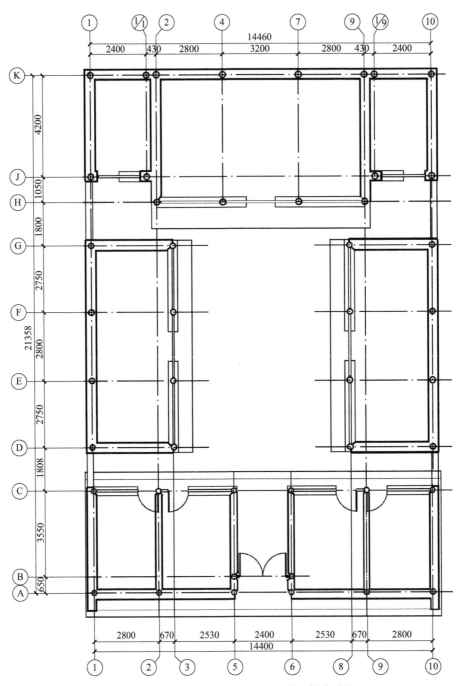

图 6-3　整体编号（某单进院落民居定位轴线编号）

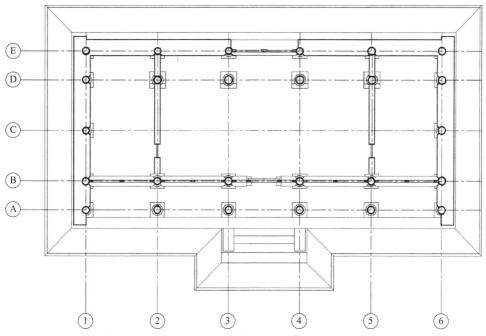

图 6-4　单体编号（某古建筑群正房平面定位轴线编号）

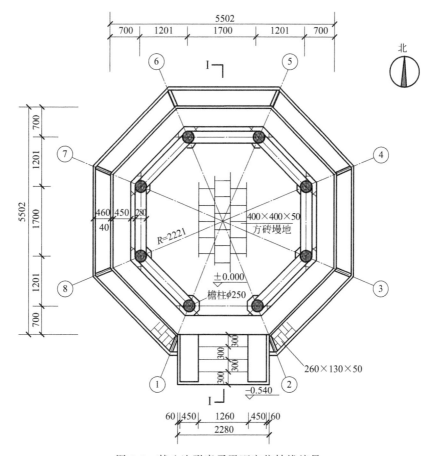

图 6-5　某八边形亭子平面定位轴线编号

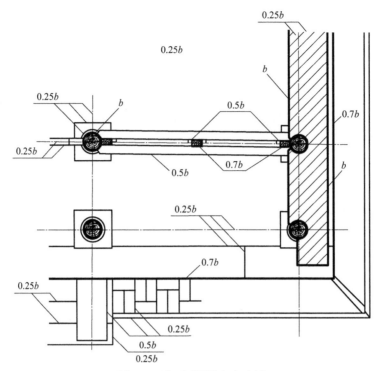

图 6-6　平面图图线宽度选用

6.1.3.4　门窗表达

古建筑平面图应按"关窗开门"状态来绘制，古建筑门窗主要有两大类，第一类为墙上开设门窗，可以参考现代建筑门窗表达。现代建筑门窗分为普通门窗和防火门窗两大类，普通门窗可以根据其规格尺寸进行编号，如 M1、M0921……，C1、C1521……防火门可根据门的材质进行编号，具体为：木质防火门（MFM）、钢质防火门（GFM）、钢木质防火门（GMFM），也可根据防火门的防火等级编号，如甲级防火门 FM（甲）、乙级防火门 FM（乙）、丙级防火门 FM（丙）……现代建筑中门窗的表达见图 6-7。

第二类为柱间门窗，除了槛框外，应简化表达门窗扇及其他构件，同时标注索引符号，在门窗详图中按照施工要求准确表达。另外一定要注意的是，由于受到门槛和风槛的制约，古建筑中门窗的开启方向只能向内。古建筑中门的表达见图 6-8。

6.1.3.5　尺寸标注

古建筑平面图尺寸以"mm"为单位进行标注。标注分外部尺寸和内部尺寸。

（1）外部尺寸标注　为了便于查阅图纸和指导施工，外部尺寸一般在图形的四周注写三道尺寸。

① 第一道尺寸为细部尺寸，距离建筑平面轮廓最近，表示门窗洞口、柱距及与平面定位轴线的关系。在底层平面中，山出、下檐出（下出）应在第一道尺寸线上，台阶、坡道、散水等细部的尺寸单独标注。

② 第二道尺寸表示定位轴线之间的距离，称为轴线尺寸，包括各开间、进深尺寸。

③ 第三道尺寸表示建筑外轮廓总尺寸，古建筑若有台明，则总尺寸指台明外皮尺寸，若没有台明，则总尺寸指墙外皮至墙外皮或柱子外皮之间的距离。

（2）内部尺寸标注　用来确定内部门窗的位置、宽度、墙身厚度、柱门、固定设备大小和位置的尺寸。内部尺寸的标注在平面图内部表达，构件轮廓线可作为尺寸界线，但不可以作为尺寸线。

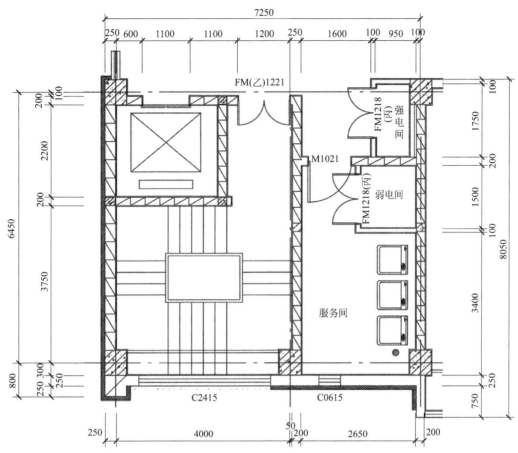

图 6-7　现代建筑中门窗的表达

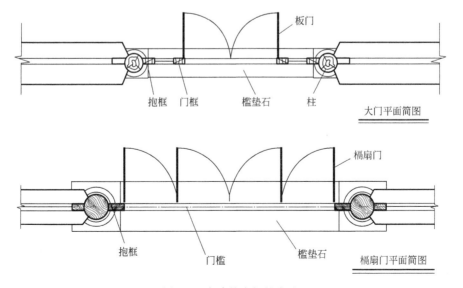

图 6-8　古建筑中门的表达

6.1.3.6 其他

（1）标高标注

① 在现代建筑和仿古建筑平面图中，一般将首层门厅的地面定位为±0.000，以此为界，室外地坪、地下层平面标高为负值，首层地坪以上标高为正值。在制图表达中，正值不注写"＋"号，负值需要再数字前面注写"－"号。

② 在古建筑群平面表达中，可选择较低的建筑来定±0.000，如大门地面，也可选择最为重要的建筑来定±0.000，如：正房、正殿。习惯上民居四合院建筑中选择正房地面，寺庙建筑中选择山门地面作为±0.000地面。作为标高定位选定的古建筑，分为有柱子和无柱子两种情形，有柱子的建筑，以柱顶盘上皮（注意此处非鼓径上皮）定±0.000，无柱子的建筑，按照室内地坪或阶条石上皮定±0.000。古建筑平面图中的标高标注见图6-9。

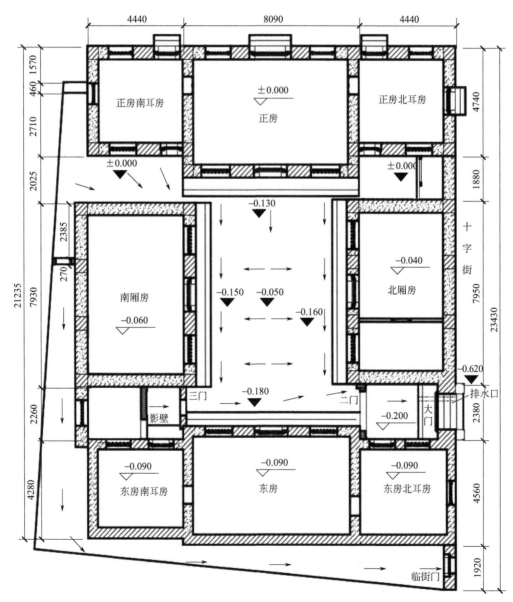

图6-9　古建筑平面图中的标高标注（民居建筑）

（2）符号

① 剖切符号。应在古建筑首层平面图中剖切位置处注写剖切符号及编号。

② 索引符号。古建筑平面图中某些部位或构件，例如门窗、坐凳、柱顶石、石栏杆等需要用详图表达的部位应用索引符号进行索引。

（3）文字说明　在古建筑平面图中需要注写各个房间的名称、地面铺装材料或其他必要的文字说明。

（4）指北针　古建筑总平面图和平面图中应绘制指北针。多层古建筑应在总平面和首层平面图中绘制指北针。其他各层平面的方位朝向应与首层平面一致，故指北针可略去不画。指北针应按照制图标准中的规定绘制。

6.1.4　古建筑平面图的绘制

古建筑平面图应根据建筑体量和内部复杂程度确定适当的比例，手绘平面图多选用 1∶50 和 1∶100。同时根据制图比例确定图纸幅面规格（一般选用 A2、A3）。确定图幅比例后，开始绘制图纸，其步骤如下：

① 绘制定位轴线，形成轴网；

② 绘制柱子、墙身轮廓线等承重结构和围护结构；柱子要注意檐柱与金柱柱径的不同，墙体要注意外包金与里包金尺寸；

③ 绘制门窗洞口、台阶、散水、地面铺装等细部构造组成；

④ 检查全图无误后，擦去多余线条，填充材料图例，按照建筑平面图线型要求加深加粗线型；

⑤ 绘制尺寸线，按照制图规则标注尺寸，并进行轴线编号；

⑥ 绘制剖切符号、详图索引符号、标高、指北针等；

⑦ 加注图名、比例及其他文字内容。

古建筑平面图绘制步骤见图 6-10。

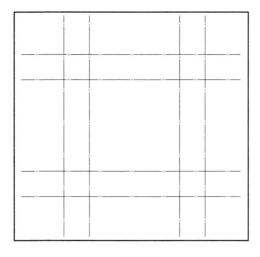

(a) 绘制柱网

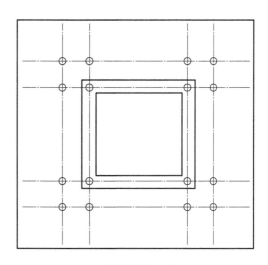

(b) 绘制墙体、柱子

图 6-10

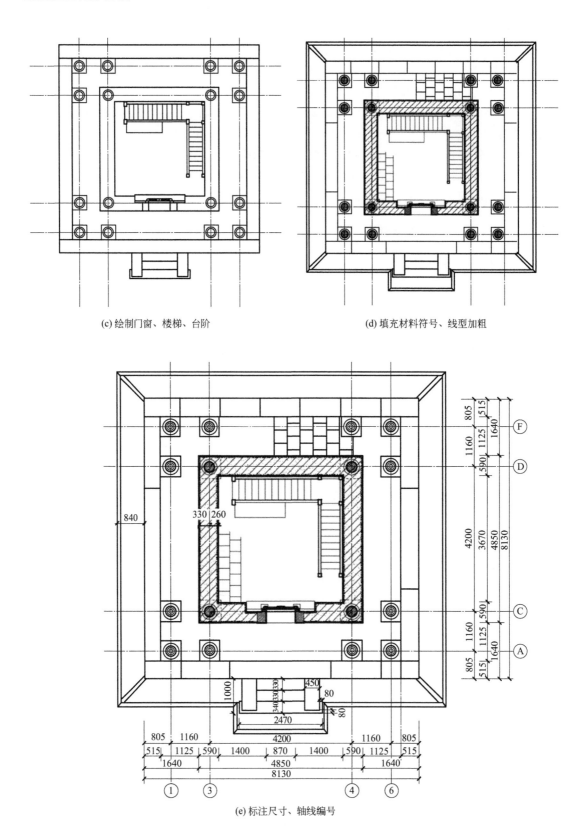

(c) 绘制门窗、楼梯、台阶

(d) 填充材料符号、线型加粗

(e) 标注尺寸、轴线编号

图 6-10　古建筑平面图绘制步骤

6.1.5　古建筑平面图中常见的专业术语

（1）开间进深相关术语　间是建筑平面的数量单位。四柱之间所围合的空间或两缝梁架之间的空间称为一间。中国古建筑房屋的开间数一般为单数。沿面阔方向，从正中向两边依次为明间、次间、梢间、尽间，之外有柱无隔断的称为"廊间"。面阔又称"面宽"，是间的横向尺寸，房屋横向各间面阔之和称为"通面阔"。进深即间的纵向尺寸，房屋纵向各间进深之和称为"通进深"。古建筑开间进深术语见图 6-11。

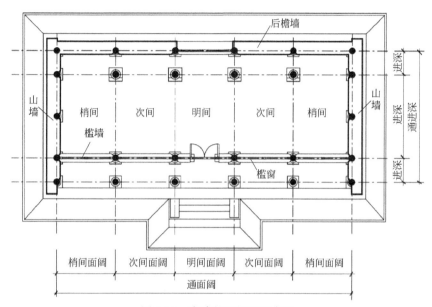

图 6-11　古建筑开间进深术语

（2）平面细部构造术语　古建筑平面构件一般可分解为：柱类构件、墙类构件、台基台阶类构件等几大部分。硬山建筑平面细部构造术语见图 6-12（悬山建筑平面细部构造术语

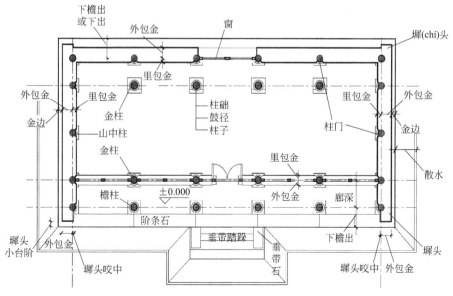

图 6-12　硬山建筑平面细部构造术语

与其相近），庑殿和歇山建筑平面细部构造术语见图 6-13。古建筑平面图中常见的专业术语见表 6-2。

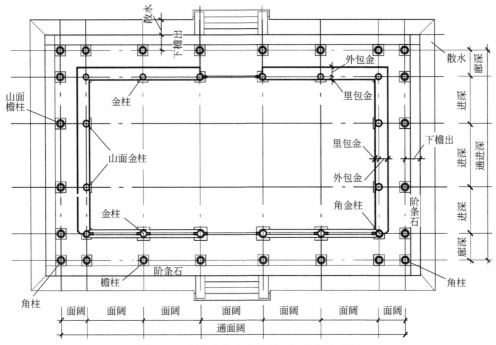

图 6-13　庑殿和歇山建筑平面细部构造术语

表 6-2　古建筑平面图中常见的专业术语

序号	名称	注释
1	明间	宋称当心间,古建筑正中间一间的名称
2	次间	位于明间两侧的开间名称
3	梢间	房屋开间数达五间时,位于房屋端部开间的名称
4	尽间	房屋开间数达七间时,位于梢间两侧开间的名称
5	面阔	间的横向尺寸
6	通面阔	古建筑横向面阔之和
7	进深	间的纵向尺寸
8	通进深	古建筑纵向进深之和
9	廊(单外廊)	立柱无墙的空间(或一侧有墙,另一侧立柱无墙,又称副阶)
10	周围廊	又称副阶周匝,廊围绕房屋一圈
11	檐柱	位于古建筑檐部或古建筑檐檩下的柱子。具体在悬硬山建筑中,位于前后最外面一排的柱子,在庑殿、歇山建筑中除了前后檐柱外,还有山面檐柱之分
12	金柱	古建筑檐柱以内的排柱,因在金檩之下(非脊檩之下),故称金柱,多排金柱又可分为外围金柱和里围金柱
13	中柱	又称脊柱,在尖山式木构架中,位于古建筑脊檩之下的柱子
14	角柱	周围廊式建筑中,位于四角的柱子,有角檐柱和角金柱之分

序号	名称	注释
15	永定柱	楼房内,贯通上下层的柱子
16	擎檐柱	在檐柱之外,用来辅助支撑檐头的立柱,其目的是加大出檐
17	抢柱	又称戗柱、斜撑柱,多出现在牌楼和单片门屋中,在立柱两侧的斜向杆件
18	柱础(柱顶石)	柱子下部的石制构件,有鼓镜式、石鼓蹬式、幞头式、石像生式等,种类繁多
19	鼓镜	官式柱顶石鼓出地面的部分,有圆鼓镜、方鼓镜、异形鼓镜之分
20	柱门	木柱与墙体里包金相交的部分砍八字,露出柱径的构造做法
21	土坯墙	将泥和稻草或麦秸置模具中压实,晒干成矩形土块,用其垒砌的墙称为土坯墙
22	竹筋泥墙	用竹子横纵编制成片,内外抹灰泥形成的墙壁,多用于南方建筑
23	槛墙	古建筑中槛窗下部的墙体
24	山墙	古建筑中位于建筑两山部位的墙体
25	檐墙	古建筑中在檐檩下的墙体
26	夹山	又称隔墙,古建筑中位于室内与两山平行的墙体
27	外包金	古建筑中从柱中心线至墙体外皮的距离
28	里包金	古建筑中从柱中心线至墙体里皮的距离
29	山出	悬、硬山建筑中,从山柱中心线至山面台基边线的垂直距离
30	下檐出	古建筑中檐柱中心线至台基边缘的距离
31	墀头	硬山山墙檐柱以外的墙体部分
32	板门	门扇为实心木板的门,具体有实榻门、棋盘门、撒带门、屏门、拼板门等类别
33	槅扇门	门扇由心屉(棂心)和裙板组装而成的装饰与采光均佳的木装饰门
34	槛窗	与槅扇门形式相同,只是用槛墙替代裙板的木装饰窗
35	牖窗	在砖墙上开设的窗户,有普通窗和什锦窗之分
36	台基(台明)	建筑下部高出室外地坪的砖石基座
37	月台	建筑台基前部的矩形平台,较台基低一个台阶
38	踏跺	上下台阶的踏步
39	垂带踏跺	带有垂带石的台阶
40	御路踏跺	带有御路石的台阶
41	如意踏跺	无垂带、挡墙,三面可上下的台阶
42	礓磜	又称马道、坡道,用砖或石砌成的锯齿形斜面的坡道
43	散水	位于古建筑台基周边或甬路两侧的排水构造设施
44	金边	古建筑中,构件边缘留出的的窄边统称为金边

6.2　古建筑结构平面图

在以木构架体系为主体的古建筑中,结构平面图指的是反映古建筑屋架布置的图纸。

一般古建筑木构架体系最复杂的部位多出现在"屋架部分",尤其是带有斗栱的歇山、庑殿、攒尖及组合类屋顶的建筑的屋架。为了交代清楚这部分构造,古代常常采用模型或轴测图来表达。但是模型制作相对耗时,且不易修改。轴测图绘制又需要一定的空间想象力,故而有一定的技术难度。因此在古建筑表达中还需要一些特殊的平面图来反映上部梁架的关系,这类平面图统称为古建筑结构平面图。

古建筑结构平面图包括木构架俯视图、木构架仰视图及分层构架平面图三种。

6.2.1 木构架俯视图

6.2.1.1 形成法则及其作用

(1)形成法则 木构架俯视图,是将古建筑屋面面层、苫背层及木基层去掉,只保留木构架骨干体系,然后由上至下做水平投影形成的平面图。古建筑俯视图有利于表达清楚屋盖内部的椽子、檩(桁)、梁架、角梁等的布置情况。

(2)作用 木构架俯视图是古建筑中重要的辅助图纸之一,主要应用于分析与理解庑殿、歇山、攒尖等复杂建筑上部屋架各部位的构造关系,在相关施工图纸(如古建筑剖面图、梁架详图等)识读中起到一定的辅助说明作用。另外,木构架俯视图还经常应用于古建筑木构架研究之中。

6.2.1.2 表达内容

木构架俯视图主要表达木构架屋盖或楼盖系统各个层次的平面布局、构造关系,尤其是特殊构件如角梁、太平梁、踩步金、抹角梁、趴梁、翼角椽等的平面位置、水平长度、搭接关系等。木构架俯视图举例见图6-14。

6.2.1.3 木构架俯视图制图

木构架俯视图表达应满足图面清晰、准确的要求,并应能说明问题。

(1)线型 木构架俯视图图线宜选择两种及以上的线宽,可按照近粗远细的规则绘制。一般图纸中出现剖到的构件截面用粗线(1.0b);上层主要构件如角梁、由戗、檩(桁)、雷公柱等主要构件可视轮廓采用中粗线(0.7b)表达;中间层构件如趴梁、三架梁、五架梁等构件可视轮廓可采用中线(0.5b)表达;下层露出的小型构件如角云、假梁头、斗栱外露部分、天花枝条等可采用细线(0.25b)表达;椽子排列较多,可以写实表达,也可以用中心线简化表达,一律采用细线(0.25b);柱子(不可见)和大、小连檐边线可采用虚线表达。木构架俯视图见图6-15。

(2)比例 木构架俯视图多为辅助性图纸,比例选取可以与古建筑平面图相同,常采用1:50或1:100绘制。

(3)绘制程序 应先绘制定位轴线,后按照构架与轴线的关系,自下而上依次进行。检查应从上而下依次进行,注意构架上部对下部的遮挡关系,去除多余线条。

(4)尺寸标注与文字说明 木构架俯视图可根据实际工程需要选择标注尺寸与否。若需要标注尺寸,整体标注宜标注出轴线尺寸、总尺寸。细部尺寸宜标注出上檐出(斗栱出踩、檐椽平出和飞椽平出)、步架间距、推山、收山、悬山出梢等尺寸。当设计者对木构架不熟悉时,主要木构件名称也宜在图中标出。

(5)详图索引 木构架俯视图中不宜表达出构造间的连接,如檩条与角梁的搭接构造,檩条与趴梁之间搭接构造等,可引出详图,另作说明。

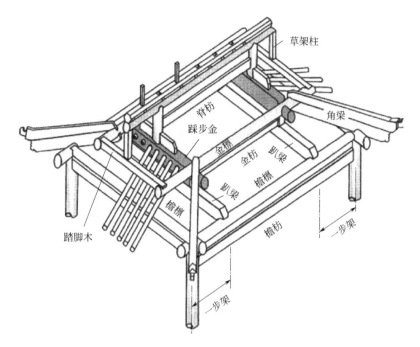

(a) 某歇山建筑木构架轴测图

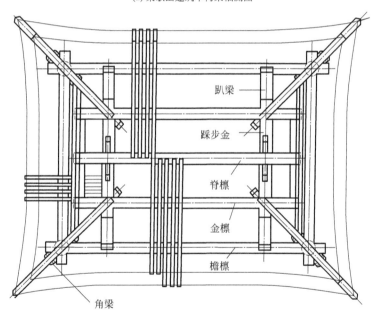

(b) 某歇山建筑木构架俯视图

图 6-14　木构架俯视图举例

6.2.2　木构架仰视平面图

6.2.2.1　形成法则

木构架仰视平面图采用镜像投影法则绘制。

镜像投影法就是假设把玻璃镜面放在物体的下面，代替水平投影面，在镜面中得到反映物体底面形状的图像。所得到的图像称为镜像投影图，镜像投影图原理见图 6-16。

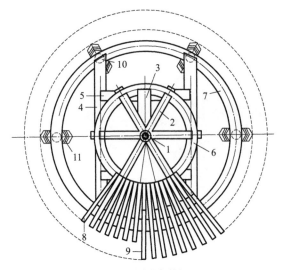

(a) 六柱圆亭构架俯视图

1—雷公柱；2—由戗；3—太平梁；4—长趴梁；5—短趴梁；6—金檩；7—檐檩；
8—檐椽；9—飞椽；10—檐柱；11—角云

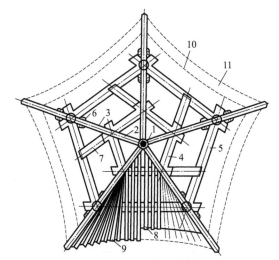

(b) 五边形亭构架俯视图

1—雷公柱；2—由戗；3—角梁；4—金檩；5—檐檩；6—角云；7—连环趴梁；
8—檐椽；9—飞椽；10—小连檐线；11—大连檐线

图 6-15　木构架俯视图

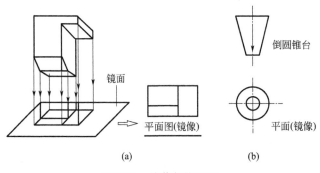

图 6-16　镜像投影原理

6.2.2.2　表达内容

木构架仰视平面图详细地记录了梁、檩（桁）、枋、椽等构件以及斗栱的布置方式、数量、相互之间的组合关系。

与木构架俯视图相比，二者反映的角度正好相反，俯视图为从上向下投影，而仰视图类似从下往上投影（但是位置不改变）；所以二者可以互为补充。仰视图在交代柱子与柱顶位置各构件之间的关系时更为清晰，尤其是当柱顶有斗栱的情形下，仰视图就能最清楚地交代出斗栱与整个梁架的交接关系，记录斗栱的布置与使用情况。因此木构架仰视图在有斗栱的建筑中是必须绘制的工程图纸之一。

此处注意：构架俯视图是辅助性图纸，可绘可不绘，但是构架仰视图不同。如果柱顶部位有斗栱，必须绘制；如果柱顶部位没有斗栱，建议绘制。

6.2.2.3　木构架仰视平面图制图基本规定

（1）剖切位置　当建筑物有斗栱时，剖切位置宜选择在大斗的底皮，当建筑物无斗栱时，剖切位置宜选择在檐柱柱顶（额枋上皮）位置。木构架仰视图剖切位置的确定见图 6-17。

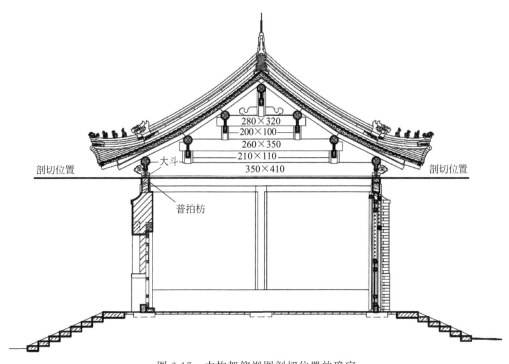

图 6-17　木构架仰视图剖切位置的确定

有斗栱时，宜选择在大斗的底皮；无斗栱时，宜选择在檐柱柱顶（额枋上皮）位置

（2）线型　应遵循《建筑制图标准》（GB/T 50104—2010）的相关规定。可采用两种线宽或三种线宽绘制。若选择三种线宽，可按照下列规定绘制：剖到的墙、柱等构件采用粗实线（1.0b）；主要建筑构件如梁、枋、檩（桁）等主要构件轮廓采用中实线（0.5b），其余构件可见轮廓线用细实线（0.25b）表达。若椽子局部绘制，端部的小连檐边线用虚线表达。

（3）绘制程序　应先绘制定位轴线，后按照构架与轴线的关系，自下而上依次进行。检查应自上而下依次进行，注意构架下部对上部的遮挡关系，去除多余线条。

（4）尺寸标注与文字说明 在木构架仰视图中，尺寸标注和文字说明是必不可少的组成内容之一，整体标注应标注轴线尺寸、总尺寸，带有斗栱的建筑还应标注斗栱间距（斗栱中心线至中心线距离）。细部尺寸应标注上檐出（斗栱出踩、檐椽平出、飞椽平出）、步架间距、推山、收山、悬山出梢等尺寸。

（5）详图索引 木构架仰视图中不宜表达出来的构件连接构造，需要引出详图，另作说明。

木构架仰视图绘制与表达举例见图6-18。

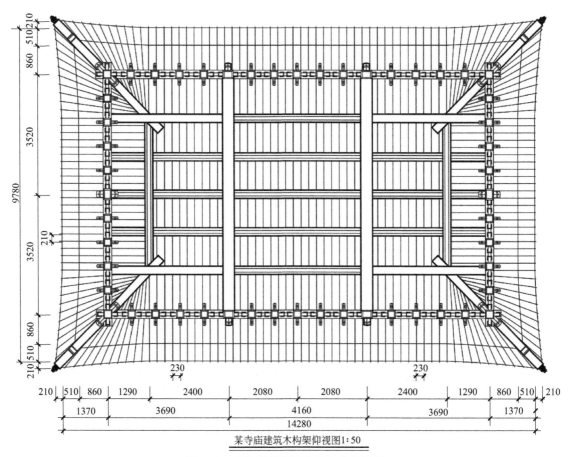

某寺庙建筑木构架仰视图1:50

图6-18 木构架仰视图绘制与表达举例

6.2.3 分层构架平面图

中国古代建筑中的楼阁及重檐建筑，仅凭一层构架的俯视或仰视图无法全部展现出整体构架的布置与构造关系，这就需要分层构架平面图来表达。常见的做法有两种：一种是分别绘制各层檐部的构架俯视图或仰视图；另一种是利用古建筑平面的对称性能，在同一个平面图中分别表达上下层构架的关系。我们常说的分层构架平面图则指的是后一种方法表达。

分层构架平面图要选好各层的剖切位置。某重檐八角亭木构架俯视图见图6-19。为了表达清楚下檐和上檐部位的构架状况，上檐选择在屋面上皮雷公柱的位置处，下层选择在了围脊板位置处。另外利用了构架的对称性，在同一张平面图上，上半部表达了上檐构架情况，下半部表达了下檐部分的构架情况。

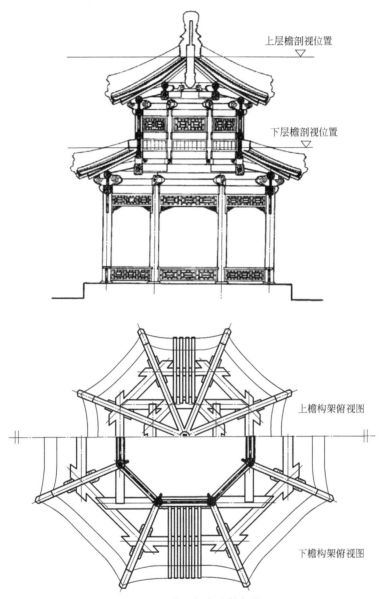

图 6-19　某重檐八角亭木构架俯视图

6.3　古建筑屋顶平面图

　　屋顶平面图是从建筑屋顶上方向下投影所形成的屋顶水平投影图。但是屋顶平面图表达的内涵则不只是投影这么简单，如一个现代建筑平屋顶平面图，除了投影线外，它还涉及表达屋顶的排水组织问题，所以建筑屋顶平面图的绘制，首先要从认识现代建筑屋顶开始。

6.3.1　现代建筑屋顶平面图知识引入

6.3.1.1　屋顶的作用

　　建筑屋顶的作用主要有三，一是承重作用，屋顶作为建筑最上部的结构，要能承受风荷载、雪荷载、上人荷载、自重等。屋顶的设计，首先要保证结构的安全性。二是围护作用，如北方地区屋面要做到冬季保温，在南方炎热地区屋顶又要起到通风、隔热作用，另外屋顶还要起到防风、防雨雪等作用。三是造型美观，造型别致的屋顶会大大提高建筑的吸引力，提升建筑的品位，给人以美的享受。

6.3.1.2 屋顶的设计要求

（1）排水与防水要求　从排水角度而言，屋顶必须设置一定的排水坡度，以便在雨季能够快速排除雨水；从防水角度而言，屋顶必须做好防渗漏措施，一般通过采用合适的防水材料和防水构造，以保证屋面滞留的雨水不会下渗到房间内部。

（2）保温隔热要求　北方地区，室内冬季普遍采暖，屋顶要求具有一定保温性能，避免室内热量通过屋顶向外散失；在南方地区，全年或夏季气温高、湿度大，则又要防止屋面吸收的辐射热通过屋顶传入室内，所以要做好通风、散热与隔热。

（3）结构要求　现代建筑屋顶形式多样，有框架楼盖结构、桁架结构、薄壳结构、悬索结构、网架结构等。屋面设计时要充分发挥各类结构的优势，并做到结构安全。

（4）建筑艺术要求　屋顶造型能够表达建筑性格特征、时代特征等，以满足建筑审美要求。如：很多地域建筑，通过采用传统建筑屋顶形式来表达城市门户、城市标志和地域民族风格等概念，以获得大众的认同感。

（5）其他要求　建筑屋顶设计还应符合建筑节能、绿色、消防等要求。

6.3.1.3 屋面的排水组织方式

排水和防水是屋顶设计的重要内容之一，排水需要根据地区降雨量、屋顶的形式、坡度等因素去组织，防水则主要通过防水构造来解决。

（1）根据屋面排水方式　屋面排水可分为有组织排水和无组织排水。

无组织排水又称自由落水，屋面雨水自由地从檐口落至室外地面。无组织排水，构造简单，造价低廉，但不适宜于建筑高度较大的房屋。有组织排水以当地的气象资料（降雨资料）为依据，把屋面划分为若干排水区域，使雨水有组织地排到每个排水分区的檐沟或水落口，再经过雨水管引导至室外地面或城市地下排水系统。有组织排水适用于各类建筑屋面排水。

（2）根据屋面排水导向　屋面排水可以分为外排水与内排水。

外排水是指雨水管设在外墙上，其优点是构造处理简单，造价较低，渗漏的隐患较少且维修方便。缺点是处理不好会影响立面美观。外排水方式适用于低层、多层建筑。内排水是指雨水管设在室内，经过雨水口和室内雨水管系统排入下水系统。优点是不影响外观造型，适用范围广。缺点是水落管设于室内，与室内排水系统衔接，构造复杂。这种排水方式适用于多跨厂房建筑、大进深建筑和高层建筑。

平屋顶和坡屋顶屋面排水形式见图6-20、图6-21。

6.3.1.4 屋顶平面图表达内容

① 表达屋顶的形态轮廓，局部出屋顶的楼梯间、水箱间、电梯机房等轮廓。

② 表达女儿墙、檐口、天沟、屋面坡度、坡向、雨水口、屋脊（分水线）、变形缝、天窗及挡风板、屋顶上人孔、检修梯、出屋面管道井及其他构筑物。

③ 标注必要的详图索引符号、标高、尺寸及文字说明。

④ 注明图名、比例。

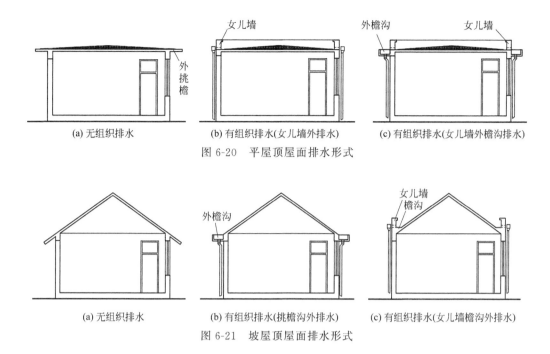

(a) 无组织排水　　　　(b) 有组织排水(女儿墙外排水)　　　(c) 有组织排水(女儿墙外檐沟排水)

图 6-20　平屋顶屋面排水形式

(a) 无组织排水　　　(b) 有组织排水(挑檐沟外排水)　　　(c) 有组织排水(女儿墙檐沟外排水)

图 6-21　坡屋顶屋面排水形式

6.3.1.5　屋顶平面图制图基本要求

（1）线型　根据《房屋建筑制图统一标准》（GB/T 50001—2017）中的线型规定，屋顶平面图可以采用三种线宽表达，主要可见轮廓线用中粗线（0.75b），一般可见轮廓线用中线（0.5b），其余屋面上的分水脊线、汇水谷线、坡度标注等全部用细线（0.25b）。

（2）尺寸与标高标注

① 尺寸标注。尺寸标注包括外部尺寸标注和内部尺寸标注。

外部尺寸标注包括定位轴线与总尺寸；内部尺寸标注包括出屋顶的构配件尺寸、雨水管位置等。

② 标高标注。屋顶标高均为结构标高，若屋顶有高低错落，应表达出不同高度处屋面板结构上皮的标高。坡屋顶应标注屋面檐口部位和屋脊部位标高。屋顶部位标高见图 6-22。

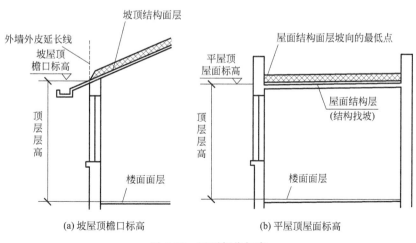

(a) 坡屋顶檐口标高　　　　　　　(b) 平屋顶屋面标高

图 6-22　屋顶部位标高

（3）屋面排水组织设计　屋面排水组织设计包括划分屋面排水分区（通过分水脊线）、确定排水坡度、选择排水组织形式、布置雨水管位置四方面内容。

① 划分屋面排水分区。一般通过分水脊线和汇水谷线进行划分，在降雨量加大的地区，应该对汇水面积和雨水管的直径进行合理的计算。

② 确定排水坡度。平屋顶排水坡度一般为 2%～3%，挑檐沟内也需要一定的排水坡度，一般不超过 5‰，屋面泛水坡度不超过 1%。

③ 选择排水组织形式。多层平屋顶建筑屋顶排水可采用女儿墙外排水和挑檐沟外排水或者女儿墙外檐沟排水。高层建筑则必须采用内排水。

④ 布置雨水管位置。雨水管一般设置在一个排水分区的最低处，在合理选择雨水管的管径的基础上，一定要注意，应将雨水管布置在合理的间距之内，同时还要注意，雨水管不要跨越窗户等，以免对建筑立面形式的完整性造成破坏。

屋面排水组织设计（平屋顶）见图 6-23。

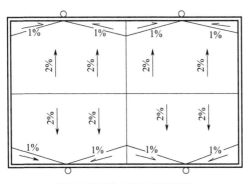
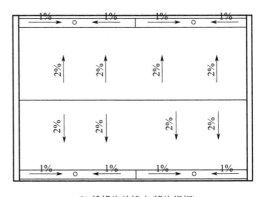

(a) 女儿墙外排水(汇水谷线组织)　　　　　　　　(b) 挑檐沟外排水(檐沟组织)

图 6-23　屋面排水组织设计（平屋顶）

（4）详图索引　用以表达屋顶局部构造，如女儿墙、外檐沟、变形缝等位置处的索引。

（5）图名、比例　屋顶平面图所用比例一般比平面图小，若平面图使用 1：100，1：150 的比例，则屋顶平面图可用 1：200、1：300 等比例。

现代建筑屋顶平面图表达举例见图 6-24。

6.3.2　古建筑屋顶平面图的绘制

6.3.2.1　古建筑屋顶类型的认识

我国古代工匠按照行业习惯将古建筑划分为正式建筑与杂式建筑。正式建筑屋顶主要有 9 种，分别为重檐庑殿、重檐歇山、单檐庑殿、单檐歇山、卷棚歇山、起脊悬山、卷棚悬山、起脊硬山、卷棚硬山，等级依次降低，构成了正式建筑屋顶严格的等级序列。杂式建筑屋顶的类型有攒尖、盝顶、盔顶、圆顶、平台屋顶、单坡顶、扇面顶等形式。除此之外还有不少组合的屋顶形态，如抱厦、勾连搭及 L 形顶、工字形顶、十字形顶、万字形顶等。常见的古建筑屋顶详见图 6-25～图 6-27。

6.3.2.2　古建筑屋顶平面图表达内容

① 表达古建筑屋顶形态。古建筑屋顶形体详见图 6-25～图 6-27。

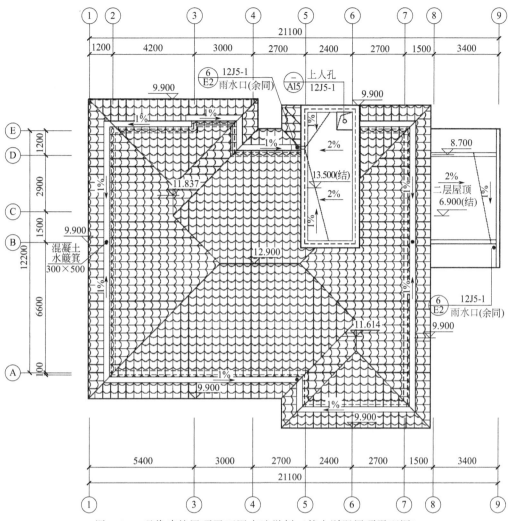

图 6-24　现代建筑屋顶平面图表达举例（某小别墅屋顶平面图）

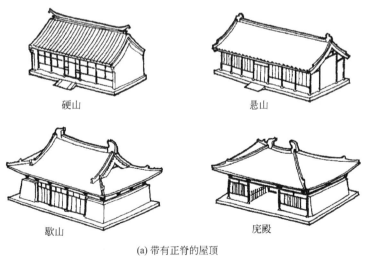

硬山　　　　　　　悬山

歇山　　　　　　　庑殿

(a) 带有正脊的屋顶

图 6-25

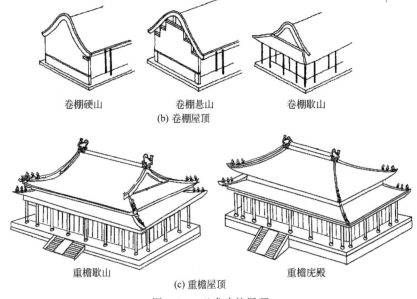

卷棚硬山　　　　卷棚悬山　　　　卷棚歇山
(b) 卷棚屋顶

重檐歇山　　　　　　　　　重檐庑殿
(c) 重檐屋顶

图 6-25　正式建筑屋顶

② 表达古建筑屋面类型。古建筑屋面类型主要有琉璃瓦屋面、布瓦屋面（包含筒瓦屋面、合瓦屋面、仰瓦灰梗、干槎瓦、棋盘心屋面）、其他类型屋面（如金属屋面、石板瓦屋面、草屋面等）。古建筑的屋面如采用琉璃集锦、琉璃剪边，应单独绘制屋面图案小样，标出图案尺寸。

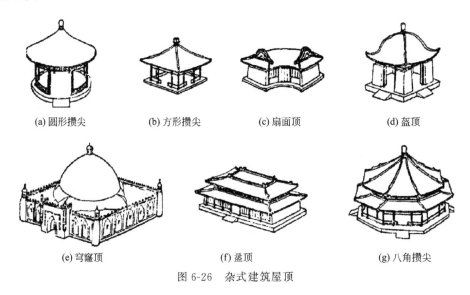

(a) 圆形攒尖　　　　(b) 方形攒尖　　　　(c) 扇面顶　　　　(d) 盝顶

(e) 穹窿顶　　　　　　　(f) 盝顶　　　　　　(g) 八角攒尖

图 6-26　杂式建筑屋顶

③ 表达古建筑屋面的排水情况，如双坡排水还是四坡排水、有无窝角沟等，同时还应表达屋顶排水坡度，但是由于古建筑屋面为一曲面，屋面排水坡度非定值，故在古建筑屋顶平面图中不标注屋面排水坡度。

④ 表达各类屋面的细部构造，具体有坡屋顶建筑中上檐出尺寸、悬山出梢尺寸（悬山屋顶中两山屋面悬挑出来的尺寸，一般为四椽四档），庑殿推山尺寸，歇山收山尺寸，带有翼角建筑的冲出和生起等尺寸。

(a) 四川成都清真寺　　　　　(b) 河北正定关帝庙　　　　　(c) 北京内城角楼

(d) 甘肃夏河拉卜楞寺经堂　(e) 西藏日喀则扎什伦布寺佛殿　　　(f) 北京故宫午门

(g) 宋画龙舟图中宝津楼　　　(h) 内蒙古百灵庙大经堂　　　(i) 福建泉州奎星楼

图 6-27　组合屋顶

⑤ 突出屋面的各类构配件的位置、形状尺寸，如各类屋脊、脊兽、吻兽、天窗、烟筒等。

⑥ 除此之外，还要满足图名、比例、线型、尺寸标注、标高标注等基本制图要求。

6.3.2.3　古建筑屋顶平面图制图基本要求

（1）线型　根据《房屋建筑制图统一标准》（GB/T 50001—2017）中的线型规定，屋顶平面图可以采用三种线宽表达，主要可见轮廓线用中粗线（$0.75b$），一般可见轮廓线用中线（$0.5b$），其余屋面上的瓦垄线、当沟线、坡度标注等全部用细线（$0.25b$）。屋顶下部的墙体线可用虚线表达其位置。

（2）尺寸与标高标注

① 尺寸标注。尺寸标注包括定位轴线与总尺寸、悬山出梢、庑殿推山、歇山收山、翼角起翘点至子角梁端部距离、屋顶平面的冲出、出屋顶的构配件（烟囱）尺寸、屋顶脊兽位置等。

② 标高标注。古建筑屋顶标高应为结构标高，应标注檐口标高和屋脊标高。带有翼角的古建筑还应标注子角梁梁头标高。檐口标高以正身飞椽上皮为准，带有正脊的屋顶，屋脊标高以正脊上皮为准，卷棚顶以罗锅瓦上皮为准。

（3）屋面排水及标注　古建筑屋面多为曲线形坡面，不标注排水坡度。少数屋面为直线形坡面，可按照现代坡屋顶建筑进行坡度标注（如"坡度＝1∶2"或"坡度50％"），排水天沟应绘制排水箭头，并进行排水坡度标注。

（4）详图索引　应表达屋顶局部构造如正脊、垂脊、天沟、窝角沟等部位构造，同时对屋顶脊饰如正吻、脊刹、垂兽、仙人走兽等构件进行索引。

（5）图名、比例　古建筑屋顶平面图所用比例一般与平面图一致，多采用1∶50、1∶100、1∶150的比例。

古建筑屋顶平面图表达详见图 6-28、图 6-29。

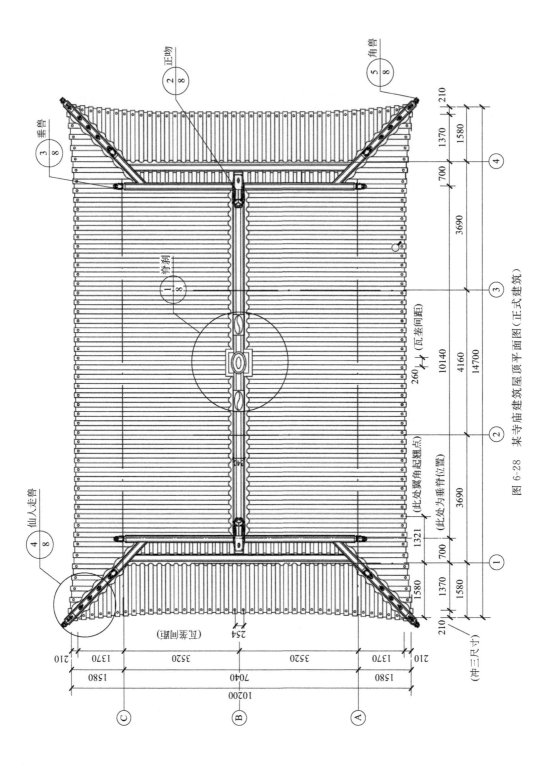

图 6-28 某寺庙建筑屋顶平面图（正式建筑）

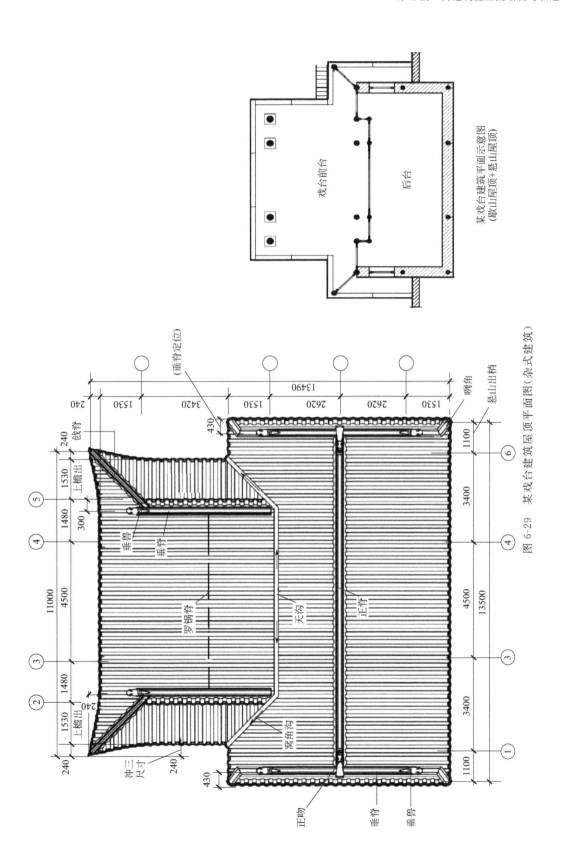

某戏台建筑平面示意图
（歇山屋顶+悬山屋顶）

图 6-29　某戏台建筑屋顶平面图（杂式建筑）

6.3.3　古建筑屋顶平面图中常见的专业术语

古建筑屋顶平面图中常见的专业术语见表 6-3。

表 6-3　古建筑屋顶平面图中常见的专业术语

序号	名称	注释
1	庑殿	又称五脊殿,是四坡五脊之顶,为古建筑殿堂中等级最高的屋顶形式
2	歇山	又称九脊殿,悬山与庑殿相交所成之屋顶结构,由一道正脊、四道垂脊和四道戗脊组成
3	悬山	前后两坡人字顶,屋顶在两山部位伸出山墙之外一定距离,以保护山墙防止雨淋
4	硬山	前后两坡人字顶,屋顶在两山部位与山墙基本平齐,不向外伸出
5	攒尖	几道垂脊交合于顶部上之宝顶
6	卷棚	又称回顶,屋面做圆弧不起脊的屋顶
7	琉璃瓦屋面	屋面瓦件由琉璃筒瓦、板瓦及各类琉璃脊饰构件构成
8	筒瓦屋面	屋面瓦件由不上釉的布瓦筒瓦和板瓦构成
9	合瓦屋面	又称蝴蝶瓦、阴阳瓦屋面,盖瓦和底瓦全部使用板瓦,一仰一俯、一阴一阳,按序排列
10	仰瓦灰梗屋面	屋面全部采用仰瓦铺设,在瓦垄相交处抹出类似筒瓦的灰垄
11	干槎瓦屋面	屋面全部采用仰瓦铺设,不施盖瓦,不做灰垄,通过瓦翅部位的搭接构造能够有效地防雨
12	棋盘心屋面	屋面不全部采用瓦件覆盖,局部留出一定面积的灰背屋面
13	灰背顶	不使用任何瓦件的屋面,只施以灰泥背覆盖
14	天沟	前后坡屋面相交处的水平排水沟,多呈枣核状,中部宽,两侧窄,也称枣核天沟
15	窝角沟	古建筑坡屋面阴角相交处形成的排水沟,由特制的沟筒组成
16	正脊	也称大脊,位于屋顶最高处,前后坡屋面相交处的脊饰
17	过垄脊	又称元宝脊,卷棚顶屋脊做法,前坡盖瓦(筒瓦)及底瓦瓦垄与后坡盖瓦(筒瓦)及底瓦瓦垄相通
18	垂脊	南方称竖带,与正脊或宝顶相交,呈下垂状的脊
19	戗脊	又称岔脊,歇山建筑屋顶四角部位与垂脊 45°相交的斜向脊
20	角脊	重檐建筑下层檐、翼角屋檐的瓦脊
21	围脊	重檐建筑下层檐,在上层檐柱额枋之下,呈四面围合交圈的水平脊,又称缠腰脊
22	博脊	歇山屋顶两山坡屋面与山花板相交部位的屋脊形式
23	宝顶	又称绝脊,攒尖建筑屋顶的顶端类似"宝瓶"的构件
24	排山脊	小式建筑悬山、硬山、歇山垂脊的统称
25	排山勾滴	小式建筑悬山、硬山、歇山垂脊外侧勾头与滴水的统称
26	勾头	用在檐头和瓦垄最前端的瓦,由瓦头和瓦身组成,瓦头有半圆形、圆形,用来保护瓦垄不下坠和防止雨水侵蚀檐头
27	滴水	带有"滴水"唇边(类似倒三角形)的板瓦,檐头部位第一块挑出的底瓦
28	鸱尾	我国早期建筑正脊两端的装饰构件,形象多为带有羽毛的鸟尾

续表

序号	名称	注释
29	鸱吻	宋代建筑正脊两端的装饰构件,由鸱尾发展而来,吻部吞脊,尾部有鱼尾、龙尾等形态
30	正吻	清代建筑正脊两端的装饰构件,由鸱吻发展而来,吻部吞脊,尾部为卷尾并定型化,肩部安装剑靶,兽后设背兽
31	正脊兽	清代建筑正脊两端的装饰构件,又称望兽,兽头向外,有开口和闭口两种形态
32	合角吻	位于盝顶正脊相交或重檐建筑下檐围脊相交处的装饰构件,平面为直角形,两侧有相同的兽面形态,形象与正吻相似
33	垂兽	位于垂脊上的兽,兽的形态与正脊兽、戗兽相同
34	戗兽	也称截兽,用于戗脊上的装饰兽,有兽角
35	角兽	位于角脊上的兽
36	兽面砖	又称鬼面砖,唐代建筑中位于垂脊端部的装饰构件,形象为兽面
37	仙人走兽	琉璃屋顶中,用于屋顶翼角部位的人物和小兽的统称,一般仙人骑鸟在先,后面依次跟有一定数量的小跑,数量最多可用 10 个
38	狮马小跑	大式黑活屋顶中,用于屋顶翼角部位的小兽的统称,一般狮子领头,后面紧跟天马或海马,数量不超过 5 个
39	套兽	套在仔角梁梁头的兽

7 古建筑剖面图绘制与表达

古建筑是三维空间，平面展现了空间的长度与深度（宽度）方面的内容，剖面则展现了空间的高度方面的内容。

古建筑剖面图是用来反映古建筑内部空间结构的重要图纸，通过剖面图，才能清晰地将古建筑木构架的搭设规律展现出来，同时通过剖面图，才能全面地将墙体构造、地面、屋面的分层关系等内容反映出来。

7.1 古建筑剖面图的形成法则及作用

7.1.1 古建筑剖面图的形成法则

古建筑剖面图是用一个假想的垂直剖切面，沿进深（横向）或面阔（纵向）方向将建筑物切开，移去剖切面一侧的部分，对剩余部分作的正投影图。

通常情况下，古建筑剖面图和现代建筑剖面图一样，可以分为横剖面图（图7-1）和纵剖面图（图7-2）。当一个或两个剖面不能表达清楚时，应选取多个剖视位置绘制剖面图，或绘制转折剖面图。

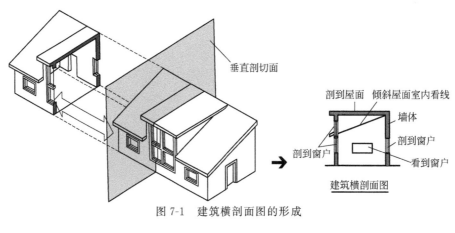

图 7-1 建筑横剖面图的形成

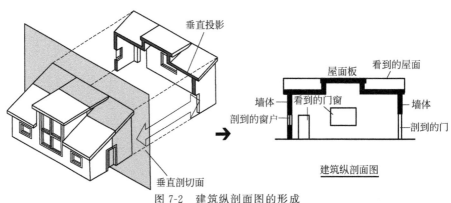

图 7-2 建筑纵剖面图的形成

7.1.2 古建筑剖面图的剖切位置

剖切位置的选择对剖面图内容的表达至关重要。剖切位置应根据图纸的用途或设计深度，在首层平面图上选择能反映建（构）筑物空间形态特征、结构特征和工程意图的位置剖切。如果单一剖面不能满足要求时，应选择多个不同的剖切位置绘制剖面图。

古建筑工程制图中应沿建筑横向和纵向剖切位置绘制剖面图。横剖面图的剖切方向与矩形建筑平面的长轴垂直，至少应该有明间和梢间剖面，明间反映正身构架，梢间反映山面构架，如各间构架有异，每间均应绘制横剖面图。纵剖面图的剖切方向与矩形平面长轴平行，若古建筑前后内立面有异，则应按前视、后视两个方向分别绘制。

剖面图剖切位置的选择详见图 7-3。横剖剖切位置选择在各开间的中心位置，纵剖剖切位置分两种情况，若建筑木构架为单脊檩（屋顶起脊）时，剖切为在正脊位置略偏，错开脊檩即可，使得脊瓜柱、脊檩及屋脊部位的正脊瓦件等处于剖视部位。若建筑木构架为卷棚，则剖切位置在屋顶正中位置。

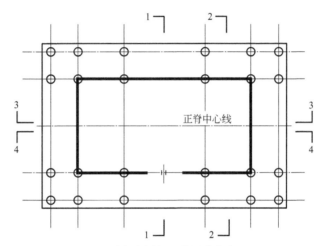

(a) 剖切位置在平面图上的表达

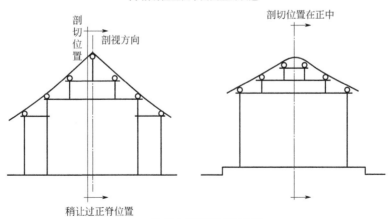

(b) 纵向剖面图的剖切位置

左：采用单脊檩构架时剖切位置——稍让过正脊

右：采用双脊檩构架时剖切位置——屋顶正中位置

图 7-3 古建筑剖切位置的选择

　　【**案例**】如图 7-4(a) 所示，以某寺庙建筑群的过殿为例，在平面图上确定剖切位置。该建筑为一个面阔三间的小建筑，至少应该绘制一个横剖面和一个纵剖面。因为纵剖面的前视图和后视图表达的内容不同，所以纵剖面应该绘制两个。该寺庙建筑群过殿的剖面图见图 7-4(b)～图 7-4(d)。

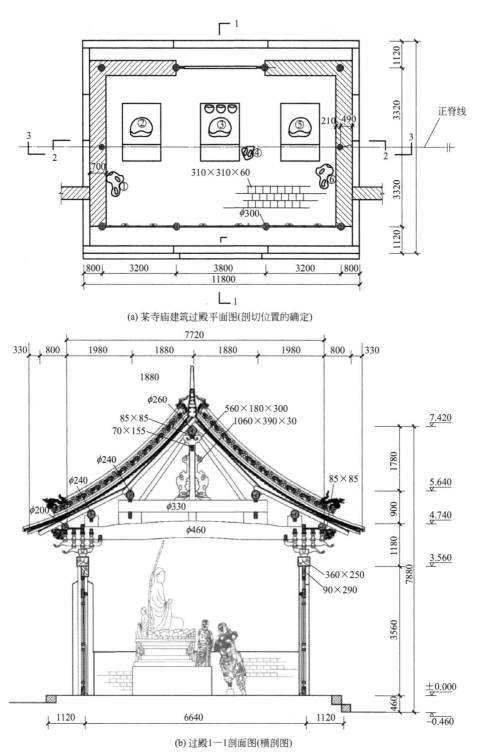

(a) 某寺庙建筑过殿平面图(剖切位置的确定)

(b) 过殿1—1剖面图(横剖图)

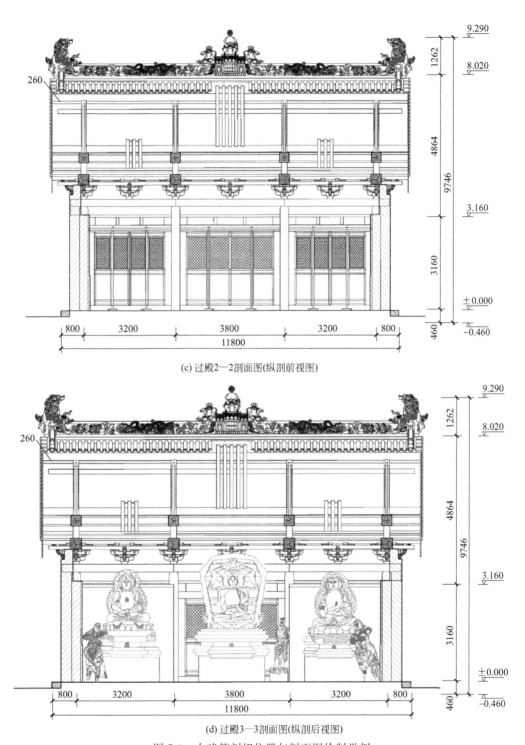

(c) 过殿2—2剖面图(纵剖前视图)

(d) 过殿3—3剖面图(纵剖后视图)

图 7-4　古建筑剖切位置与剖面图绘制举例

7.1.3　古建筑剖面图的作用

剖面图表达了古建筑内部垂直方向的高度、楼层分层及房屋的承重结构体系和构造方式，是木构架制作与安装、砌筑墙体、铺设楼板、内外装修等的重要依据。古建筑剖面图与平面图、立面图是古建筑施工图的基本图纸，它们所表达的内容既有明确分工，又有紧密联系，在制图中应将古建筑平面图、立面图和剖面图联系起来。

7.2 古建筑剖面图表达内容

古建筑剖面图表达的主要内容如下。

（1）古建筑台基、地面构造 包含台阶踏跺、台明地面、柱顶石、台帮石活、散水等构造。

（2）木构架承重体系 包含柱网、斗栱、梁架、檩枋及屋面木基层形式、构造尺寸。

（3）竖向非承重体系 包含外围护墙体、室内隔墙隔断的形式、材料、构造尺寸。

（4）屋面分层构造 包含剖到的木基层、保护层、苫背层、屋面层，还有沿剖视方向看到的立面部分，如在歇山建筑纵剖面图中，可视的正脊、正吻，垂脊、翼角起翘部分的屋面等。

（5）平面图、立面图不可见元素 门窗及室内装修等在平面图、立面图上所不能反映的构部件的构造措施和材料做法。

（6）建筑室内外各部分标高 包括外部关键位置标高和室内净高等。关键位置标高有：檐柱顶标高、檐口标高、檩（桁）标高、正脊标高等，室内空间部分若有天花，需要标注天花底面标高，若彻上明造，则标注梁底或随梁枋底标高等。

（7）与相邻建筑关系 有毗邻建筑时，还应表示与相邻建筑的关系。

7.3 古建筑剖面图绘制要求

7.3.1 图名与比例

（1）图名 古建筑剖面图主要有两种命名方式，第一种采用编号命名方法，根据平面图中剖切符号的编号命名，例如：1—1剖面图、2—2剖面图；第二种采用横纵断面命名法，例如，×××建筑明间横断面图，×××建筑梢间横断面图，×××建筑纵断面前视图，×××建筑纵断面后视图。当前后视图一致时，只表示一个即可。

（2）比例 古建筑剖面图比例要与平面图一致，一般采用1∶50或1∶100。

7.3.2 定位轴线

定位轴线是用来确定建筑结构位置的基线，在古建筑剖面中，应当画出檐柱、金柱、中柱等柱位轴线。同时，对承重墙或用于室内的分隔墙体，也应当绘制定位轴线或附加定位轴线，定位轴线编号应遵循《房屋建筑制图统一标准》（GB/T 50001—2017）中的相关规定。

在古建筑中，外围檐柱有侧脚现象，檐柱轴线按照柱头轴线标注，柱脚向外掰出，檐柱向内的倾斜应按照规定绘出，但不在图中另表达柱脚轴线。

古建筑剖面图中的定位轴线编号要与平面定位轴线编号一致。

7.3.3 线型表达

古建筑剖面图中，图线的基本线宽 b 宜按照图纸比例及图纸性质在 $0.7\sim1.4$mm 线宽系列中选取，具体见表 7-1、图 7-5。另外在制图中应注意，剖面图中不沿着柱子、梁、檩条等线型构件的纵长方向剖切，所以在选择剖切位置时应避让这些构件。

表 7-1　古建筑剖面图的线宽选择

线宽比	线宽/mm	线型用途
b	0.7～1.4	凡是被剖切到的墙体、大木构架（梁、檩、垫板、枋）、瓦面；地面线、室外地坪线使用更粗的实线（1.4b）
0.7b	0.5～1.0	剖切到的门窗槛框等其他木构件轮廓
0.5b	0.35～0.7	凡是投影看到的墙体、大木构架、门窗洞口、木装修构件、屋脊的轮廓线
0.25b	0.18～0.35	装饰细部、砖、踏跺、屋脊投影线、轴线、尺寸线、各类符号

7.3.4　尺寸标注

（1）外部尺寸标注

① 图样下部尺寸标注：两道尺寸标注，第一道尺寸线标注台基下出、各定位轴线尺寸，第二道尺寸线标注总尺寸（建筑的总进深或总面阔）。

② 图样上部尺寸标注：两道尺寸标注，第一道尺寸线主要标注上檐出（檐出、飞出）、各步架尺寸，第二道尺寸标注总尺寸，反映古建筑屋顶的总跨度。古建筑屋顶总跨度，有斗栱时，指前后挑檐桁（宋称撩檐枋）之间的距离，无斗栱指前后檐檩之间的距离。

③ 图样竖向尺寸标注：根据"不重复标注"的原则，图样左右两侧若表达内容相同只标注一侧，若表达内容不同则需要分别标

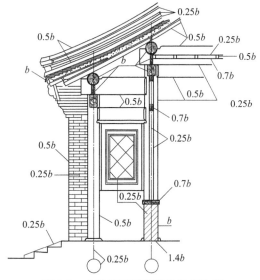

图 7-5　古建筑剖面图图线宽度选用

注。竖向尺寸标注分为两道：第一道尺寸线为细节标注，主要反映靠近图样一侧的墙体或檐柱、斗栱及屋顶各举架尺度，自下而上具体包括：台明高、槛墙高或墙体高（分为下碱、上身、签尖）、檐柱高、斗栱高（从坐斗底皮至要头下皮）、各举架尺寸、正脊高度等。第二道尺寸线为建筑总高的标注。古建筑高度指的是从室外地坪至古建筑屋面正脊上皮的垂直距离。若古建筑屋顶为卷棚顶，有垂脊时以垂脊正中部位上皮为准；无垂脊，则以正罗锅瓦的上皮为准。

（2）内部尺寸标注

① 木构架标注：可以在构件上直接标注，也可以引出线标注。构架类标注宜采用"断面特征标注法"。如梁枋类构件，若构件为矩形断面，应表达为"厚×高"或"高×厚"；若构件为圆形断面，则直接表达为"ϕ（直径）××　　号"，如 ϕ300 的檩条、ϕ100 的椽条。瓜柱类构件采用"宽×深"表达。木构架的标注见图 7-6。

② 其他细部标注：如台阶、栏杆、室内的门等，应根据剖面图的具体情况具体分析。

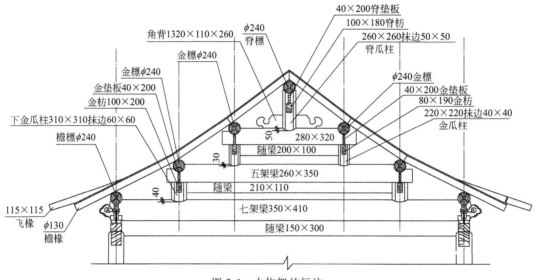

图 7-6　木构架的标注

7.3.5　标高标注

标高标注是剖面图中非常重要的内容，房屋空间高度、构件的高度、屋顶坡度的陡缓趋势都需要通过正确标高表达来反映。

古建筑剖面图中自下而上需要标高标注的位置有如下。

① 室外地坪标高，反映的是室内外地坪的高差或台基的高度，一般为负值。

② 地面标高（±0.000），是相对标高的参照点，其他标高均是与首层地面标高比较而来的，一般设定在柱顶盘的上皮。

③ 檐柱顶标高，有斗栱时，有时把斗栱高也包含在内，一般指从柱顶盘上皮至耍头下皮的距离，无斗栱时，则指从柱顶盘上皮至柱顶上皮的距离。檐柱高的尺度反映的基本上是古建筑屋身的高度。

④ 檐口标高，一般指古建筑檐口部位飞椽上皮的标高，是古建筑屋顶的下缘。

⑤ 檩底（或檩中线）标高，从檐檩到脊檩，反映的是古建筑屋顶各步架的举高，是形成屋顶曲线的决定性因素。

⑥ 正脊标高，琉璃屋顶指扣脊筒瓦上皮，黑活屋顶指眉子顶的上皮。正脊标高是古建筑屋顶的上缘。

⑦ 正吻标高，一般是古建筑的制高点。

⑧ 宝顶或脊刹标高，攒尖建筑顶部为宝顶，标高标注在宝顶顶部。带有脊刹的建筑，刹尖部位也应标注标高。

⑨ 多层建（构）筑物还应标注分层标高。分层标高为建筑标高，标注在各层楼地面上皮。

7.3.6　详图索引符号

在建筑剖面图中，对于需要另用详图说明的部位或构配件，都要加索引符号，以便到其他图纸上去查阅或套用相应的标准图集。

7.3.7　说明

古建筑剖面图中一般不绘制基础部分。关于基础部分，应分情况说明。文物修缮类建筑，若基础出现不均匀沉降、基础墙体开裂、柱础下陷等，应专门针对古建筑基础部分进行破坏分析研究，提出相应的地基处理或基础加固措施，既要在图纸设计说明中体现，也要在设计图纸相应的位置标注文字说明。新建仿古类建筑，基础部分归在"结构施工图"的基础图中表达，建筑施工图中不做表述。

7.4　古建筑剖面图绘制

7.4.1　古建筑剖面图绘制步骤

剖面图绘制时应根据建筑的体量及剖切面的复杂程度确定图纸幅面和绘图比例，选取比例时还应考虑古建筑平面图和立面图，宜选用相同比例，便于简化作图。古建筑剖面图绘图步骤如下。

（1）安排图面　选择图纸幅面，确定整体图样的适宜位置，安排好图面。

（2）绘制定位轴线、定位线　定位轴线主要指剖面图中各类柱子的位置线，定位线则指在建筑高度方向上的控制线，如台基位置线、檐柱柱头位置线、各步架的定位线。

（3）绘制大木构架　在定位轴线和定位线确定之后，根据柱高、步架、举架、构件断面尺寸，绘制木构架的轮廓以及斗栱轮廓。按照传统表达习惯，檩径相同的情况下，确定举高应以檩下皮为基准（实际工作中，也可以以檩中心线或檩上皮为准），不得以垫板下皮为基准。检查关键部位尺寸的位置正确无误后，再绘制各部分构件及其细部。

（4）绘制其他构件

① 绘制木构件完毕后，绘制剖切到的屋面的各层构造，包括椽子、木基层（望板或望砖）苫背层线、瓦面。再绘制看到的屋面的各类脊和脊饰。

② 绘制墙体、门窗、台基、台阶、内外装修部分。

（5）检查图纸、填充图例、设置线型　检查全图无误后，擦去多余线条，填充材料图例，按照建筑剖面图线型要求加深加粗线型。

（6）标注　标注尺寸、轴线编号，并绘制详图索引符号、标高等。

（7）说明　加注图名、比例及其他文字内容。

古建筑剖面图绘制步骤见图 7-7。

7.4.2　古建筑剖面图中的细部绘制

在古建筑剖面图的绘制中，还应注意以下细节部位的绘制与表达，见图 7-8、图 7-9。

（1）梁柱交接部位构造

① 梁在檐柱柱头的连接，梁搁置在柱顶之上，梁头从柱子中心线向外伸出尺寸为 1 倍的檩径。檩搁置在梁头，采用"檩椀"承接，檩椀的深度不宜小于 1/3 檩径。

② 梁尾与柱子相交处，注意梁的截面为方形，一般都要经过撞肩与回肩处理，所以相交位置处有回肩线。

（2）檩（桁）细部构造

① 檩下金盘线，檩与檩垫板及檩枋常被合称为"檩三件"，檩与垫板相交处应砍出金盘线。

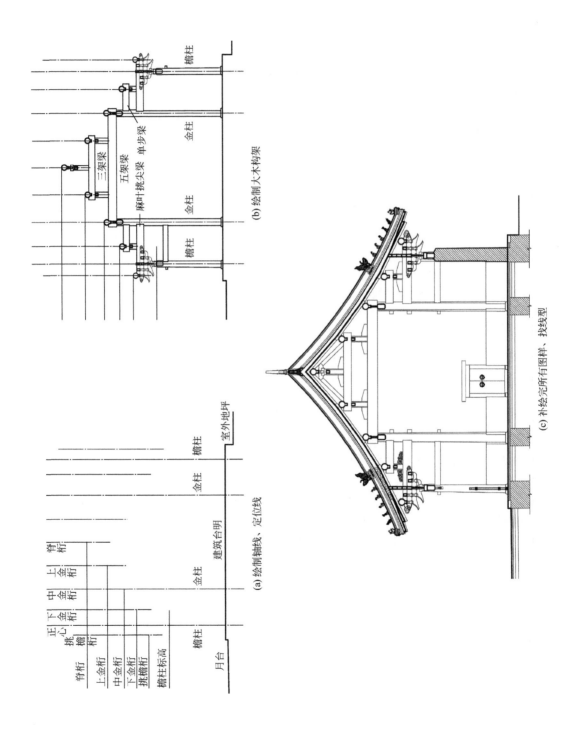

(a) 绘制轴线、定位线

(b) 绘制大木构架

(c) 补绘完所有图样、找线型

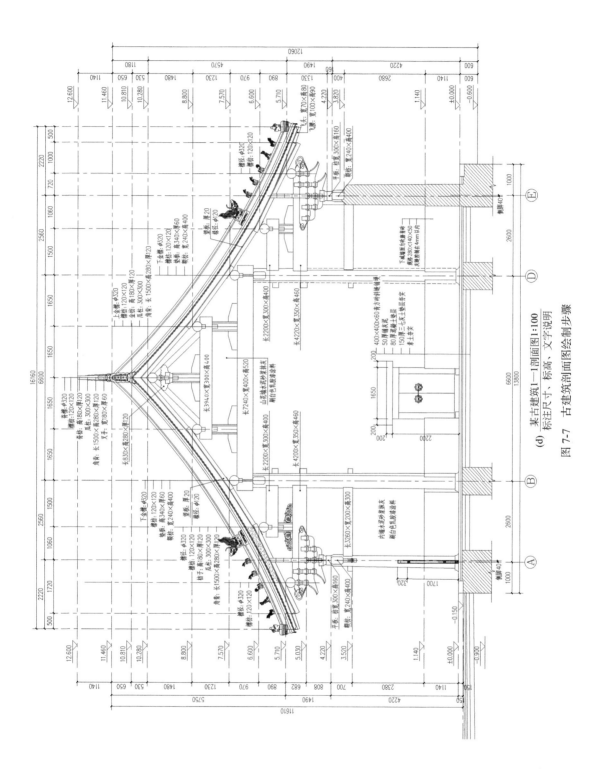

(d) 某古建筑 1—1 剖面图 1:100
标注尺寸、标高、文字说明

图 7-7　古建筑剖面图图绘制步骤

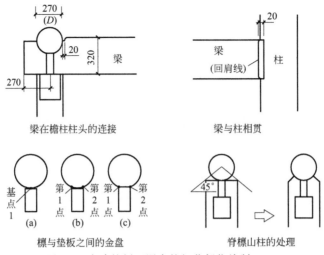

梁在檐柱柱头的连接　　梁与柱相贯

檩与垫板之间的金盘　　脊檩山柱的处理

图 7-8　古建筑剖面图中的细节部位绘制（一）

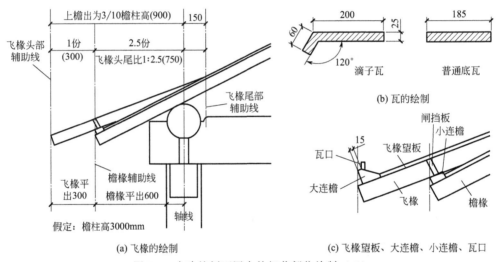

(a) 飞椽的绘制　　(c) 飞椽望板、大连檐、小连檐、瓦口

图 7-9　古建筑剖面图中的细节部位绘制（二）

② 脊檩搁置在山柱处，应在连接处形成搁置的檩椀，檩椀的深度较浅，一般与檩条中心呈 45°夹角。

（3）檐部构造

① 飞椽的绘制，飞椽一般从檐椽向外出挑的距离为 1/3 上檐出，而飞椽椽头与椽尾的长度比为（1：2.5）～（1：3）。

② 瓦的绘制，在剖面图中，一般遵循滴水坐中的原则，剖面图中应剖切滴子瓦和底瓦，形式可模仿图 7-9 的表达，尺寸应根据实际工程所选瓦件而定。

③ 檐椽和飞椽端部构件表达，在清大式建筑中，檐椽端部有小连檐和闸挡板，在飞椽端部有大连檐和瓦口构件，在制图中不要遗漏。

7.5　古建筑剖面图中常见的专业术语

古建筑剖面图中常见的术语见表 7-2、图 7-10～图 7-12。

表 7-2　古建筑剖面图中常见的术语

序号	构件分类	构件名称		注释
		不带斗栱	带斗栱	
1	柱子	—	—	柱类构件详见表 6-2
2	架梁	三架梁		进深梁架,位于木构架顶部,上承 3 根檩木
3		四架梁		用于卷棚类建筑的进深梁架,上承 4 根檩木
4		五架梁		进深梁架,上承 5 根檩木
5		六架梁		用于卷棚类建筑的进深梁架,上承 6 根檩木
6		七架梁		进深梁架,上承 7 根檩木
7	步梁	抱头梁	桃尖梁	位于檐柱与金柱之间的步梁,无斗栱称抱头梁,带有斗栱称桃尖梁
8		单步梁		跨度为一个步架水平投影长
9		双步梁		跨度为两个步架水平投影长
10		三步梁		跨度为三个步架水平投影长
11	特殊梁	踩步梁(金)		歇山建筑中,与进深梁架平行,支撑两山屋面椽尾的类梁构件
12		顺梁		梁的搭设方向与面阔方向一致
13		趴梁		梁端未落在柱顶之上,而落在檩条或其他构件之上
14		承重		承托楼板重量的梁
15	转角梁类	抹角梁		在转角处与转角檩(桁)相交,呈抹角 45° 的梁
16		递角梁		在转角处呈中分 90° 直角的梁
17		角梁		在翼角部位,搁置于搭交檐檩和搭交金檩之间的斜梁
18		老角梁		翼角部位角梁,位于下部的称为老角梁
19		仔角梁		翼角部位角梁,位于上部的称为仔角梁
20		由戗		庑殿中,角梁后部直至正脊之间的后续斜向木构件
21	檩(桁)	—	挑檐桁	带斗栱建筑中,位于斗栱最外一跳跳头上的檩桁
22		檐檩	正心桁	位于檐柱中心线上的檩桁
23		下金檩	下金桁	位于檐檩(正心桁)与脊檩(桁)之间的檩条,根据古建筑的规模和位置,又可细分为上金桁、中金桁、下金桁
24		中金檩	中金桁	
25		上金檩	上金桁	
26		脊檩	脊桁	位于木构架最高位置处的檩桁
27	枋	—	挑檐枋	挑檐桁下枋木
28		檐枋	额枋	檐柱顶位置处的枋木
29		金枋	金枋	金檩之下的枋木
30		脊枋	脊枋	脊檩之下的枋木
31		穿插枋	穿插枋	抱头梁(桃尖梁)下的联系枋木

序号	构件分类	构件名称		注释
		不带斗栱	带斗栱	
32	椽	顶椽		位于卷棚类木构架最上部椽子,也称罗锅椽
33		脑椽		搭设在脊檩与上金檩之上的椽子
34		花架椽		搭设在金檩与金檩之上的椽子
35		檐椽		搭设在金檩与檐檩(正心桁)之上的椽子
36		飞椽		檐口部位,铺钉于望板与檐椽之上的椽子
37		翼角椽		位于古建筑翼角部位的檐椽
38		翘飞椽		位于古建筑翼角部位的飞椽
39	其他构件	垫板	垫板	檩条与下部枋木之间或大小额枋之间的薄板
40		瓜柱	瓜柱	梁上的短柱,高度大于宽度
41		柁墩	柁墩	梁上的木构件,高度小于宽度
42		角背	角背	瓜柱过高时,稳定瓜柱的木构件
43		扶脊木	扶脊木	大式建筑中位于正脊之上木构件,作用有二,一个作用是两侧插椽尾,另一个作用是上部安装脊桩,稳定正脊瓦件

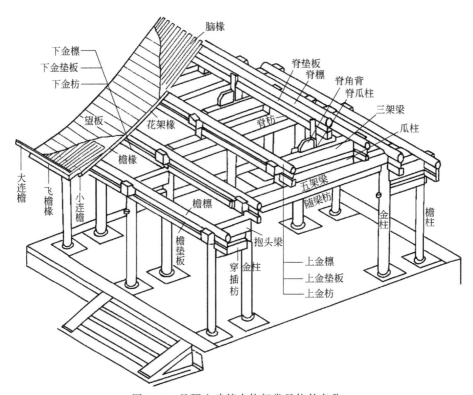

图 7-10　悬硬山建筑木构架常见构件名称

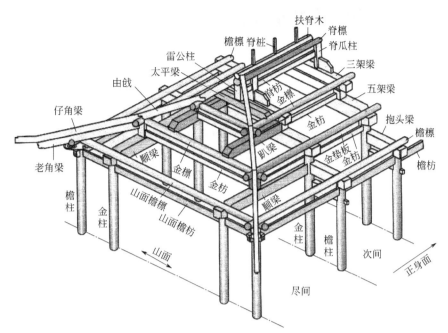

图 7-11　庑殿建筑木构架常见构件名称

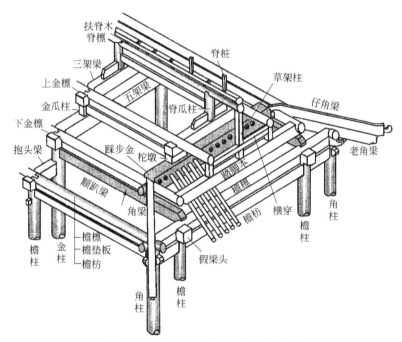

图 7-12　歇山建筑木构架常见构件名称

8 古建筑立面图绘制与表达

古建筑立面图是用来反映古建筑外观造型及艺术形象的重要图纸。普通古建筑立面沿竖向高度可以划分为三段，即台基、屋身和屋顶。其中古建筑屋顶样式丰富，主要有硬山、悬山、歇山、庑殿、攒尖、卷棚等类型。立面造型与平面布置、剖面结构彼此关联，绘制古建筑立面图时一定要熟悉平面与木构架相应的内容，对初学者而言，立面图最好是在剖面图完成后再进行。

8.1 古建筑立面图的形成法则及作用

8.1.1 古建筑立面图的形成法则

古建筑立面图是在与房屋立面平行的投影面上所作的正投影图，如图 8-1 所示。在与房屋正立面平行的垂直画面上投影，获得的是正立面图，在与房屋侧立面平行的垂直画面上投影，获得的是侧立面图。古建筑是三维立体，原则上应绘制各个方位的立面，才能将建筑外部形象全部展示清楚。但在实际工程制图时，对完全相同且无设计内容的立面可以采用省略原则绘制。如悬山建筑、硬山建筑中，两侧立面一般相同，只需要绘制一个即可。

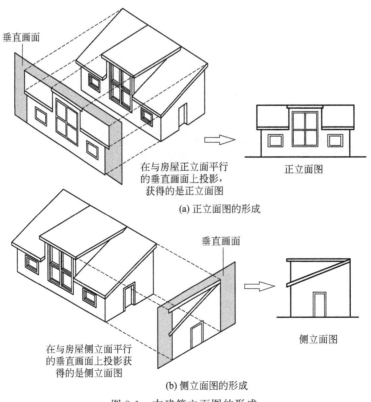

(a) 正立面图的形成

(b) 侧立面图的形成

图 8-1　古建筑立面图的形成

8.1.2　古建筑立面图的作用

古建筑立面图是古建筑施工图的基本图纸之一，主要反映古建筑的体型轮廓与形状，立面中各组成要素如台基、墙体、柱子、斗栱、屋顶、门窗等构件的形状、位置、标高、尺寸以及立面装修做法。古建筑立面图是古建筑大木与小木制作安装、砌筑墙体、开设门窗、室外装修等施工的重要依据。

8.2　古建筑立面图表达内容

古建筑立面图表达的主要内容如下。

① 反映古建筑的外观形制特征和立面上可见的工程内容，具体包括：

- 投影方向上可见的建筑外轮廓线；
- 古建筑台基、台阶、须弥座、石勾栏；
- 古建筑屋身墙体、墀头、柱子、额枋、斗栱、外檐挂落、木装修等；
- 古建筑屋面檐口、瓦面、正脊、垂脊、屋顶脊饰等构配件的位置、数量、立面形状尺寸等。

② 有毗邻建筑时，与相邻建筑的相互关系。

③ 古建筑的定位轴线及其编号。

④ 古建筑墙面及屋面材料、颜色、做法说明。

⑤ 外立面各主要部位的标高和必要的尺寸标注。

⑥ 门窗、外檐装修、墙面装饰、屋顶脊饰等详图索引。

⑦ 图名、比例和文字说明。

8.3　古建筑立面图绘制要求

8.3.1　图名与比例

8.3.1.1　图名

古建筑立面图有三种命名方式。一是轴号命名法，适合于有定位轴线的建筑物，采用立面图中定位轴线的首尾编号来命名，如①～⑧立面图，Ⓐ～Ⓕ立面图。无定位轴线的建筑物有两种命名法：若房屋为南北向或近似南北向，可按照立面的朝向命名，如东立面图、西立面图；若房屋平面方正（为矩形平面），可采用主次面命名，如正立面图、背立面图、侧立面图。古建筑中正立面特指建筑物入口立面或反映建筑物立面特征的主立面。确定正立面后，背立面和侧立面就相对明确。

在以上三种命名方式中，轴号命名法是古建筑施工图中首要倡导的命名方式，在四合院建筑中，各单体建筑立面图命名不提倡采用朝向命名法，可以采用主次面命名法。如可以采用东厢房正立面、东厢房背立面，不提倡采用东厢房西立面、东厢房东立面。

8.3.1.2　比例

古建筑立面图宜选择与平面图相同的比例绘制，常用比例为1∶50或1∶100。立面图图纸表达的细度应与图纸比例相协调。当采用1∶100的比例时，门窗应采用简化图例（不表达门窗棂条图案等）来表达。很多古建筑工程图纸，图纸设置的比例为1：100，但是门窗绘制按照实物表达过细，导致在建筑出图时细部表达一团黑，反而表达不清楚，影响图面效果。

8.3.2 定位轴线

古建筑立面中应绘制两端定位轴线，并标注编号，定位轴线编号应与平面图一致。当立面有转折时（常出现于游廊转折处），需采用展开立面形式表达时，转折处应绘制定位轴线。

8.3.3 线型表达

古建筑立面图中图线的宽度 b，应根据图样的复杂程度和比例，并按现行国家标准《房屋建筑制图统一标准》（GB/T 50001—2017）的有关规定选用，一般不少于3种。为了更好地表现中式建筑丰富的立面层次，可用四种或五种线型，表达3～4个层次关系。四种线型表达可参照表8-1和图8-2。

表8-1 古建筑立面图线型选用要求

线宽比	线宽/mm	线型用途
b	0.7～1.4	建筑外轮廓线，地面线可采用(1.2～1.4)b
0.7b	0.5～1.0	台基边线、墙体边线、柱子轮廓、椽头檐口、屋脊轮廓等建筑主要凸出部位边线
0.5b	0.35～0.7	檩、枋、椽、靠墙柱子、柱顶石、踏跺线、门窗轮廓、墙体下碱、墀头盘头、梢子等凸出构件边线
0.25b	0.18～0.35	门窗扇、栏杆等细节线、砖缝、屋面瓦垄线、局部装饰线等，定位轴线、尺寸线、引出线等

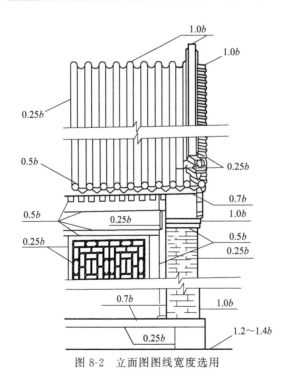

图8-2 立面图图线宽度选用

8.3.4 尺寸标注

立面图尺寸标注分为外部尺寸标注和内部尺寸标注，外部尺寸标注即在立面图样外侧的尺寸标注，主要出现在立面图下部的两侧。内部尺寸标注主要出现在图样内，如墙面上的门窗洞口、发券、过梁等。

立面尺寸标注应遵循对位标注、数字清晰、不反复、不重复的原则。若建筑左右对称，竖向尺寸标注只在一侧进行。若左右两侧反映内容不同，则需要两侧标注。

8.3.4.1 外部尺寸标注

（1）水平尺寸标注 位于立面图样下部，标注可以分两种情况绘制。第一种，古建筑立面上无柱子，一般只绘制出建筑立面两端的定位轴线及其编号，这时只需一道尺寸线，只标注古建筑总尺寸。第二种，古建筑外立面上有柱子，则需要对柱子进行定位，就需要绘制柱子所对应的定位轴线，并按顺序编号。这时需要绘制两道尺寸线，第一道标注定位轴线尺寸，第二道标注古建筑总尺寸。

古建筑建筑总尺寸，有台基时以台基边线之间的距离为准；无台基时，以墙体或柱子的外边线之间的距离为准。

（2）竖向尺寸标注　可分为三道尺寸线，见图 8-3。

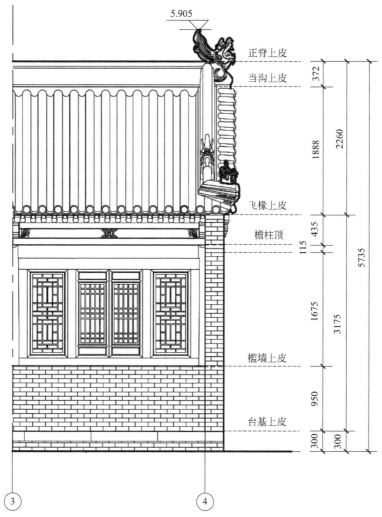

图 8-3　古建筑立面图外部尺寸标注

第一道尺寸线为细节标注，主要反映靠近图样一侧的墙体、门窗、檐柱、斗栱及屋顶各部位的尺寸。

第二道尺寸线应标注古建筑台基、屋身和屋顶三大部分各自的尺寸。台基高度是指从室外地坪至台明上皮的垂直距离。屋身高度是指从台明上皮至檐口位置的垂直距离。屋顶高度则指从檐口至屋面正脊上皮的垂直距离。在这里需要强调的是古建筑檐口位置，一般指的是飞椽上皮（大式建筑）或檐椽（小式建筑）上皮。

第三道尺寸线应标注古建筑高度。

8.3.4.2　内部尺寸标注

内部尺寸标注多应用于标注墙体开设的门窗洞口、洞口上部木过梁或弧形发券、墙面上的壁心、墙心、墙体细部等的尺寸标注。很多古建筑立面图表达，会为了突出立面美学效果而忽略细部尺寸标注，或者将细部尺寸标注任务转移到详图中，这是不可取的。这样会在施工中造成识读不便，产生漏读、或找不到等问题。

8.3.5 标高标注

古建筑立面图中应标注主要部位标高，标高应从剖面图上平移到立面图上，这样才能做到立面图的准确表达。立面图上应标注的标高主要有：室外地坪、台明地面、檐柱柱顶、檐口、层高位置处、屋脊、正吻（正脊兽）上皮等部位。另外在图面内部，如门的上部、窗户上下部位、墀头部位等也应标注标高。

8.3.6 详图索引

凡是在立面图中由于图样较小表达不清楚的构配件，就需要详图索引。常见的详图索引部位有斗栱、雀替、花罩、墀头、博缝、墙心、砖石雕刻等。

8.3.7 立面做法说明

主要包括墙面做法、屋面做法和木构件外饰面做法说明。

（1）墙面做法说明　应在立面图上引出标注墙体是清水墙还是混水墙。若墙面是清水墙，应标注清水墙面的形式如干摆十字缝、淌白十字缝，还应标注墙面摆砖形式如三顺一丁、七皮顺砖一层丁砖等。若墙面为混水墙（抹灰做法），应交代抹灰的种类，如靠骨灰、泥地灰，并交代抹灰罩面的颜色，如红灰、黄灰、白灰等。

（2）屋面做法说明　古建筑屋面做法说明应交代清楚屋面的类型、瓦件瓦号（瓦样）、勾头滴水的形制等。琉璃屋顶还应注意琉璃屋面的颜色、琉璃剪边的宽度范围，若有琉璃聚锦图案，还应索引绘制图案的详图。

（3）木构件外饰面做法说明　古建筑木构件外饰面做法主要有彩画和涂料两种。等级较高的古建筑在柱头、额枋、斗栱、梁架、檩桁等部位采用彩画装饰，这就需要进行专项设计。其他非彩画部位和普通古建筑木构件外表面多采用涂料饰面，需要在工程做法表中详细地列出涂料的做法说明。

8.4 古建筑立面图绘制

绘制古建筑立面图时，首先要熟悉古建筑平面图和剖面图，并且清晰认识它们与立面图之间的对应关系，做到了然于胸，然后方可开始立面图的绘制。

立面图的绘制步骤如下。

① 选择图纸幅面，确定立面图样的适宜位置，安排好图面。

② 绘制定位轴线、定位线（图8-4）。立面图中的定位轴线应与平面图中的定位轴线一致。定位线主要指的是立面图中竖向关键位置的标高线，如室外地坪线、台明高度线、檐柱顶位置线、檐口位置线、屋脊位置线（下部为当沟瓦上皮，上部为扣脊筒瓦或眉子上皮）等。

③ 绘制台基、屋身、屋顶各部位的构件。

下面以清代硬山建筑为例介绍古建筑立面各部位的绘制。

首先是台基部位的绘制。以台明上皮线和地坪线为台基的上下边线，根据山出尺寸确定

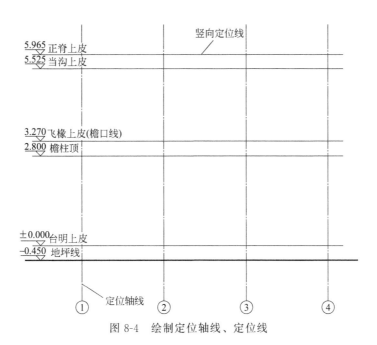

图 8-4　绘制定位轴线、定位线

台基两侧边线。然后根据阶条石、垂带踏跺、角柱石尺寸确定各构件位置，并绘制出各自的形状。台基部位的绘制见图 8-5。

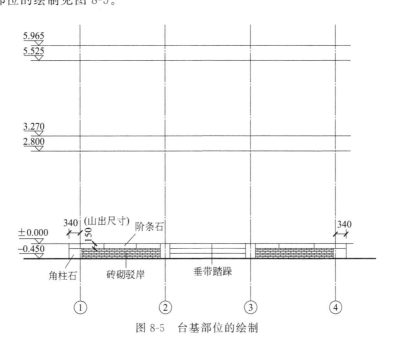

图 8-5　台基部位的绘制

　　然后是屋身部位的绘制。屋身部位的定位线有两条，一是檐柱顶，一是飞椽上皮（大式建筑）。以此为准并根据檐柱柱径尺寸绘制檐柱，以檐柱柱顶线为准向下返，依次绘制额枋和雀替。飞椽上皮线是屋身与屋顶的分界线，也是墀头的上边线，可据此控制墀头的范围。屋身部位的绘制见图 8-6。

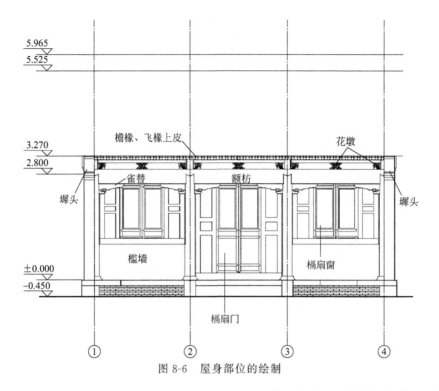

图 8-6　屋身部位的绘制

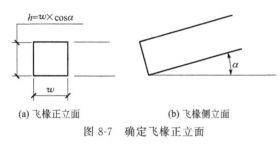

(a) 飞椽正立面　　　(b) 飞椽侧立面

图 8-7　确定飞椽正立面

关于椽子，飞椽本身是正方形端面，因为飞椽是倾斜角度放置的，所以正立面的投影并不是一个正方形，飞椽高度＝飞椽宽度×cosα（式中，α 为飞椽的倾斜角度），见图 8-7。若简单计算，飞椽高度略小于宽度即可。椽子的间距都是按照一椽一当计算，即放置一个椽子、空一个椽当，椽当与椽子宽度相等。椽子在檐口部位的排列见图 8-8。与飞椽相类似，檐椽的端面不是一个正圆形，而是一个高度略短于宽度的椭圆。在具体制图时应充分注意到这个特征。

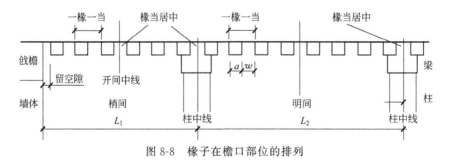

图 8-8　椽子在檐口部位的排列

L_1 或 $L_2 = n \times (a + w)$。式中，L_1 为梢间面阔尺寸；L_2 为明间面阔尺寸；n 为数量，要求为偶数

最后是屋顶部位的绘制。在立面图表达时，悬硬山建筑屋顶的绘制较为简单，具体绘制时，应先确定两端垂脊的位置，一般垂脊的中线在墙体以内，垂脊外侧的排山勾滴超过山墙外皮 40～60mm。绘制屋顶要准确地绘制顶面的瓦垄，即要求准确地赶排瓦当。悬硬山建筑

屋面排瓦当见图 8-9。某硬山建筑屋顶的绘制见图 8-10。

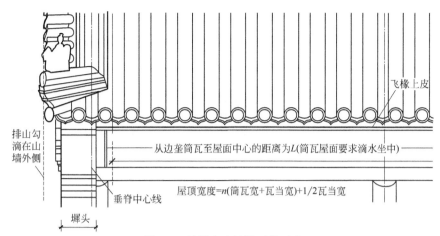

图 8-9　悬硬山建筑屋面排瓦当

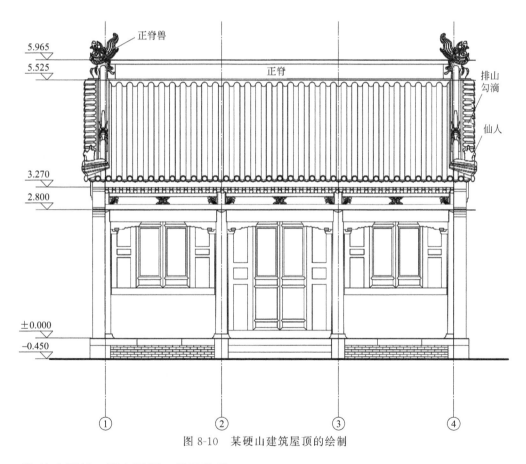

图 8-10　某硬山建筑屋顶的绘制

④ 检查图纸、填充图例、设置线型。

检查全图无误后，擦去多余线条，填充材料图例，按照建筑剖面图线型要求加深加粗线型，见图 8-11。

⑤ 标注尺寸、标高、轴线编号，并绘制详图索引符号等。

⑥ 加注图名、比例及其他文字内容，见图 8-12。

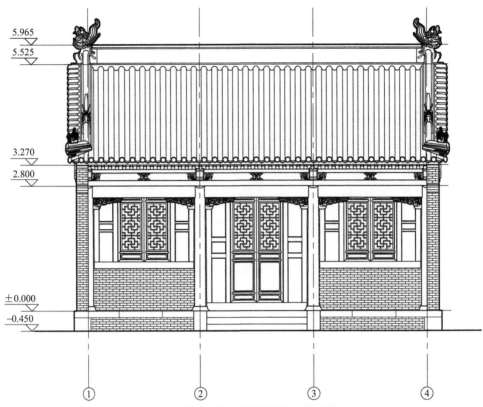

图 8-11　检查图纸、填充图例、设置线型

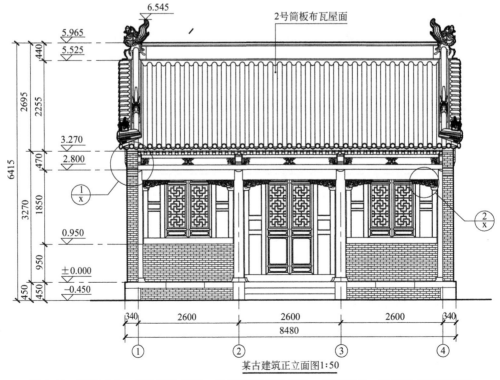

某古建筑正立面图1:50

图 8-12　标注尺寸、其他部位标高，绘制详图索引符号，书写图名、比例及文字说明等

8.5　古建筑立图中常见的专业术语

古建筑立面图中常见的专业术语见表 8-2、图 8-13、图 8-14。

表 8-2　古建筑立面图中常见的专业术语

序号	构件分类	构件名称	注释
1	台基	须弥座	外轮廓呈凹凸曲线的台基基座
2		土衬石	台基之下沿周边与室外地坪同高或略高的条石
3		陡板石	台基四周,位于土衬石以上,阶条石以下,角柱石之间,立置的石构件
4		埋头角柱	位于台基转角处立置的石活
5		阶条石	台基四周最上面一层的条形石活
6		柱顶石	柱脚部位支撑柱子的石构件
7		门枕石	位于门槛两端,用以承托大门转轴的石构件
8		门鼓石	内端为门枕石,外端为凸起呈圆鼓形或方墩头形并带有雕刻的石构件
9		抱鼓石	位于栏杆端部外侧,支撑望柱的石构件,整体呈三角形,斜边中部为鼓形
10		石勾栏	又作石勾阑,即石栏杆。台基、露台、高台、楼廊等临空侧设置的安全围护构件
11	屋身墙体	下碱	古建筑墙体下部构造,用以防潮隔碱,多采用砖石砌体
12		上身	下碱以上至檐部或山尖之间的部分
13		山尖	硬、悬山山墙上,呈三角形的砖墙部位
14		签尖	墙体砌至梁架或额枋之下时,将墙体顶部斜收成约 45° 坡形的构造
15		博风	又称博缝,硬山上墙山尖拔檐之上,瓦作仿木博风板的部分,常用方砖、陡砖砌筑
16		封护檐	又称包檐墙,墙不出屋面,而且将屋面檩、椽、梁头包裹在内,形成砖檐的做法
17		老檐出	又称出檐墙,墙体上部至梁、枋底部,将屋面檩、椽、梁头等木构架外露,椽子挑出墙外的做法
18		透风	墙体外皮正对柱根部位所留的方形砖洞,用以排除墙内柱子的潮气
19		墀头	山墙伸出檐柱以外的部分
20		盘头、梢子	硬山墀头上部向外出挑的部分,通过砖、石或木挑檐向外挑出至大连檐位置
21		发券	门窗洞口上部用砖石砌筑的拱券,有平券、弧形券、半圆券、圆光券等形态
22		挂落	安装在木过梁外皮,保护木过梁同时起到装饰性作用的砖或琉璃构件
23	屋身木、小作	额枋	柱头部位之间的联系构件,位置有柱头之间和柱头之上两种
24		大额枋	柱头之间采用双额枋构造时,上部的额枋
25		垫板	柱头之间采用双额枋构造时,大小额枋之间的空当用薄板填充称为垫板
26		小额枋	柱头之间采用双额枋构造时,下部的额枋

序号	构件分类	构件名称	注释
27		雀替	柱子与额枋相交处的兼具受力和装饰双重作用的木构件
28		花墩	多见于地方建筑,位于檐檩与额枋之间,带有雕饰的柁墩形构件,其作用是将窄长型垫板分隔成小块垫板,以利于绘画
29		折柱花板	多见于垂花门与牌楼,在大小额枋之间,通过短柱将窄长型垫板分隔成小块,再雕刻成花板或施以彩画白活
30		外檐飞罩	多见于晋陕民居,位于外檐额枋之下,柱顶之间的拱形花罩
31		倒挂楣子	民居外檐或游廊柱间,紧贴额枋下部和柱顶部位的棂条装饰,常见棂条图案有步步锦、灯笼框、拐子锦、冰裂纹等
32	屋身木、小作	花牙子	倒挂楣子与柱子相交处的三角形镂空装饰构件
33		大连檐	飞椽上皮的联系木件,断面呈梯形
34		小连檐	檐椽上皮的联系木件,断面呈长方形
35		瓦口木	大连檐之上,承托滴水的木构件,其上部需按瓦垄大小做成椀子
36		坐凳眉子	安装于亭子或游廊柱子下部,由坐凳面及其下部的棂条、边框组成,棂条图案与倒挂楣子类似
37		木栏杆	木楼梯、楼廊临空侧设置安全围护构件
38		木过梁	门窗上部的木质过梁
39		垂莲柱	建筑或垂花门外檐部位不落地悬空柱,悬垂部位的柱头做成莲蕾状或其他形状,极具装饰性

注:屋面部分的术语详见表6-3。

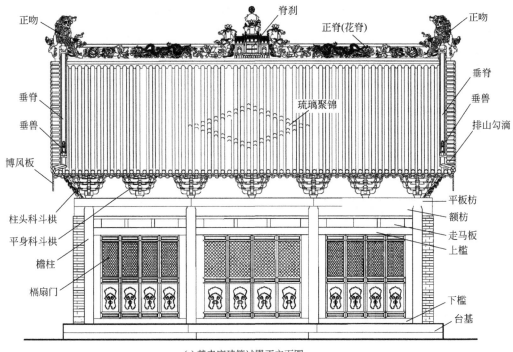

(a) 某寺庙建筑过殿正立面图

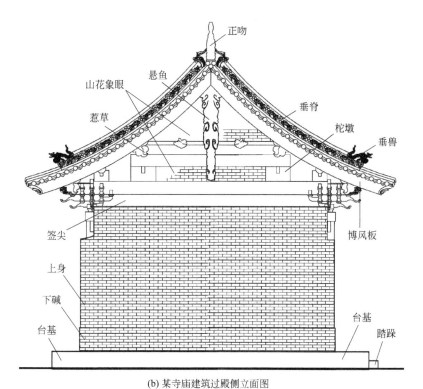

(b) 某寺庙建筑过殿侧立面图

图 8-13　硬山建筑立面图中常见构件名称

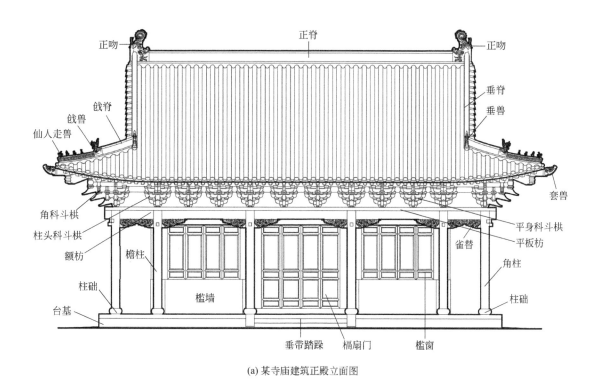

(a) 某寺庙建筑正殿立面图

图 8-14

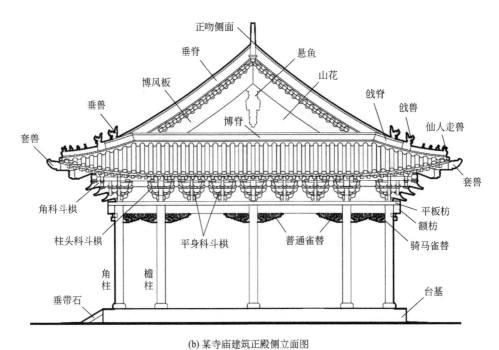

(b) 某寺庙建筑正殿侧立面图

图 8-14 歇山建筑立面图中常见构件名称

9 古建筑详图绘制与表达

9.1 建筑详图概述

9.1.1 建筑详图概念

对建筑细部或构配件，用较大的比例将其形状、大小、材料和做法，按正投影图的画法，详细地表示出来的图样，称为建筑详图。

详图表述平面图、立面图、剖面等基本图不能清楚表达的局部结构节点、构造形式、节点、复杂纹样和工程技术措施等。凡在工程中需详尽表述的内容，均应首选用详图形式予以表述。详图是对建筑平面图、立面图、剖面等基本图样的深化和补充，是建筑工程细部施工、建筑构配件制作的依据。

9.1.2 建筑详图分类

建筑详图根据索引图纸的类别可分为平面详图、剖面详图、立面详图和节点详图。

9.1.2.1 平面详图

平面详图又称放大图、平面布置图，是建筑平面图中某一房间或某一局部的放大图样，主要反映某一典型房间的平面形状、尺寸、门窗开设、内部家具布置及地面标高设计等内容。在平面详图中，厕所详图、楼梯（电梯）平面详图是施工图设计中必须表达的内容。另外还有很多平面详图表达与具体的建筑功能类型紧密联系，如幼儿园建筑中的幼儿活动单元放大图、住宅户型布置图、教学楼建筑中的普通教室和阶梯教室平面布置图、旅馆建筑客房标间布置图等。这类详图所关注的重点是房间功能和空间利用的合理性，以及是否满足建筑防火规范的要求。平面详图举例见图 9-1、图 9-2。

9.1.2.2 剖面详图

剖面详图是反映建筑剖面图中局部构造的大样图。这类详图有：墙身大样图、特殊楼地面构造、特殊屋盖（如桁架、钢架）、采光顶棚、阳台、雨篷构造等详图。其中以墙身大样图最为常见。

墙身大样图，实际上是建筑墙身的局部放大图，应反映清楚墙体四个节点位置的详细构造。

① 室内外交界处，主要有散水、墙身防潮层、勒脚、室内地面等构造，见图 9-3(a)。

② 窗户上下部位，主要是窗下墙、内外窗台和窗户上部过梁（或层间梁）构造，见图 9-3(b)。

③ 墙体与楼板交界处，主要有框架梁、圈梁或者反梁、室内楼面构造，见图 9-3(b)。

④ 墙体与屋顶相交处，除了框架梁或圈梁外，还有女儿墙（高度、材料、压顶形式）、外挑檐构造等需要交代清楚。另外还要将屋面构造层次及屋面与墙体相交处的防水做法交代清楚，见图 9-3(c)。

9.1.2.3 楼梯详图

楼梯是多层及高层建筑内部必不可少的垂直交通设施。由于楼梯的特殊重要性，楼梯详图

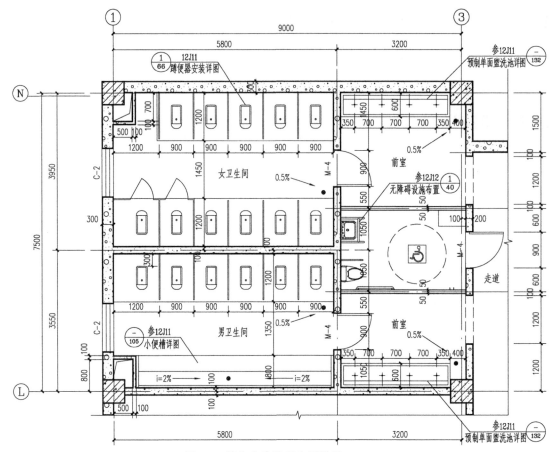

图 9-1 某公共建筑卫生间详图 1：50

卫生间详图中应标明门窗的具体位置、开启方向，卫生间室内空间划分，主要卫生器具（大便器、小便器、盥洗盆、污水池）的平面布置，卫生间墙面、地面做法，无障碍设施的配备等

也是建筑详图中必须表达的详图内容之一。楼梯详图包含了平面详图、剖面详图和节点详图。同一部楼梯的详图，尽可能画在同一张图纸内，平面图、剖面图比例要一致，以便对照阅读。

（1）楼梯平面详图　楼梯平面详图一般选用 1：50 的比例，在 1：50 及其以上的详图绘制中，应严格按照《建筑制图标准》（GB/T 50104—2010）中的要求，规范楼梯施工图的表达。

① 楼梯平面详图数量。一般每一层楼都应画一张楼梯平面图。三层以上的房屋，若各层的楼梯位置及其梯段数、踏步数和大小都相同时，通常只画出底层、中间层和顶层三个平面图就可以了。

② 水平剖切位置与表达。除了顶层外，楼梯平面图中水平剖切位置，通常在该楼层上行第一梯段的休息平台下的任一位置处。剖切位置处采用折断线表达，折断线与墙体呈 45°夹角。并用长箭头加注"上××级"或"下××级"。级数为两层间的总踏步数。

楼梯平面图中水平剖切位置与表达见图 9-4。

③ 楼梯平面图尺寸标注。楼梯平面图中应注明楼梯间的轴线和编号、平台宽、梯段长、楼层平台板的宽度、梯段宽、梯井宽、楼梯间墙厚、门窗的具体位置尺寸等。其中要注意梯段长度尺寸采用简化标注，即"踏步宽×踏面数＝梯段长"的表述方法。

④ 其他要求。在底层平面图中，应注明楼梯剖面图的剖切位置。另外，在楼梯平面图中还应表达楼地面和休息平台的标高等要素。

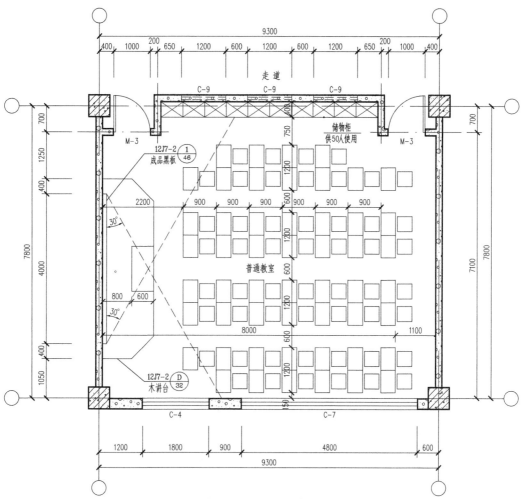

图 9-2　某教学楼教室平面布置图 1∶50

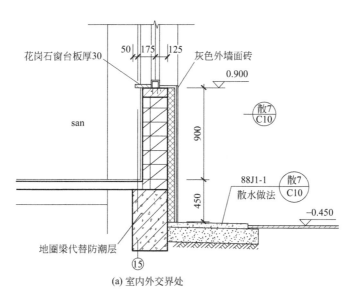

(a) 室内外交界处

图 9-3

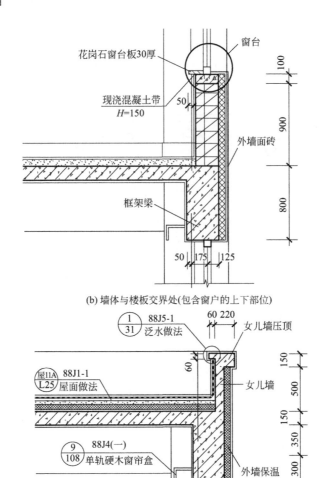

(b) 墙体与楼板交界处(包含窗户的上下部位)

(c) 墙体与屋顶交接处

图 9-3 建筑墙身大样图表达的内容

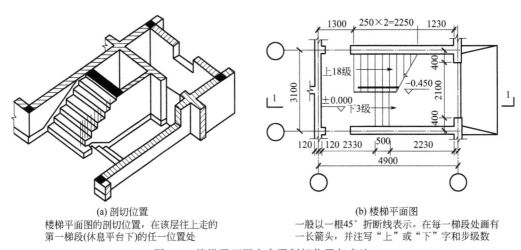

(a) 剖切位置
楼梯平面图的剖切位置,在该层往上走的
第一梯段(休息平台下)的任一位置处

(b) 楼梯平面图
一般以一根45°折断线表示。在每一梯段处画有
一长箭头,并注写"上"或"下"字和步级数

图 9-4 楼梯平面图中水平剖切位置与表达

某公共建筑楼梯平面详图见图 9-5。

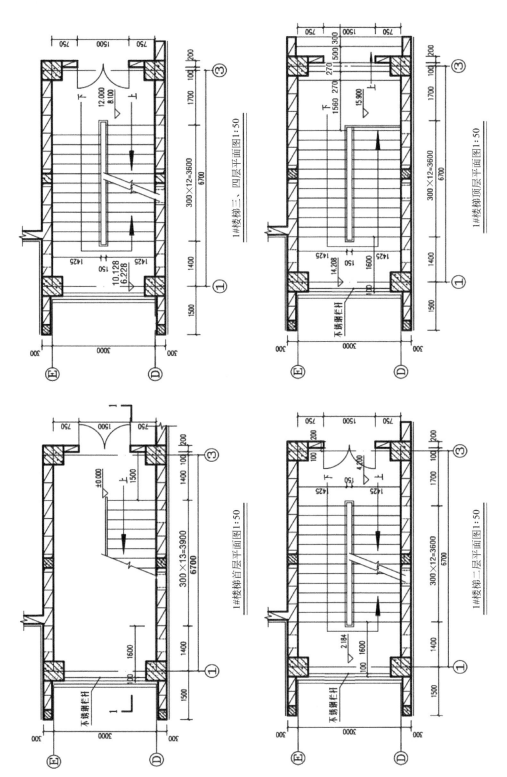

图 9-5　某公共建筑楼梯平面详图

（2）楼梯剖面图详图

① 楼梯剖面详图的形成原理。用一假想的铅垂面，通过楼梯的一个梯段和门窗洞口，将楼梯剖开，向另一侧未剖到的梯段方向投影所作的剖面图，即为楼梯剖面图。楼梯剖切位置应在楼梯首层平面图中表达。

② 楼梯剖面详图能表达出房屋的层数、楼梯梯段数、步级数以及楼梯的类型及其结构形式。

③ 楼梯剖面图中应注明地面、平台面、楼面等的标高和梯段、栏杆的高度尺寸。

某公共建筑楼梯剖面详图见图 9-6。

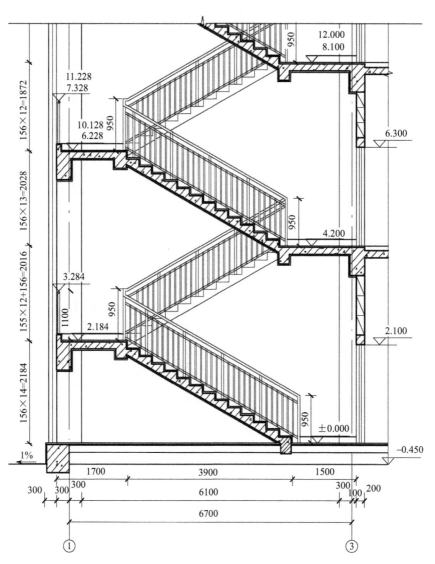

图 9-6　某公共建筑楼梯剖面详图 1∶50

（3）楼梯节点详图　楼梯踏步、扶手和栏板可另有详图引出，用更大的比例画出它们的形状、大小、材料以及构造情况，或引用标准图集中的节点详图。

某公共建筑楼梯节点详图见图 9-7。

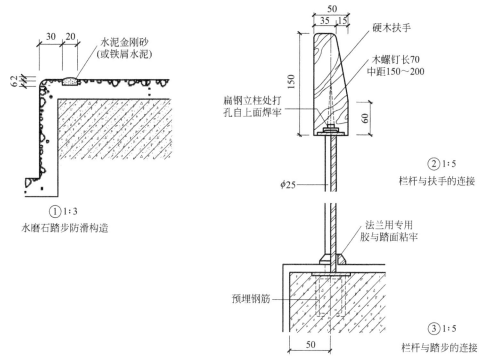

图 9-7　某公共建筑楼梯节点详图

9.1.2.4　立面详图

立面详图中最常见是门窗详图。门窗详图包括门窗立面详图和门窗节点构造详图。

门窗立面详图所用的比例一般较小，只表示门窗的外形、开启、主要尺寸等内容。门窗节点详图的比例较大，能表示门窗槛框的截面形状、用料尺寸、安装位置和门窗与墙体的连接构造等内容。在建筑施工图中一般只表达门窗立面详图，门窗节点详图可直接引用标准图集。门窗详图编号应与建筑平面图中门窗的编号一致。

门窗详图举例见图 9-8。

9.1.2.5　套用标准图集或通用图

对于套用标准图或通用图的建筑构配件和节点，只需要在详图索引符号中注明所套用图集的名称、型号或页码编号，不必另画详图。

9.1.3　建筑详图绘制要求

(1) 比例　建筑详图常用 1∶50、1∶20、1∶10、1∶5、1∶2、1∶1 等比例绘制。

(2) 线型　详图图线的宽度，应根据图样的复杂程度和比例，按照国家制图标准的规定来选择。绘制较为复杂的详图（包含了剖切关系的）可采用 3 种线宽的线宽组，其线宽宜为 b、$0.5b$、$0.25b$，简单的详图，可采用 2 种线宽的线宽组，其线宽宜为 b、$0.25b$。

(3) 图例表达　详图的平面、立面、剖面中，一般都应画出抹灰层与楼面层的面层线。在 1∶50 及其以上的大比例详图中，应画出各种材料。详图中要采用各种材料图例来表达材料。

(4) 详图符号表达　详图符号包括详图索引符号和详图符号。图样中的某一局部或构件，需要另见详图详细表达时，应以索引符号索引。同样，绘制好的详图也需要进行位置编号与表达。详见本书 4.2 节相关内容。

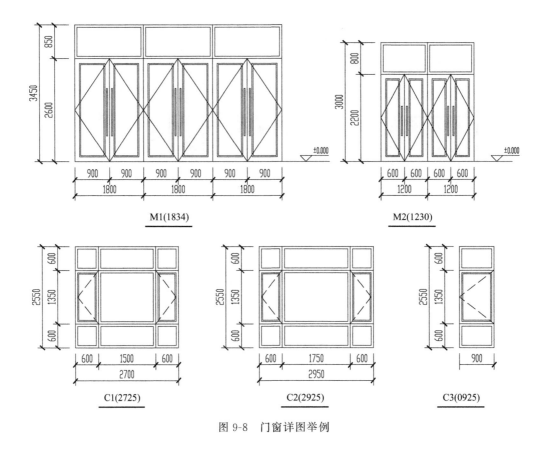

图 9-8 门窗详图举例

9.2 古建筑工程详图类型

古建筑工程详图按照施工工种划分为大木作详图、小木作详图和瓦、石作详图。

（1）大木作详图 大木作是指与古建筑大木承重结构相关的木材加工，如柱、梁、枋、檩、椽的加工制作与安装；大木作详图主要包括梁架大样图、斗栱详图、角梁详图和榫卯详图等。

（2）小木作详图 小木作是指与古建筑木装修相关的木材加工制作与安装。小木作详图主要包括：门窗详图、木楼梯详图、天花藻井详图等。

（3）瓦、石作详图 瓦、石作详图主要出现在古建筑地基与基础工程、墙体工程和屋顶工程之中，包括台阶详图、坡道详图、石栏杆详图、柱础详图、墀头详图、影壁看面墙详图、屋顶脊饰详图及其他详图等。

9.3 大木作详图

9.3.1 梁架大样图

梁架指的是古建筑木构架中涉及屋顶造型部分的构架。不是所有的古建筑都需要绘制梁架大样图。在古建筑横向剖面图中，由于比例较小或者梁架较为复杂，无法表达清楚梁架内部构造时，则需单独绘制梁架详图。

梁架大样图绘制要求如下。

（1）比例　梁架大样图可以选用 1∶20、1∶25、1∶30 或 1∶50 的比例。

（2）内容　梁架大样图应表达清楚各大木构架的几何形状、断面尺寸、材料及构造搭接关系。

（3）分类　构架大样图中包含两种构架，一种为剖切到的木构架，另一种为投影方向上看到的木构架。可以选择 3 种线宽的线宽组，其线宽宜为 b、05b、0.25b。剖到木构架断面轮廓线用粗线（1.0b），望板因为厚度薄，实际厚度在 20～30mm，在构架详图中常采用单粗线（1.0b）绘制。看到的木构架轮廓线用中线（0.5b）。木构架细节线（如滚楞线、图案线）、材料符号填充线、尺寸标注、引出线等采用细线（0.25b）。

（4）要求　梁架体系中各构件标注应符合下列要求。

① 圆形断面构件。主要有柱子、檩桁、椽子、大梁（地方）等，这类构件采用直径描述法，如 ϕ260，表示构件直径为 260mm。

② 矩形断面构件。主要有大梁（官式）、额枋、穿插枋、随梁枋、垫板等，这类构件采用断面尺寸描述法，如"厚×高"或"高×厚"，但是要注意，同一套图纸中只能采用一种描述方法。如构架中梁采用了厚×高，则枋类构件、垫板等构件也必须采用厚×高来注释。

③ 方柱类构件。如金瓜柱、脊瓜柱等构件，采用断面描述法，如宽×厚。

④ 其他构件。如角背、柁墩等，则要求用三维尺寸表达，如：长×高×厚。

梁架大样图的绘制与表达举例见图 9-9、图 9-10。

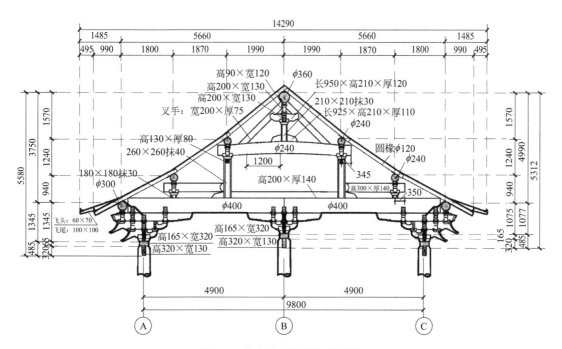

图 9-9　某寺庙山门梁架大样图

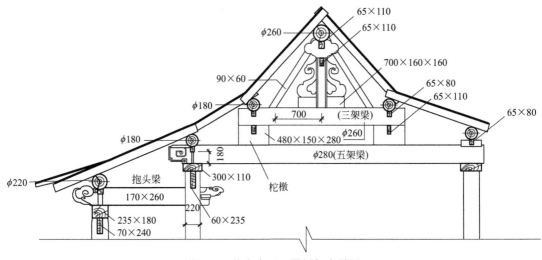

图 9-10　某寺庙天王殿梁架大样图

9.3.2　斗栱详图

斗栱是古建筑上特有的构件，主要出现在外檐檐口部位或室内梁柱交界处。斗栱由斗、栱、昂等小型木构件组装而成。斗栱详图是古建筑中最为复杂的详图之一，是学习古建筑工程制图的难点所在。

9.3.2.1　斗栱基本知识

要准确绘制斗栱详图，首先需对宋清斗栱构造和名称有一定的了解和认识。

（1）斗栱位置名称　斗栱在建筑上的位置不同，名称也有所不同。位于柱头之上的斗栱称为柱头科斗栱（宋称柱头铺作），位于两根柱子之间的斗栱称为平身科斗栱（宋称补间铺作），位于建筑转角部位的斗栱称为角科斗栱（宋称转角铺作），位于室内檩桁与檩枋之间或者梁栿与下部随梁之间的斗栱称为隔架科斗栱（宋称襻间铺作）。

（2）清式斗栱构件名称　清代斗栱各构件名称见图 9-11。清式斗栱由斗、栱翘、昂类构件和附件等组成。斗类构件有四种，即大斗、十八斗、槽升子和三才升。大斗又称坐斗，是清代一组斗栱第一层的构件。位于翘、昂两端的小斗称为十八斗。位于正心瓜栱和正心万栱两端的升称为槽升子。槽升子因为升与垫栱板相交一侧要开槽得名。位于里外横栱两端的升称为三才升。栱翘类构件有四种：翘、正心横栱、内外拽栱和内外厢栱。翘是一组斗栱中，沿纵深向外出挑的弓形构件。正心横栱位于柱子中心上，下部稍短的弓形木构件为正心瓜栱，上部稍长的弓形木构件为正心万栱。位于斗栱内外拽架上的横栱称为内外拽栱，与正心横栱相似，下部稍短的木构件为单材瓜栱，上部稍长的木构件为单材万栱。用于内外拽架最上一层的横栱称为厢栱，厢栱有内外厢栱之分。沿斗栱出跳方向，前部呈倾斜状前伸，后部为水平构件，尾部常加工成翘状或菊花头的木构件为昂。根据斗栱的出踩的多少，昂有头昂、二昂、三昂之分，一组斗栱最多出三重昂。除了上述构件外，一组斗栱沿着纵向还有蚂蚱头、撑头木、桁椀等附件，沿着横向还有联系枋件，包括正心枋、拽枋、挑檐枋、井口枋等。另外实际工程中，为将斗栱的上面进行遮盖，防止鸟雀做巢，还设置了盖斗板。

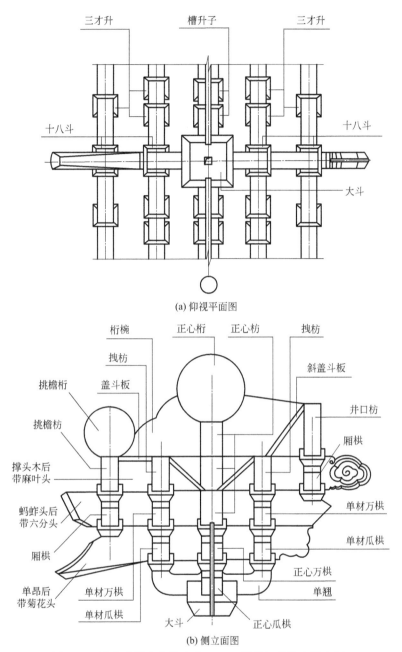

图 9-11 清代斗栱各构件名称（以五踩单翘单昂斗栱为例）

9.3.2.2 斗栱详图的表达

斗栱详图由斗栱布置图和斗栱详图组成。

（1）斗栱布置图 斗栱布置图是采用短实线简要表达古建筑中斗栱实际所在位置的图，见图 9-12。一般情况下，柱头科和平身科用垂直于面阔或进深方向的实线段表达，角科采用与面阔或进深呈 45°夹角的实线段表达。

（2）斗栱详图 一组完整的斗栱详图由"侧立面图、正立面图、背立面图（可根据需要绘制）和斗栱仰视平面图"组成。除了绘制三视图样外，与详图相对应，还应该列出斗栱各

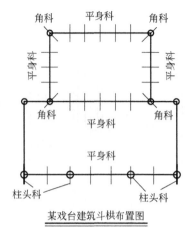

某戏台建筑斗栱布置图

图 9-12　斗栱布置图

组成构件的构造尺寸统计表，见图 9-13、表 9-1、表 9-2。

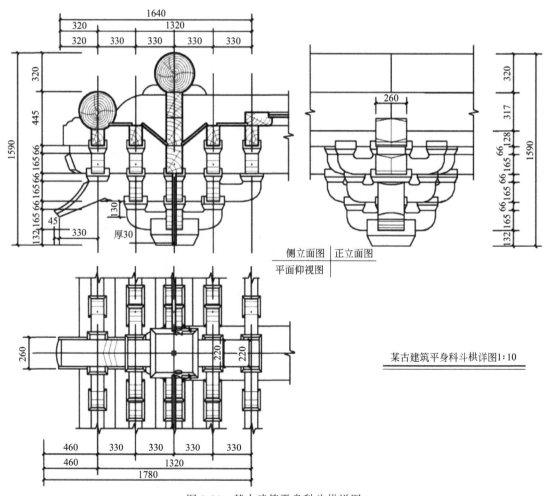

图 9-13　某古建筑平身科斗栱详图

表 9-1　某古建筑平身科斗栱构件尺寸统计表斗子尺寸表　　　　　单位：mm

名称	上宽	下宽	上深	下深	耳	平	欹	总高	备注
栌斗	407	319	407	319	88	44	88	220	
一跳十八斗	264	220	176	132	44	22	44	110	
二跳十八斗里(外)拽	308(352)	264(308)	176	132	44	22	44	110	
三才升	176	132	154	110	44	22	44	110	
槽升子	176	132	184	140	44	22	44	110	

表 9-2　某古建筑平身科斗栱构件尺寸统计表栱子尺寸表　　　　　单位：mm

名称	长	宽	高	上溜	卷杀平长	栱眼高	栱眼深	栱卷瓣数	备注
正心瓜栱	748	140	231	66	154	99	8.8	4	足材
正心万栱	1078	140	231	66	132	99	8.8	3	足材
外拽瓜栱	748	110	165	66	154	33	8.8	4	单材
外拽万栱	1078	110	165	66	132	33	8.8	3	单材
厢栱	902	110	165	66	220	33	8.8	3	单材
一跳华栱	792	220	231	66	176	99	8.8	4	足材
二跳华栱	1452	220	231	66	142	99	8.8	4	足材
昂	1749	220	231			99	8.8		足材

（3）斗栱详图绘制要求　斗栱详图应符合"斗口"的规定。斗口是古建筑平身科斗栱中安装头翘的卯口，是带斗栱建筑的基本模数，斗栱的定位线必须符合斗口的倍数。

斗栱的三视图中，侧立面图是斗栱表达的核心，该立面详图中既包含了剖切构件，也包含了可视构件，在线型选择时可以考虑选择两种线宽的线型组合，线宽宜为 b、$0.5b$。

斗栱平面仰视图，采用的是镜像投影图画法，在仰视图中应注意构件的遮挡关系。

斗栱细部做法，如栱端卷杀、昂头、菊花头、六分头、麻叶头做法等，可通过详图索引另引出详图说明。

为了便于施工技术操作，也可单独绘制斗栱分件详图。详细标出各部分尺寸，并交代构件榫卯的情况。

斗栱分件详图见图 9-14。

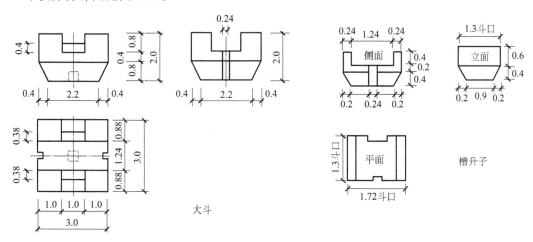

图 9-14

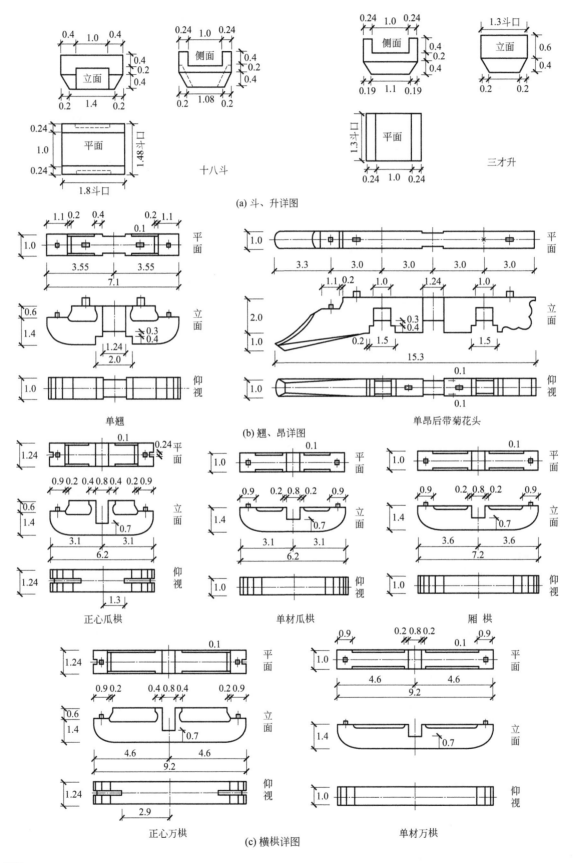

(a) 斗、升详图

单翘

(b) 翘、昂详图

单昂后带菊花头

正心瓜栱

单材瓜栱

厢 栱

正心万栱

单材万栱

(c) 横栱详图

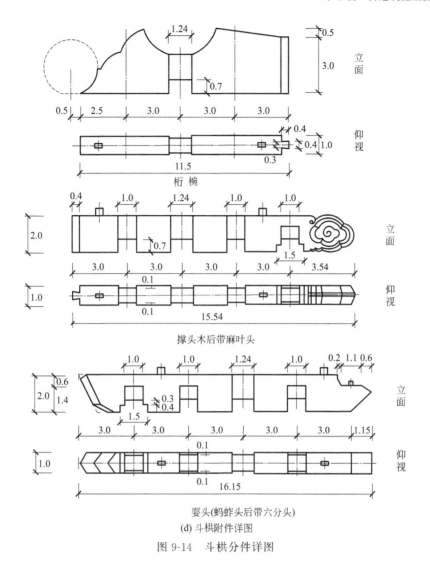

(d) 斗栱附件详图

图 9-14　斗栱分件详图

9.3.3　榫卯详图

榫卯详图是一种新的详图类型。传统木构架之间连接方式主要为榫卯结构，但是这种构造连接在传统的图纸中并不绘制出来。但是越来越多的仿古建筑工程中要求按图施工。因此，针对难以表达的榫卯部分，有时也需补充图纸进行说明。

榫卯详图的表达方式有两种，一种是投影图，另一种是轴测图。投影图为二维图，利于表达构件分件投影图及构件搭交部位榫卯的开设情况，同时也有利于在构件榫卯部位标注尺寸。轴测图是三维图，与投影图相比更为直观，更易于理解榫卯的搭扣关系，但是绘制难度加大，且不利于尺寸标注。

9.3.3.1　柱头、柱脚部位的榫卯表达

古建筑各柱柱头与上部梁架相接部位多采用馒头榫连接。柱脚部位的榫卯主要有三种情形，一是柱径足够大，不设置榫卯；二是设置管脚榫；三是柱子稳定性非常不好，将榫卯尺寸加大，穿透柱顶石形成套顶榫。柱头、柱脚榫卯可采用轴测图表达。详见图 9-15。

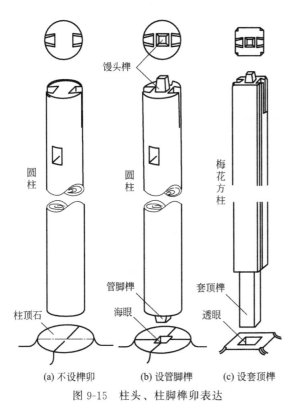

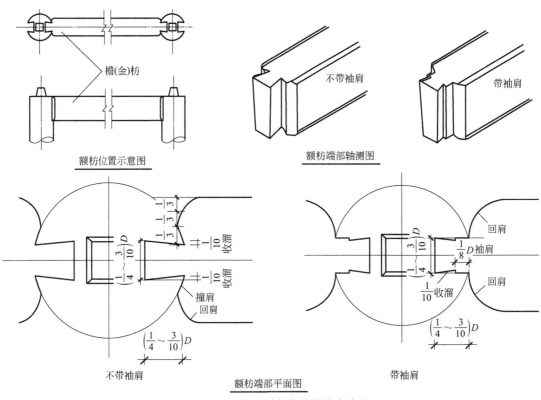

9.3.3.2 额枋与柱子相交处的榫卯表达

额枋与柱子相交多采用燕尾榫，燕尾榫有两种构造做法，一种是不带袖肩的做法，另一种是带有袖肩的做法。二者相比，后者榫根部位截面得到了加强，受力性能更加，但是施工麻烦。图 9-16 采用了轴测图与正投影图相结合的方法，轴测图可直观看出额枋端部榫卯的特征，正投影图中则显示了构件组装完成后的情形，并且交代了关键尺寸数据。

9.3.3.3 箍头榫构造表达

箍头榫是额枋端头与端柱之间的榫卯做法，有单向箍头和双向箍头之分。庑殿、歇山、攒尖建筑多用双面箍头，悬山建筑多用单面箍头。箍头榫的形式又有大式与小式之别。大式箍头榫端头呈霸王拳状，小式箍头榫端头简单砍制成三岔头。箍头榫的构造表达见图 9-17，上图为轴测图，直观表达了箍头枋在转角或端部榫卯的样式，下图为正投影图，标注构造部位的详细尺寸。

图 9-15 中的标注：
馒头榫、圆柱、圆柱、梅花方柱、管脚榫、海眼、套顶榫、透眼、柱顶石

(a) 不设榫卯　(b) 设管脚榫　(c) 设套顶榫

图 9-15 柱头、柱脚榫卯表达

图 9-16 中的标注：
檐(金)枋
额枋位置示意图
不带袖肩　带袖肩
额枋端部轴测图
回肩　$\frac{1}{8}D$ 袖肩　回肩　$\frac{1}{10}$ 收溜
$\frac{1}{3}$　$\frac{3}{10}D$　撞肩　回肩　$\frac{1}{10}$ 收溜
$\left(\frac{1}{4} \sim \frac{3}{10}\right)D$
$\left(\frac{1}{4} \sim \frac{3}{10}\right)D$
不带袖肩　带袖肩
额枋端部平面图

图 9-16 额枋与柱子相交处的榫卯表达

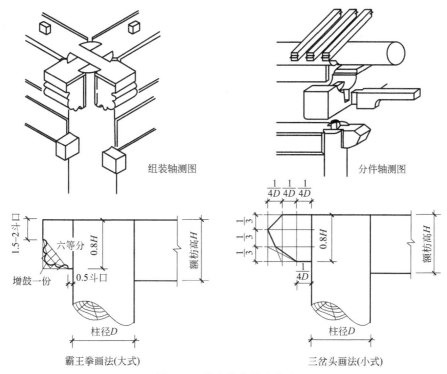

图 9-17 箍头榫的构造表达

9.3.3.4 梁（抱头梁）头及穿插枋端部榫卯表达

在清代官式建筑中，梁为方形构件，檩桁为圆形构件。二者位置关系是檩桁在上，梁头在下，为了防止檩木滚动，在梁的端部要砍出檩椀。檩椀的构造由弧形的椀部与中间的鼻子榫构成，椀部卡住防止檩桁滚动，鼻子榫从长度方向上限制檩桁水平串位。穿插枋位于抱头梁（桃尖梁）下，其两端分别插进檐柱与金柱内，所采用的榫为"大进小出榫"。榫头"大进"部分高按枋全高，长至柱中，"小出"部分高按照枋高的 1/2，长按本身柱径（出头为半柱径）。梁（抱头梁）及穿插枋端部的榫卯表达见图 9-18。下图左侧为投影图，右侧为轴测图，较好地反映了此处的构件交接构造。

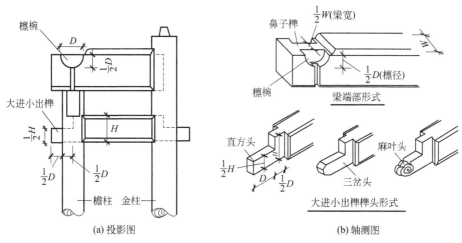

图 9-18 梁（抱头梁）及穿插枋端部的榫卯表达

9.4 小木作详图

古建筑中凡是涉及建筑门窗、天花顶棚、室内隔断等木构部分的加工制作称为小木作。这种木工分工明确记载于宋《营造法式》,一直沿用至今。小木作到清代也称为木装修,并细分为外檐装修和内檐装修。外檐装修是指直接与室外接触的门、窗、楣子、坐凳和栏杆等。内檐装修是指用于室内、作为分隔室内空间、组织室内交通并起装饰美化作用的构件,如木板壁、壁纱橱、罩、博古架、太师壁、内檐屏门、天花、藻井等。

9.4.1 门详图

9.4.1.1 门的两重含义

一是指供人们进出的单体建筑(单体门),有牌楼门、墙门、屋宇门、台门之分,其中台门等级最高。

二是指供人们出入、通行的建筑构件(房屋外门、内门),分为板门和槅扇门两大类。此类门主要由槛框形成边框,中部安装门扇。

9.4.1.2 普通板门各构造组成部分的识读

普通板门构造由三部分构成,一是槛框部分,二是门扇部分,三是连接部分。槛框部分包括水平向的上、中、下槛,竖向的抱框和门框,还有在槛框之间空当处填塞的余塞板和门头板(走马板)等。板门门扇内外立面形象差异较大,内立面主要是由门心板、穿带组成,另设有关门设施(插关梁、插关)。外立面主要有附着在门心板上的门钉、铺兽及门板加固构件包页组成。连接部分分成上下两部分,分别用于上下转轴。门上轴伸入连檐木,下轴插在门枕石内。连檐通过门簪固定在中槛上,门枕石通过榫卯与下槛相交。普通板门各构件名称见图 9-19,普通板门的构件组成见表 9-3。

表 9-3 普通板门构件组成

序号	构件分类		构件组成
1	槛框类构件	竖向构件	长抱框、短抱框、门框、间柱
2		横向构件	上槛、中槛、下槛
3		槛框中间的填板	走马板(门头板)、余塞板
4	门扇	正面	门钉、铺兽、包页
5		背面	门心板、穿带、插关梁、插关
6	连接构件	上部	连檐、门簪、寿山
7		下部	门枕石、门鼓石、海窝(福海)

9.4.1.3 普通板门详图绘制要求

(1)线型 板门详图一般选择 3 种线宽的线型组,线型宜为 b、$0.5b$、$0.25b$。具体为,剖切到的构件采用粗线(b),主要构件可见轮廓线采用中线($0.5b$),其他构件轮廓线和尺寸线、定位轴线等采用细线($0.25b$)。

(2)比例 板门详图常用的比例为(1:30)~(1:20)。板门配件细部详图(门簪、铺兽、门鼓石等)的比例可以选择 1:2、1:5、1:10。

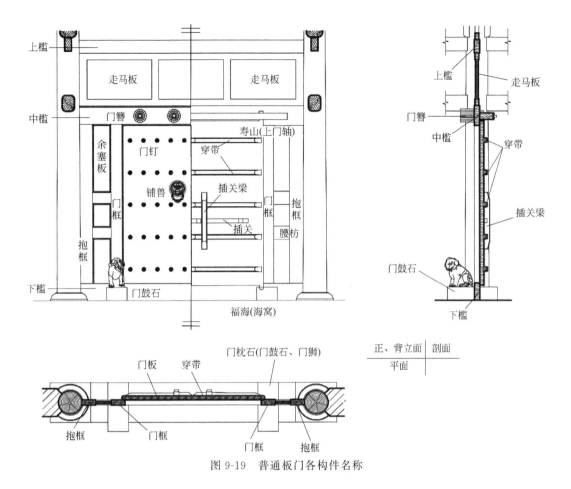

图 9-19 普通板门各构件名称

（3）内容表达 板门详图由平面图、立面图和断面图组成。其中立面图包括门扇的正、背立面，在详图绘制中一般采用对称符号各自表达一半立面。

（4）尺寸标注 图面外应标注槛框、门洞、定位轴线等控制性尺寸，图面上可以标注门钉间距，穿带间距，门簪、铺兽等配件的定位尺寸。

（5）详图索引 若需要表达门簪、铺兽、门鼓石等细部尺寸，则需要另外进行详图索引。

普通板门详图见图 9-20。

9.4.1.4 槅扇门详图表达

槅扇门详图由平面图、立面图和断面图组成，详图表达可参考板门详图。槅扇门的构件组成和详图见图 9-21、图 9-22。

9.4.2 窗详图

9.4.2.1 古建筑窗户的类别

古建筑窗根据开设位置可分为：柱间安装（槅扇窗）与墙上安装（普通窗、牖窗），其中柱间安装又分为檐里安装和金里安装；根据槛墙的高低，可以分为普通窗、高窗与落地长窗；根据窗户是否可开启，可以分为固定窗（如横披窗、亮窗，不能开启）、可开启窗（如平开窗、支摘窗）等。

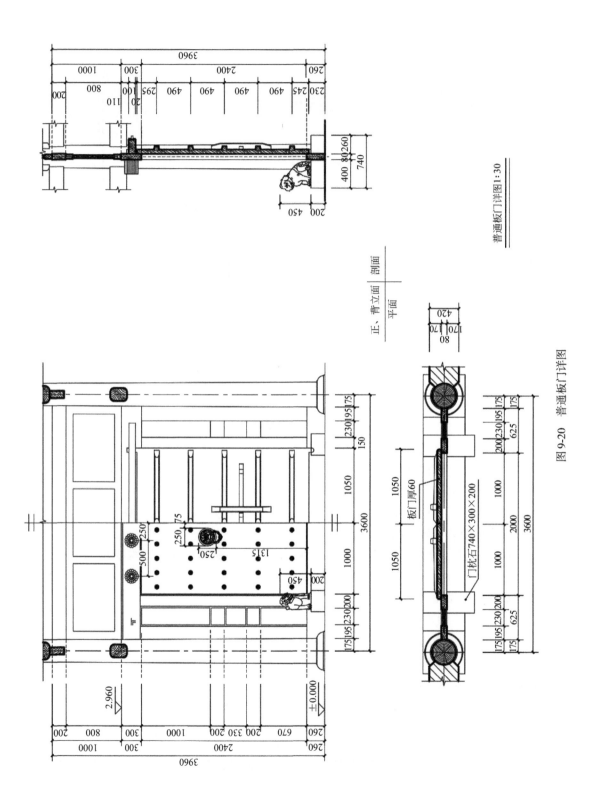

普通板门详图1:30

图 9-20 普通板门详图

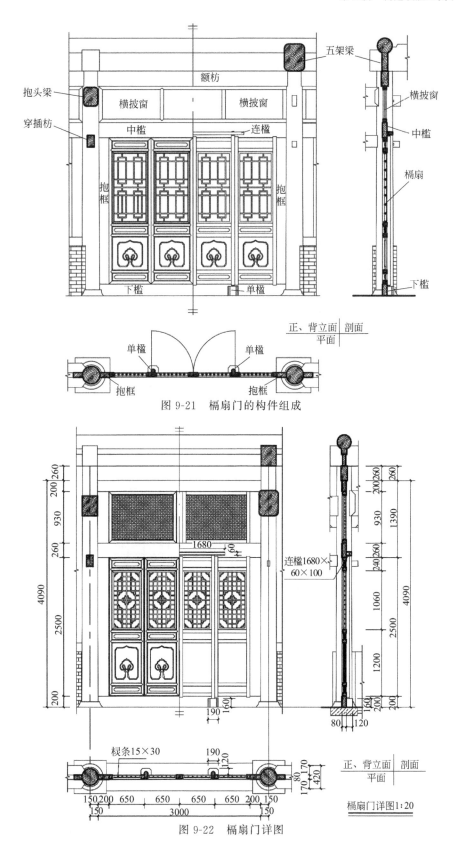

图 9-21　槅扇门的构件组成

图 9-22　槅扇门详图

9.4.2.2 槅扇窗详图

槅扇窗又称槛窗，形式上与槅扇门非常相近，将槅扇门的裙板换成槛墙即成。槅扇窗详图由平面图、立面图和断面图组成。详图表达可参考板门详图，见图9-23。

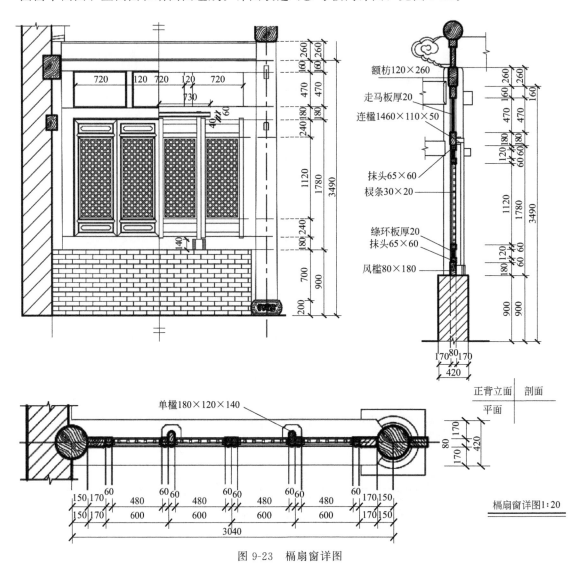

图 9-23 槅扇窗详图

9.4.2.3 普通窗详图

普通窗指开设在墙体上的窗户，其详图见图9-24。

9.4.2.4 牖窗详图

狭义的牖窗指在园林建筑墙体上开设的景观窗。牖窗详图见图9-25。

9.4.3 其他详图

9.4.3.1 雀替详图

雀替是古建筑檐柱与额枋相交处的装饰性木雕构件，有官式做法与地方做法之分。官式做法最重要的一个特征就是有斗栱构件。由于雀替有雕刻纹饰，所以常用网格法标注。雀替详图可以用正立面图和侧立面图表达，也可只用正立面图表达，但只用正立面图表达时需在

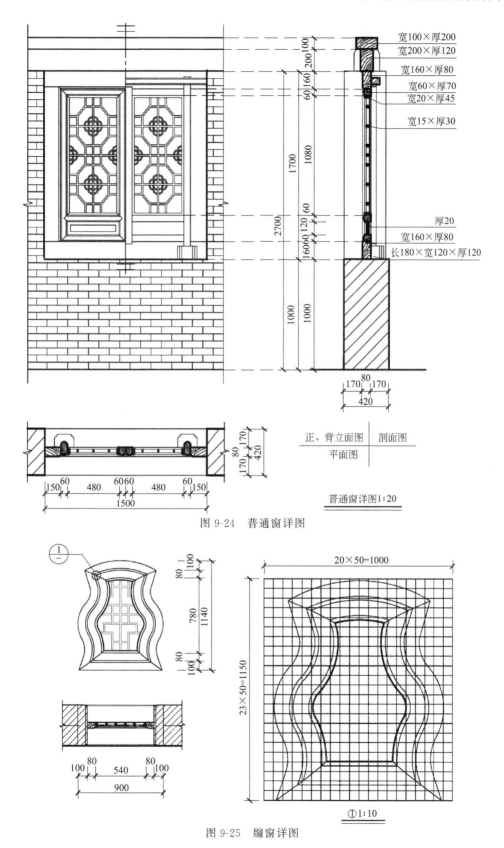

图 9-24　普通窗详图

图 9-25　牖窗详图

文字说明中要说明雀替花板的厚度。雀替详图见图 9-26。

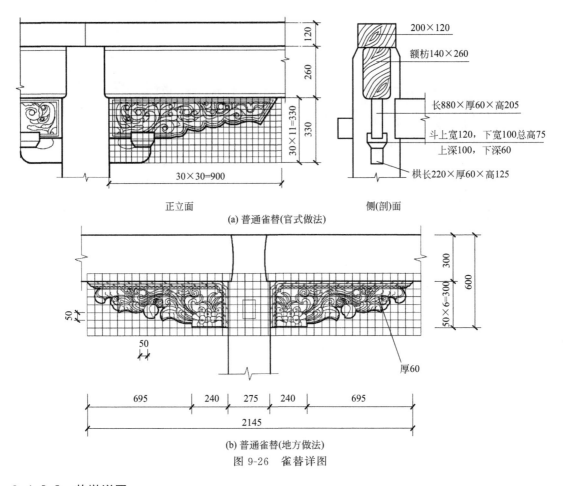

正立面   侧(剖)面

(a) 普通雀替(官式做法)

(b) 普通雀替(地方做法)

图 9-26　雀替详图

9.4.3.2　花墩详图

　　花墩常出现在地方建筑之中，位于檐檩与额枋之间的垫板位置处，作用与间柱（摺柱）相同，将垫板等分为多份，具有较强的装饰作用。花墩的表达与雀替类似，见图 9-27。

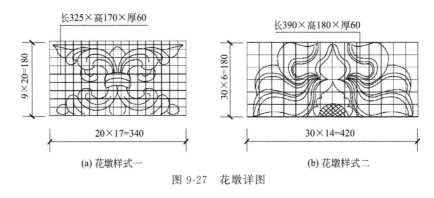

(a) 花墩样式一   (b) 花墩样式二

图 9-27　花墩详图

9.5　瓦、石作详图

　　瓦作，是砖作与瓦作的统称，包括墙体砌筑工程与屋面工程。石作则是指对石质构件的制作与安装。

9.5.1　瓦、石作详图设计范围

① 基础与台基类详图，如：台阶、坡道详图，栏杆详图。

② 墙体砌筑类详图，如：影壁、墙心、廊心墙、墀头等详图。

③ 屋面工程类详图，如：屋脊剖面详图、屋面瓦件详图。

④ 雕作类详图，如：门鼓石、柱顶石、滚墩石、角柱石、券脸石、各类屋顶脊饰详图。

9.5.2　台阶详图

台阶是联系古建筑台基与室外地坪的垂直交通构件，其平面形态有四种，分别为垂带踏跺、抄手踏跺、御路踏跺及云步踏跺。其中垂带踏跺最为常见。当台基高度较高（现代规范中规定，当高差大于700mm），就需要在台基及台阶边缘设置栏杆类安全围护结构。

台阶详图通过台阶平面图、侧立面图和台阶剖面图来表达，平面图中主要反映台阶踏跺、垂带石、御路石等构件的平面位置和规格尺寸。侧立面图主要反映台阶侧面垂带石及下部象眼部分的构造，若象眼部分构造简单，侧立面图可以省略不画，但是要在工程做法中给予说明。台阶剖面图主要反映台阶与台基及室外地坪的连接构造，同时还表达出了踏跺的断面尺寸及踏跺之间的搭接构造。台阶详图见图9-28。

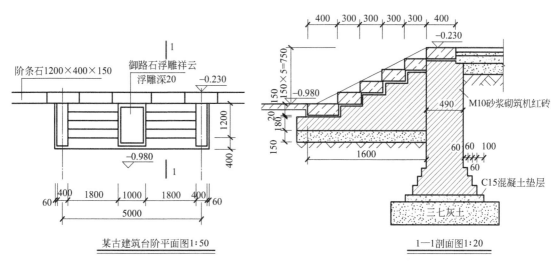

图 9-28　台阶详图

9.5.3　影壁详图

影壁是在院落内或院外所建的起屏障作用的墙体。它具有遮蔽视线、阻挡寒风的实际功能。此外，影壁还具有较强的装饰功能，能够彰显出房主人的审美情趣、财力地位。

影壁详图用平面图、立面图和剖面图来表达。平面图主要反映影壁长度和厚度方面的尺寸。立面图应根据影壁的实际情况选择，如独立影壁，若正立面与背立面内容不同，应分别绘制；座山影壁只需要绘制正立面即可。影壁两侧立面一般相同，只需要绘制一个。在立面

图中，若影壁檐口、影壁心有特殊做法，而立面图因比例较小，无法准确反映细部尺寸时，需要另行索引。剖切符号应在影壁平面图中表达，剖面图主要反映影壁墙的构造组成及各部分高度。影壁详图见图9-29。

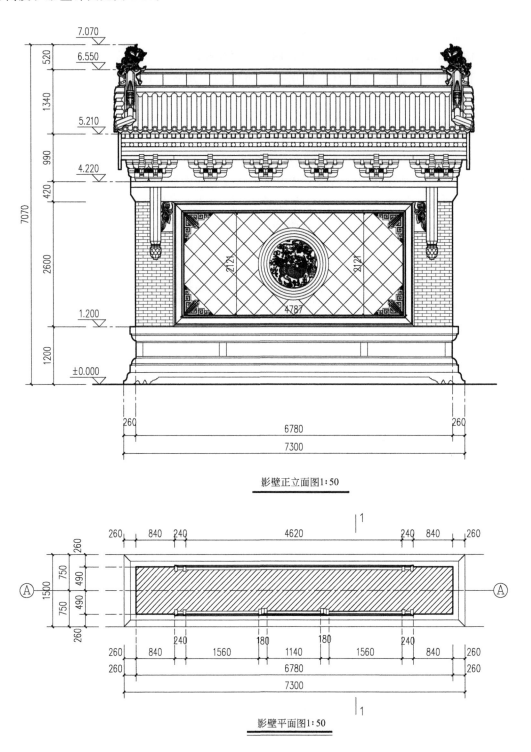

影壁正立面图1:50

影壁平面图1:50

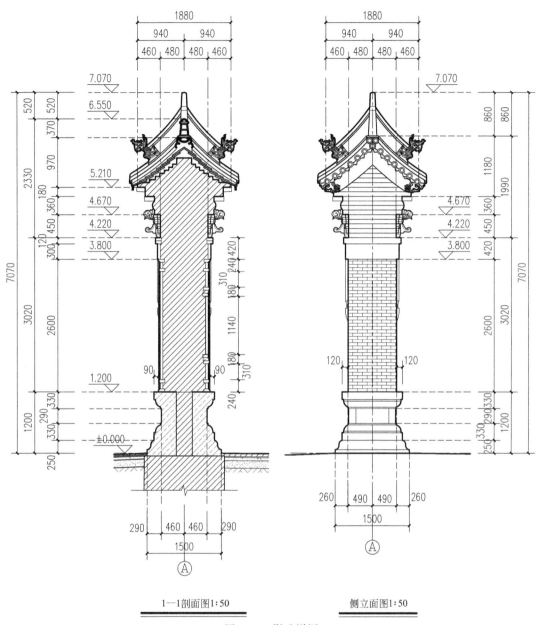

1—1剖面图1:50　　　　　侧立面图1:50

图 9-29　影壁详图

9.5.4　墀头详图

墀头是硬山山墙的延伸部分。整个墀头出挑的尺寸，由古建筑上、下檐出尺寸之差及墀头小台阶收进的尺寸来决定。墀头详图需要标清楚墀头的高度与出挑长度，雕刻较为复杂部分需索引放样。墀头详图见图 9-30。

9.5.5　柱础详图

柱础位于柱顶石之下，用以承托柱子。根据时代和地域的不同，做法也多种多样。其详图一般通过平面和立面的形式表达，雕刻较为复杂柱础需放样。某古建筑柱础详图见图 9-31。

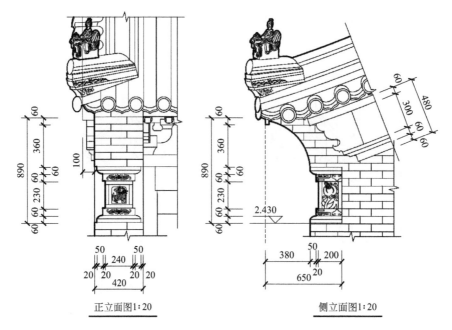

图 9-30　墀头详图

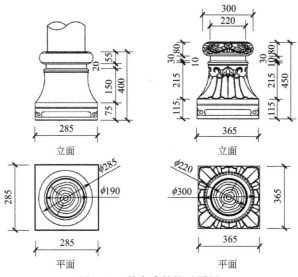

图 9-31　某古建筑柱础详图

9.5.6　屋面详图

9.5.6.1　屋顶脊饰

一般包括脊兽、脊筒和脊刹三个部分。脊兽与脊刹详图多通过放样来表示，脊筒详图则通过立面与剖面表示。屋顶脊饰详图见图 9-32。

9.5.6.2　砖、瓦详图

砖、瓦详图多用轴测图或透视图表达，需标注其长、宽、厚等尺寸。砖、瓦详图见图 9-33。

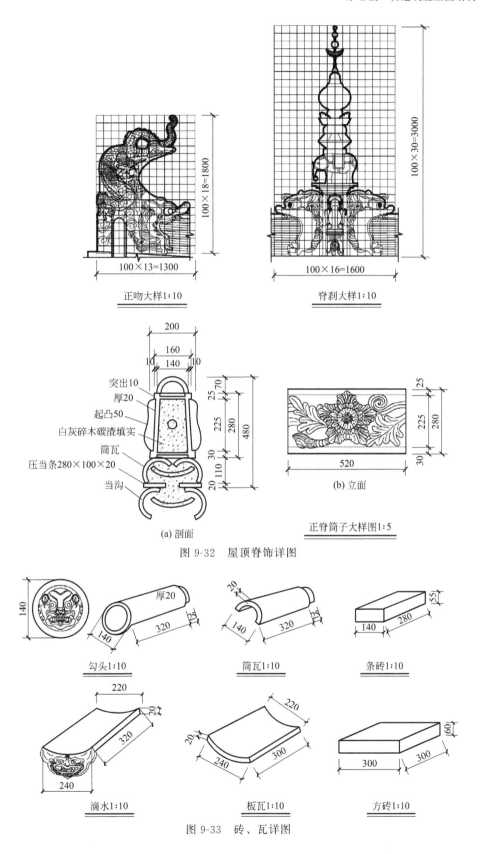

<table>
</table>

$100 \times 18 = 1800$

$100 \times 13 = 1300$

正吻大样1:10

$100 \times 30 = 3000$

$100 \times 16 = 1600$

脊刹大样1:10

200
160
140
10　　10

突出10
厚20
起凸50
白灰碎木碳渣填实
筒瓦
压当条280×100×20
当沟

25　70
225　280　480
30
20　110

(a) 剖面

25
225　280
30
520

(b) 立面

正脊筒子大样图1:5

图 9-32　屋顶脊饰详图

140

厚20
320
140
25

勾头1:10

20
140　320
25

筒瓦1:10

55
140　280

条砖1:10

220
20
320
240

滴水1:10

220
20
240　300

板瓦1:10

60
300　300

方砖1:10

图 9-33　砖、瓦详图

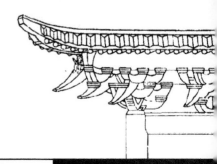

第3篇
古建筑测绘图绘制与表达

古建筑测绘是测绘学在文化遗产保护领域中的直接应用，是对文物古建筑空间形态、位置尺寸、结构材质等现状信息进行调查、测量及制图的全过程。本书分别从古建筑测绘基础知识、古建筑测稿（测绘草图）和古建筑现状图（测绘图完成稿）绘制与表达三个角度对古建筑测绘图进行解析，重点阐述古建筑测绘图应该怎样去科学合理地表达，才能完成测绘阶段对古建筑现状信息的准确记录，为文物古建筑的建筑档案记录和保护与修缮工程的实施提供可靠的支持。

10 古建筑测绘基础知识

10.1 古建筑测绘的含义

测绘即"测量"与"绘图"工作的合称。古建筑测绘即综合运用测量和绘图技术，对古建筑空间位置、几何尺寸、构件形态、颜色材质等现状信息进行调查、测量及制图的全过程。

10.1.1 测量方法

古建筑测量的方法有：手工测量、普通测绘仪器测量、测量新技术的应用。

（1）手工测量 手工测量是传统的测量方法，测量人员使用卷尺、木杆、直角尺、卡尺等工具，根据现场需要爬高就低进行测绘。这种测量方法简单有效，但是准确度受限，在实际测绘中还具有一定的危险性。虽然如此，但是手工测量能够加深古建筑测绘人员对建筑的认知和理解，在古建筑测绘中一直有所应用，即使是在现代测量工具盛行的今天，手工测量依然在测量细部构造（如斗栱测绘、梁架测绘等）方面占有一定的地位。

（2）普通测绘仪器测量 普通测绘仪器测量主要是指运用常见的工程测量仪器进行距离、高程和角度测量。常见的测量仪器有水准仪（高差、高程测量）、经纬仪（角度测量）、全站仪（距离、角度、高差、坐标测量）、测距仪（距离测量）、标尺、钢尺、三角尺、卡尺、水平尺、罗盘仪（方位角测量）等。

（3）测量新技术的应用 主要有全球定位系统（GPS）控制测量、数字近景摄影测量及三维激光扫描仪扫描测量法等。有关测量的内容详见相关书籍。

10.1.2 测绘成果

随着测绘技术的发展，文物古建筑测绘成果主要表现为以下几种形式。

（1）测绘图 即按投影原理和建筑制图规范和惯例绘制的图样。现在多用计算机制图。

（2）照片 记录测量对象基本特征的和测量工作方法的摄影资料，内容包括建筑环境、空间、造型、色彩、结构装饰、附属文物等信息。

（3）数据图表 测量成果数据列表、统计图表、分析图表等。

（4）文字报告 对测量对象的历史沿革、现状情况、规划布局、法式特征、形式语汇、空间造型、材料结构、色彩装饰等各个方面所进行的调查、研究、分析的报告。

（5）其他成果

① 录像，以动态的方式记录测绘对象的图像资料。

② 表现图，采用水彩、水粉等色彩工具表达古建筑外观效果、室内效果、立面效果等，可生动再现测量对象的外形、光影、色彩和氛围等。

③ 建筑模型，按比例制作古建筑模型，展现古建筑的外观造型和空间状态。

④ 数据库、信息管理系统，依据测量数据、图纸和其他信息建立的数据库和信息管理系统。

10.1.3 测绘图纸

测绘图纸具有阶段性特征，根据其使用情况分为测稿与现状图。

10.1.3.1 测稿

测稿又称测绘草图，是现场测量时，用来标注测量尺寸的平、立、剖面图和细部详图，多为徒手线稿。测稿应表达古建筑的平面形式、结构、构造节点、构件数量、图名、比例。为了提高勾画草图的正确度和清晰度，初学者多采用网格纸来控制比例和尺度。

测稿是测量数据的原始记录，不仅是绘制现状图的重要依据，而且它反映了测量方法、测量过程方面的一些信息，是进行各种修缮工程设计、施工以及进行古建筑研究的第一手资料。在民国时期，中国营造学社中的梁思成、林徽因、刘敦桢等先生对全国各地的诸多古代建筑遗构进行实地调查和测绘，为我们留下了很多宝贵的实测资料，也是我们今天进行测绘学习的样板。古建筑测稿见图 10-1。

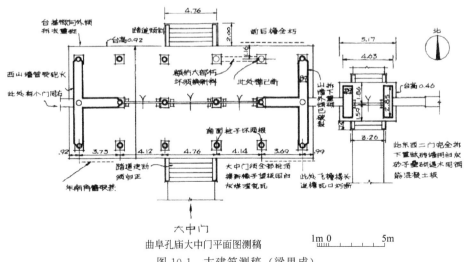

图 10-1 古建筑测稿（梁思成）

10.1.3.2　现状图

现状图是测绘图的完成稿。现状图在测稿和各类测记资料的基础上，根据国家相应的制图规范，对文物古建筑、历史建筑的现状进行科学规范的制图表达。现状图多采用计算机辅助制图。测稿与现状图"图样比较"见图10-2、图10-3。

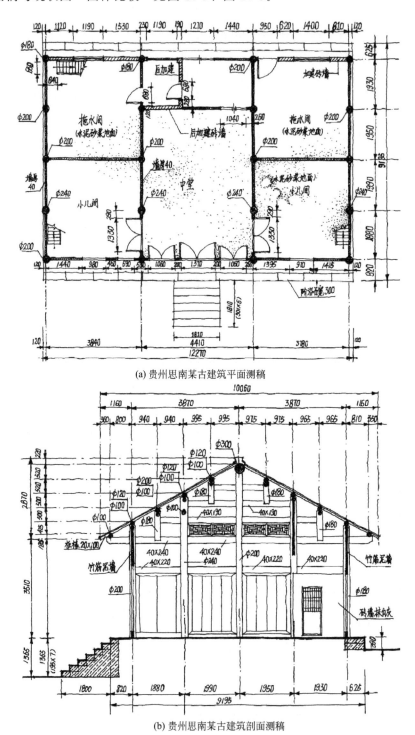

(a) 贵州思南某古建筑平面测稿

(b) 贵州思南某古建筑剖面测稿

图 10-2　贵州思南某古建筑平面与剖面测稿

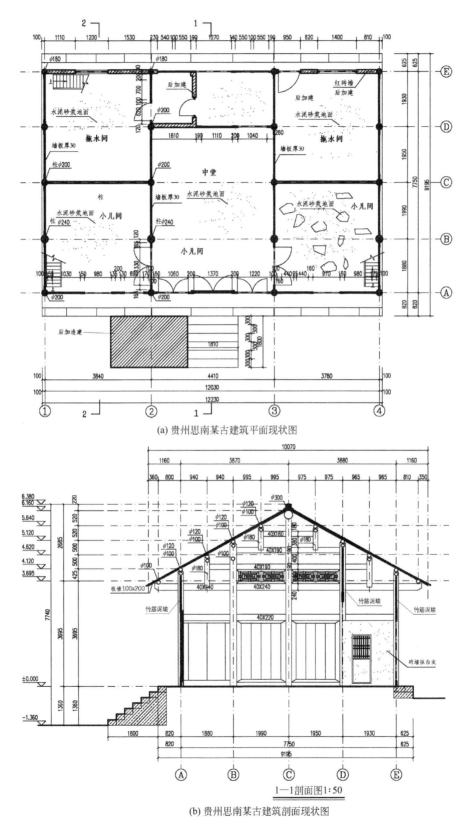

(a) 贵州思南某古建筑平面现状图

(b) 贵州思南某古建筑剖面现状图

图 10-3　贵州思南某古建筑平面与剖面现状图

10.2　古建筑测绘的分级

文物古建筑测绘按照测量范围，即测量工作所涉及的古建筑构件和部位，可分为全面测绘、典型测绘、简略测绘三个等级。

10.2.1　全面测绘

（1）全面测绘的含义　全面测绘是最高级别的测绘。要求对古建筑进行整体控制测量，并对古建筑中所有不同类别的构件及其空间位置关系进行全面、详细的勘查和测量。全面测绘中不包括暂时无法探测的部分和构件，如地面以下的基础部分、屋顶望板以上、屋面以下的部分，这些部分图样一般在修缮施工时进行补充。

（2）全面测绘的适用范围　实施重要文物古建筑的修缮、迁建、落架修复工程等都必须进行全面测绘。若经济技术条件许可，凡是重要的文物古建筑都应该进行全面测绘。

10.2.2　典型测绘

（1）典型测绘的含义　典型测绘在测绘要求上低于全面测绘。要求对古建筑进行整体控制测量，对古建筑本体构件测量时，并不覆盖所有的构件和部位，而是针对重复的构件和部位，选取典型构件进行测绘。典型测绘虽然不覆盖所有构件和部位，但是必须覆盖所有类别的构件和部位，不能有类别上的遗漏。例如：带斗栱的清式建筑测绘外檐斗栱时，就可以选用典型测绘，虽然不必对每一攒斗栱都进行测绘，但是平身科、柱头科、角科必须各自选一组保存完整、破坏较小、能反映出斗栱特征的作为典型构件进行测绘，在斗栱类别上不能有遗漏。

选取典型构件应注意：一是足以反映历史风格和时代特征；二是保存较为完好。

（2）典型测绘的适用范围　典型测绘的测量范围较全面测绘要小，能有效地提高测绘效率，但是不能够真实全面地反映文物古建筑现状，适用于建立文物保护单位记录档案，实施简单的文物修缮工程或出于研究目的所进行的测绘。

10.2.3　简略测绘

（1）简略测绘的含义　简略测绘的等级最低，指能保证绘制出一套基本反映建筑物体型外貌及结构中主要手法特征的图纸即可的测绘。

（2）简略测绘的适用范围　简略测绘适用于文物普查工作中发现具有价值的古建筑，或针对保护级别较低的建筑，是在人力、物力等条件不足的情况下采用的临时测绘方式。

简略测绘成果不能作为正式的测绘记录档案。

10.3　古建筑测绘工作流程

文物古建筑测绘，大体经历测量前准备、徒手勾画草图、测量、测稿整理、仪器绘制草图、校核、现状图绘制、验收、存档等阶段，见图10-4。在古建筑测绘工作中，还应注意以下几个问题。

（1）测量前准备　测量前的准备包括测量工具准备、记录工具准备、测绘对象资料查

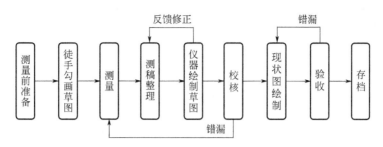

图 10-4 古建筑测绘工作流程

阅、测绘小组分工、测绘安全准备等工作内容。在测量准备中应提前了解所测对象的历史背景及法式特征，查阅相关的档案文献及已有的图纸。这些对后续测量的精准度和特征记录等都有一定的影响。

（2）徒手勾画草图的技术要求 徒手勾画草图是古建筑测绘必须掌握的技能，初学者如果比例尺度把握不准确，应采用坐标纸。勾画草图应满足下列要求。

① 结构交代要清楚，构件相交部位观察清楚、交代准确，对天花内部、屋面叠瓦以下等无法探明的隐蔽部分作留白处理。

② 外观形状求近似，笔下形象与实物基本相似、能抓住建筑构造特点。

③ 比例关系要适宜，根据图纸大小确定绘图的大致比例，同时要把握好测绘对象的整体比例和各部位、构件间的相互比例关系。

④ 图面安排要合理，绘制草图要周边留下足够的空间进行尺寸标注。

⑤ 线条运用要流畅，徒手绘制草图用线要流畅，不要总是依靠尺规，同时注意用线粗细，善于表现主次。

⑥ 整理编号要有条理，草图按照顺序进行标号，避免丢失，便于查找补漏。

（3）测量

① 测量的基本原则。单体建筑测量应该遵循"从整体到局部、先控制后细部"的原则，即先测量建筑的控制点和控制线的位置、通尺寸，再测量各构件及部位的细部尺寸。

② 测量中的尺寸标注。测量中的尺寸标注应符合"四服从"原则，即次要尺寸应服从主要尺寸；分尺寸应服从总尺寸（小尺寸应服从大尺寸）；少量尺寸应服从多数尺寸；后改尺寸应服从原有尺寸。

（4）测稿整理 每次测绘难免会出现遗漏（尺寸缺失）和错误（尺寸对不上），所以当天测绘完成后，要对测稿上交代不清楚、勾画失准或标注混乱之处重新整理、描绘。

（5）仪器绘制草图 即利用计算机辅助设计软件根据测绘尺寸数据，按比例绘制尺规草图。仪器制图相对制图精确，通过重新制图，确定构部件的交接关系，可以验证测量所获数据的准确性，以便随画随校正，及时发现缺漏与错误，减少反复。

（6）现状图绘制 根据测稿、仪器草图上数据，用计算机辅助设计软件重新完成正式成果图。要求按照制图规范和制图绘制步骤来进行，完成图要求符合建筑制图规范和测绘图要求。

（7）验收 测绘成果图应该经过校对、审核、审定三级复核，发现错误及时改正。

11 古建筑测稿（测绘草图）的绘制与表达

测稿即现场进行测量记录时使用的草图，在测量之前，就需要通过现场观察、目测或者步量，徒手勾画出测绘对象的平面、立面、剖面和细部构造示意图，以便在下一步的测绘工作中，依照图纸进行测量并有序记录。测稿是我们后续绘制测绘正图的唯一依据，在测稿绘制阶段，草图表达内容的完整性、准确性和正确性是最终测绘图纸的准确性和可靠性的根本保障，测稿中的错误和遗漏将会导致测绘图最终交代不清楚，甚至出现错误。

本章所用测稿除了屋顶平面图和部分详图测稿除外，其余为我国北方地区某地方神庙建筑测稿，依次选取了总平面图，戏台建筑平面图、立面图、剖面图测稿及部分在平面、立面、剖面测绘中涉及的详图。

11.1 古建筑测稿绘制要求

11.1.1 测稿的图纸要求

测稿是测绘重要的成果之一，在很多规范化的古建筑企业管理中，测绘结束后，测稿作为重要的资料要进行归档处理。因此对测稿的形式也应该有一定的规范要求。

（1）图幅规定 由于测绘在现场展开，图幅过大则携带不便，图幅过小，会限制测绘图的大小，出现表达不全、表达不清的问题。所以古建筑测稿的图幅推荐采用 A3（420mm×297mm）或者 8 开（370mm×260mm）。同一套测稿最好采用相同的规格尺寸。

（2）图纸选用 测稿选用的图纸可以为绘图纸、牛皮纸或者网格坐标纸等，初学测绘者可首选坐标纸。坐标纸上按照 10mm 间距设置坐标网格，可以据此控制初学者的线条绘制及比例把控。

（3）图面排布 草稿图面上应留出一边作为装订边，同时应仿照施工图图面排布，留出"图签"位置，注明测绘项目名称、测绘小组成员、测绘日期、图纸编号等基本信息。

测稿的图面排布见图 11-1。

（4）测稿编号与装订 测稿应按照图纸编排的顺序进行编号，在所有测稿整理完毕后，应制作封面、封底、目录，并按照目录排序装订。

11.1.2 古建筑测稿制图要求

（1）比例适宜，构图合理 测稿绘制首先要根据图幅大小和建筑体量，从整体入手，合理控制图面上建筑轮廓的大小，既能表达清楚古建筑中的各构件的外形特征和交接关系，同时还留有足够的注记空间。做到标注尺寸从容有序。

（2）图形比例关系正确 这里是指草图整体的比例关系以及整体与局部之间、局部与局部之间的比例关系与测绘对象（实物）一致。把握好图形的比例关系是初学测绘者绘制草图的难点，实际工程中则需要辅助以目量步测，来估计古建筑构部件的尺度关系。

（3）线条表达要清晰、肯定 勾画草图所用线条要清晰、肯定，尽量减少橡皮的擦除。初学者可以先用较硬的铅笔轻轻画出结构的轮廓线，然后再用清晰的线条肯定下来。

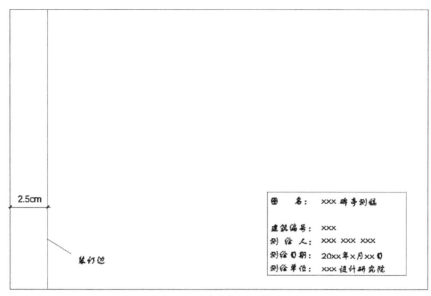

图 11-1　测稿的图面排布

（4）线型区分要明晰，图纸表达要层次分明　测稿中应选择合适的线宽组合，以区别剖线和看线、轮廓线和细节线、近距离线与远距离线、图样线和辅助线等，使线条粗细分明，避免混淆。

（5）图面整洁美观　即使是草图的绘制，也应该使其具有艺术性。

（6）不可见部分留白，不推测杜撰　勾画草图要根据实际情况灵活掌握，一时没有条件到达或者看到的部位，如：天花顶棚上部、地下基础等部分，可以留白，在测量过程中有条件时可随时补画清楚。

（7）尺寸注记要翔实　在测绘草图上，要将重复构件如地砖的数量、规格，屋面的瓦垄数、砖墙下碱的层数等详细标注。

（8）引注大样　草图中包含有需要另外绘制大样的构件需在图中标明。

（9）整理编号要条理　草图按照顺序进行标号，避免丢失，便于查找补漏。

11.2　古建筑总平面测稿绘制与表达

测稿的种类和内容与最终古建筑测绘图是一致的，主要由总平面图、平面图、立面图、剖面图、结构布置图和各类详图组成。以下结合古建筑的特点，就各类草图的画法和要求进行分述。

（1）总平面图绘制范围的确定　文物古建筑的绝对保护范围一般是以建筑组群的院落围墙为界限，总平面的范围重点在围墙内，但是围墙外也应该将一定范围内的道路交通、绿化布置表达出来。

（2）总平面测稿的绘制要求

① 图线、计量单位、尺寸标注、标高标注、名称和编号、图例应符合《总图制图标准》（GB/T 50103—2010）的规定。

② 总图应绘制单体建筑首层外轮廓线，确定单体建筑±0.000 标高。对于古建筑而言，有

台明的建筑绘制台明边缘线，无台明的建筑绘制下碱部位的外墙线或柱脚部位的柱子边线。

③ 总图应绘制建筑周边地形地貌，参照总平面制图规范和园林建筑制图规范来表达。如遇到较大的地形地貌，宜采用等高线表示。庭院内部及较为平坦地区可不绘制等高线。若总平面范围内采用了台阶地，还要绘制出挡土墙、驳岸等构筑设施，并标注标高。

④ 标明庭院、场地、道路的铺装形式、材料等现状（写实表达，不采用图例表达）。

⑤ 标明建筑、围墙、照壁、牌坊的位置［这些建（构）筑物的定位宜采用尺寸定位法］。

⑥ 标明古树名木的位置，记录树种、生长现状等特征。

⑦ 标明或编号注明建（构）筑物名称。

⑧ 宜标注文物保护单位的保护范围线和建设控制地带线。

⑨ 注明图名、图号、比例尺、指北针、空间基准、工程内容及范围、测绘单位和测绘人员。

（3）总平面测稿举例　某地方神庙总平面测稿见图 11-2。

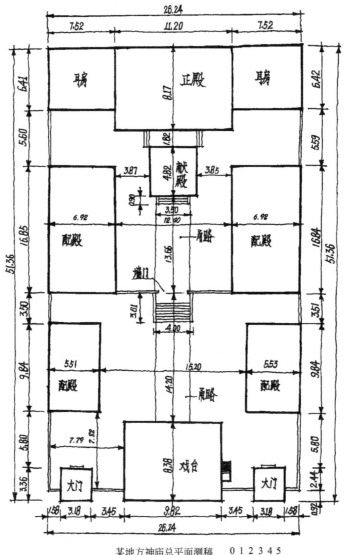

某地方神庙总平面测稿

图 11-2　某地方神庙总平面测稿

问题导读：识读某地方神庙总平面测稿（图 11-2），回答下列问题。

① 整个建筑群为（　　）进院落，正殿位于第（　　）进院落。

② 献殿若要定位，其北侧距离正殿台明边线（　　）cm，西侧距离配殿台明边线（　　）m，东侧距离配殿台明边线（　　）m。

③ 第二进院落的面宽尺寸为（　　）m，进深尺寸为（　　）m，甬路的宽度为（　　）m。

④ 第一进院落的面宽尺寸为（　　）m，进深尺寸为（　　）m，甬路的宽度为（　　）m。

⑤ 第一进院落中，戏台的台口朝向（　　），戏台定位尺寸，西侧距离围墙（　　）m，南部凸出围墙（　　）m。戏台建筑本身面阔尺寸为（　　）m，进深尺寸为（　　）m。

⑥ 总平面测稿中，尺寸标注单位为（　　）。

11.3　古建筑平面测稿绘制与表达

平面测稿主要反映古建筑的平面功能布局、承重结构、分隔及围护结构布置，标明室内外各部分标高。

11.3.1　平面测稿绘制要求

（1）平面图绘制内容规定

① 平面图应按照"关窗开门"状态绘制。

② 平面图应反映古建筑现状平面布局、尺寸，柱、墙等竖向承重结构和围护结构的布置。

③ 有毗邻建筑时，应表示与相邻建筑的关系。

④ 二层以上的平面图应反映下层建筑屋面上可视的瓦垄、瓦当、脊与脊饰等。

⑤ 室内地面铺装应表示地砖、地板的材质、尺寸和排列方式等。

（2）平面图细部绘制规定

① 平面图中的柱子按照柱根尺寸绘制；鼓形柱础按照中部最大尺寸绘制。

② 墙体一剖切位置一般在下碱或槛墙之上，剖断部分尺寸为上身根部尺寸，下碱边线用细线表达。

③ 墙体中特殊的转角、尽端处理以及柱门、廊心墙等部位可绘制大样表达。

④ 各式柱础、有雕饰的门枕石、角石等除了平面外，同时另画两个方向的视图表达。

（3）平面图标注内容规定

① 尺寸标注从内向外分三个层次标注；最内层标注柱径、柱距、门窗等尺寸及与轴线的关系；中间层标注定位轴线之间的尺寸、下檐出尺寸等；最外层标注古建筑总尺寸。

② 标注±0.000 标高、各层地面标高、室外地坪标高。

③ 首层平面图应标注指北针和比例尺；其他平面图应标注比例尺。

④ 平面图中需要放样表达的部位应引出构造详图。

11.3.2　单体建筑平面测稿举例

某戏台建筑平面测稿见图 11-3。

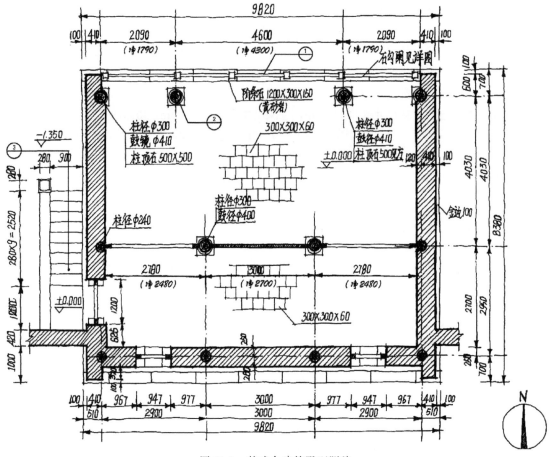

图 11-3 某戏台建筑平面测稿

问题导读：识读戏台建筑平面测稿（图 11-3），回答下列问题。

① 该戏台从平面上分为（   ）和（   ）两部分，一部分用于表演，另一部分用来换装。

② 从平面来看，戏台建筑面阔（   ）间，进深（   ）间。戏台建筑为（   ）建筑（可在"悬、硬山建筑"和"庑殿、歇山建筑"中选择一项）。

③ 戏台建筑的柱网不对齐的原因是（   ）。

④ 戏台建筑的地面比室外地坪高出（   ）mm。地面采用的铺装材料是（   ）（可在"素土""方砖地面""陡砖地面"选择一项）。

⑤ 实际测绘中，测到的檐柱柱径尺寸（   ）mm，台口部位的柱子之间的净距分别为（   ）mm、（   ）mm、（   ）mm。

⑥ 你认为图中需要索引详图进行详细测绘的部位有（   ）、（   ）和（   ）部位。

11.3.3 平面测绘涉及的详图表达

我们在进行平面测绘时，应该将与平面表达相关的细部要素进行同步测绘，如图 11-3 中，在戏台建筑平面中涉及台口部位的石栏杆、柱子下部的柱础及进入后台的台阶。某戏台建筑平面图涉及的细部测稿见图 11-4～图 11-6。

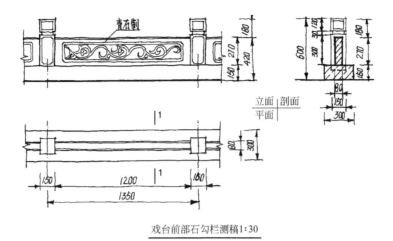

戏台前部石勾栏测稿1:30

图 11-4　某戏台建筑石栏杆测稿

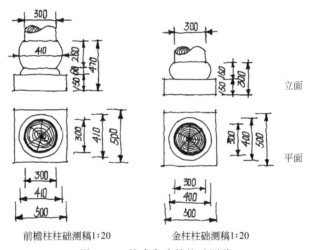

前檐柱柱础测稿1:20　　　　金柱柱础测稿1:20

图 11-5　某戏台建筑柱础测稿

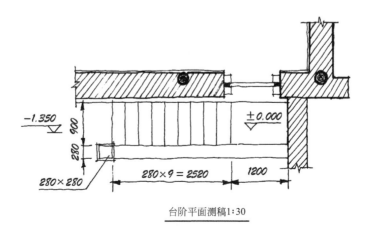

台阶平面测稿1:30

图 11-6　某戏台建筑台阶平面测稿

223

11.4 古建筑立面测稿绘制与表达

立面测稿应反映建（构）筑物的外观形制特征和立面上可见的工程内容。原则上应包括各个方向的立面，如果形式重复，允许选择有代表性的立面图，如单体古建筑的左右两侧的立面一般相同，可选用其中一个作为代表。立面图上应详细标注工程部位，标注必要的标高和竖向尺寸。当建筑平面为异型平面时，如曲尺形平面、凹型平面，可以按照顺时针或逆时针的顺序对各个立面进行表达。弧形平面应采用展开立面的方式表达。当古建筑室内立面构造复杂时，还应绘制室内立面图。

11.4.1 立面测稿绘制要求

（1）立面图绘制内容规定

① 立面图应按"门窗关闭"状态绘制。

② 立面图应反映古建筑立面现状特征。

③ 毗邻房屋、围墙等应绘制在一幅图内，当毗邻建筑超出幅面时，可部分绘制，截断处用折断线表示。

④ 檐口飞椽、瓦当、滴水构件及瓦垄等，可是示意绘制，但必须按实际排列数量进行标注，见图11-7。

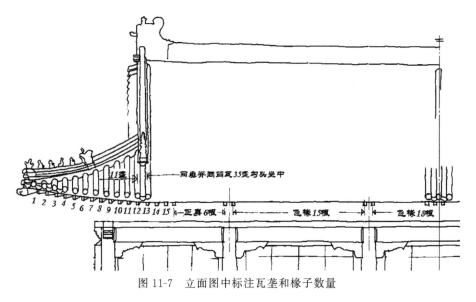

图11-7 立面图中标注瓦垄和椽子数量

⑤ 砖墙必须分清卧砖、陡板、甃砖等摆砌方式，还要分清出十字缝（全顺式）、三顺一丁、五顺一丁或者隔七皮、九皮、十一皮一丁等砌筑方法。注意墙面转角处、墙端面砖的排列方式。

⑥ 应标注说明立面可见残损和病害的位置、范围、程度等，也可通过拍摄影像表达。

⑦ 立面需要绘制详图的部位如下。

门窗、斗栱、雀替、挂落、花板、悬山歇山山花博缝（含悬鱼惹草）等构件；山墙墀头、硬山博缝等（注意：台基、踏跺、石栏杆等构件，一般归入古建筑平面测稿进行表达；

瓦顶上的吻兽、屋脊等细节归入屋顶平面图测稿进行表达）。

⑧ 根据需要可借助方格网、照片（正拍照片）等绘制详图，同时附上对应的照片。

（2）立面图标注内容规定　主要包括轴号标注、尺寸标注和标高标注。

① 标出两端轴线和编号，定位轴线间距、轴线总尺寸。

② 标注室外地坪、台明、室内地面、下碱、檐椽下皮、飞椽上皮、瓦件上皮、屋脊、正吻最高点、飞檐翘角等标高。

③ 标注门窗等细部尺寸。

11.4.2　立面图测稿举例

某戏台建筑立面图测稿见图 11-8～图 11-10。

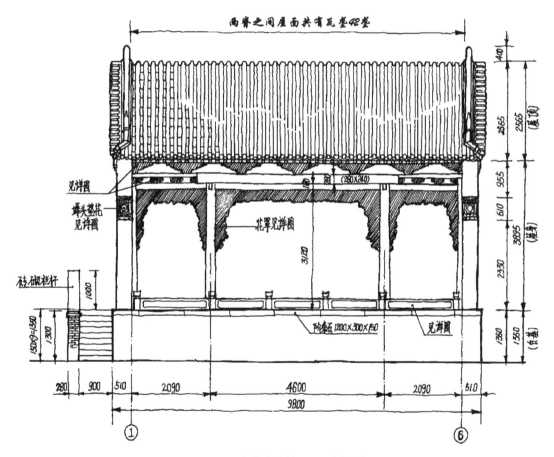

图 11-8　某戏台建筑正立面图测稿

问题导读：读某戏台建筑立面图测稿，回答下列问题。

① 戏台建筑立面图原则上应绘制 4 个，本案例中选择了（　　）、（　　）、（　　）立面图作为代表性的立面图，原因是（　　　　　　　　　　　　　　）。

② 戏台建筑正面图中可以看出，戏台的地面比室外地面高出（　　　）mm，室外台阶外侧的安全维护挡墙（砖砌栏杆）的高度为（　　　）mm。

③ 从立面图来看，戏台建筑的屋顶为（　　　　　）（可在"A　悬山"和"B　硬山"屋

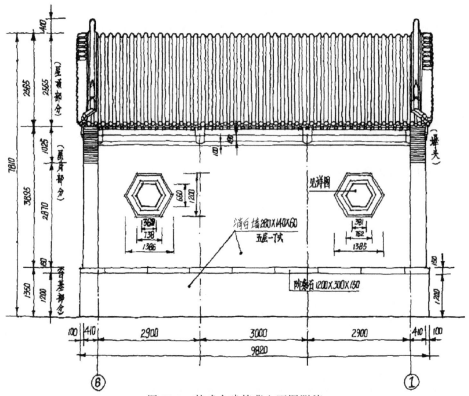

图 11-9　某戏台建筑背立面图测稿

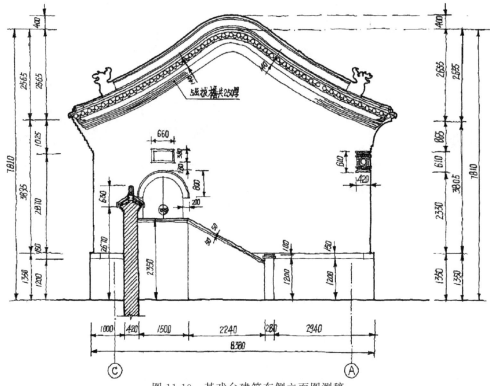

图 11-10　某戏台建筑东侧立面图测稿

顶中选择一项）。

④ 正立面图中，柱子与额枋之间的拱形木装饰构件称为（　　　　），因雕饰复杂，需进行详图索引。

⑤ 在正立面图中采用了简化绘制的立面构件有（　　　）、（　　　）和（　　　）。

⑥ 背立面图中，戏台建筑后檐墙上开设了（　　　）个六边形牖窗，牖窗的尺寸标注属于（　　　　）（在"外部尺寸标注"和"内部尺寸标注"中选择）。

⑦ 从东侧立面可以观察到，演出人员通过硬山建筑东部的拱形门洞直接进入后台，门洞上部采用了（　　　）券。

⑧ 从东侧立面观察屋顶，这种没有正脊的屋顶称为（　　　）顶。

⑨ 从三个立面图中可以看到，建筑的外立面轮廓线采用（　　　）线型。

⑩ 从三个立面图中可以看到，古建筑外部尺寸标注中，第二道尺寸线标注的是（　　　）、（　　　）和（　　　）的尺寸。

11.4.3　立面测绘涉及的详图表达

在进行立面测绘时，应该将与立面表达相关的细部要素进行同步测绘，在戏台建筑案例中涉及的主要有墀头和后檐墙上的六角窗。

某戏台建筑立面细部测稿详见图 11-11。

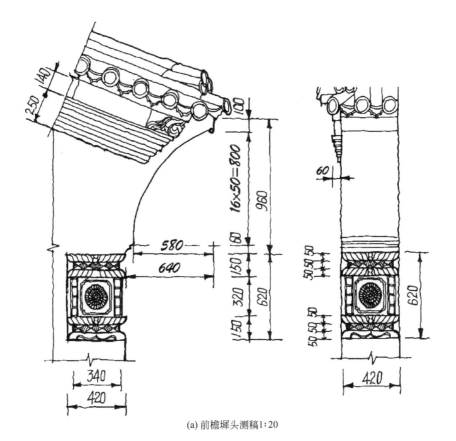

(a) 前檐墀头测稿1:20

图 11-11

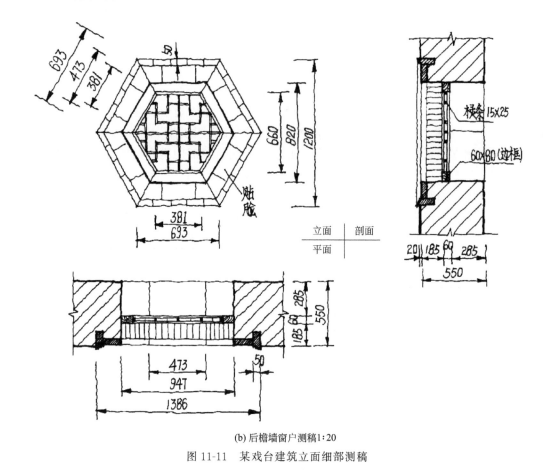

(b) 后檐墙窗户测稿1:20

图 11-11　某戏台建筑立面细部测稿

11.5　古建筑剖面测稿绘制与表达

剖面主要反映古建筑的结构和内部空间，一般包括横剖面图及纵剖面图。横剖面图的剖切方向与矩形建筑平面的长轴垂直，纵剖面图的剖切方向与矩形平面长轴平行，应根据实际需要确定剖面图的数量。

11.5.1　剖面测稿绘制要求

（1）剖面图绘制规定

① 当一个剖面图不能表达清楚时，应选取多个剖视位置绘制剖面图，或绘制转折剖面图。

② 剖切位置应选择在能够反映全貌、构造特征及有代表性的部位，并在平面图上标注剖切位置。

③ 剖面图应关门关窗绘制。

④ 剖面图应反映室内外空间的形态构造特征。

⑤ 剖面图应标注说明剖面可见的残损和病害位置、范围、程度等。

（2）剖面图标注内容规定

① 剖面图应绘制剖切位置处的定位轴线，并注明编号。

② 应标注剖面图上重要构件的断面尺寸、构造尺寸。

③ 应标注每层标高、楼板厚度、楼层结构和屋架结构构件标高。

④ 应引出构造详图。

11.5.2　剖面图测稿绘制举例

某戏台建筑剖面测稿见图 11-12。

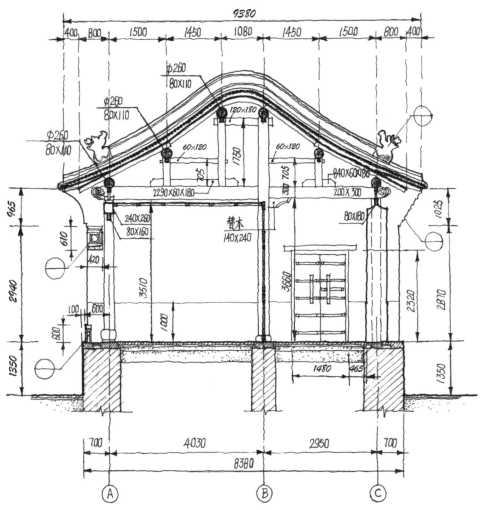

图 11-12　某戏台建筑剖面测稿

问题导读：读某戏台建筑剖面测稿，回答下列问题。

① 戏台建筑沿进深的 3 列柱子分别为（　　　　）、（　　　　）、（　　　　）。

② 屋顶梁架以中间一排柱网为界分为前后两个部分，前半部分大梁为（　　　　）梁，后半部分大梁为（　　　　）梁。在前半部分梁下安装有天花，所以前半部分（　　　　）上部梁架，后半部分没有安装天花，后半部分能够（　　　　）（此处填"可以看到"或"看不到"）上部梁架。

③ 戏台建筑的上檐出尺寸为（　　　　）mm，下出尺寸为（　　　　）mm，二者之差为（　　　　）mm，称为回水尺寸。

④ 戏台建筑上部的檩条均由两件组成，每根檩条下面立瓜柱或钻金柱，二柱之间又通

过（　　　）联系。因为梁上短柱过高，柱脚设置了稳定构件（　　　）。

⑤ 在实际测量中，我们应该测量梁（　　　）（此处填"顶部"或"底部"），檩（　　　）（此处填"顶部"或"底部"）标高。

⑥ 在戏台建筑剖面测稿中，我们看到供演员进出的门洞内侧安装了（　　　）门，门边框的尺寸分别为宽（　　　）mm，高（　　　）mm。

⑦ 上部梁架的测绘需要通过活动木梯攀登而上完成，对于方形断面的构架，应量取其（　　　）度和（　　　）度尺寸。

11.5.3　剖面图测绘涉及的详图表达

古建筑的类型不同，剖面图中需要专门测绘的细部部位不同，一般有梁头节点局部放大，如图 11-13(a) 所示，以便详细地标注梁头檩桁、垫板、檩枋尺寸。檐出部分局部放大，交代清楚瓦件、瓦口木、连檐、飞椽、檐椽的构件关系，见图 11-13(b)。柱头局部放大，

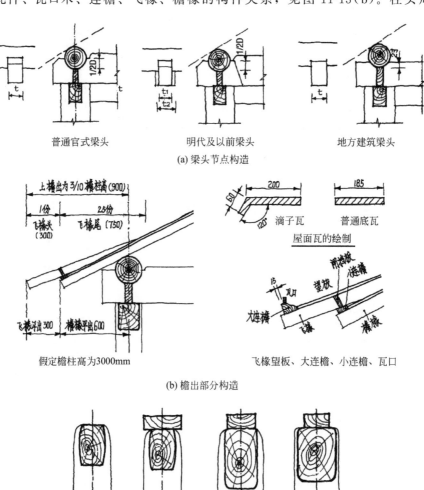

(a) 梁头节点构造

(b) 檐出部分构造

(c) 柱头构造样式

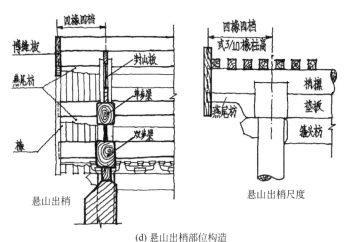

(d) 悬山出梢部位构造

图 11-13　常见的古建筑剖面细部构造样式表达

以便详细标注普拍枋、额枋等构件尺寸，见图 11-13(c)。纵剖面图上要详细交代的悬山或歇山的出山（出际）部分，包括山花博缝见图 11-13(d)。古建筑剖面图中涉及屋面的各类屋脊部分，这部分可归入屋面草图。在剖面图中，斗栱、门窗、花罩、楼梯、天花、藻井等不易在剖面图中表达清楚的部位和构件，均归入详图草图绘制与表达。

某戏台建筑剖面细部测稿见图 11-14。

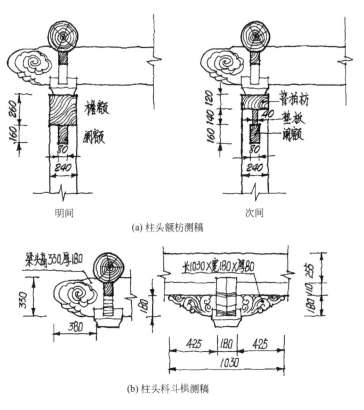

(a) 柱头额枋测稿

(b) 柱头科斗栱测稿

图 11-14

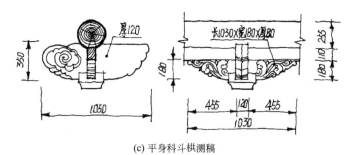

(c) 平身科斗栱测稿

图 11-14　某戏台建筑剖面细部测稿

11.6　古建筑屋顶平面测稿绘制与表达

屋顶平面图的内容相对较为简单，可以只画一个俯视平面图。

11.6.1　屋顶平面测稿表达的内容

（1）瓦顶尺寸与瓦垄数量　首先应注明瓦顶的尺寸，以歇山建筑为例，应记明四面坡檐的长度，大脊、垂脊等的长度，高宽尺寸。每面坡瓦垄的长度，翼角翘起和冲出的尺寸，筒板瓦、勾头滴子瓦，大小吻兽尺寸都应该计数清楚。还应记清楚每个坡面瓦垄数目，勾头或滴水坐中的情形，每垄瓦的筒瓦和板瓦数量。如为琉璃剪边或者琉璃集锦图案屋面，则应记明其部位、数量、颜色等。

（2）残损情况记录　一般以残损率来估计，如某建筑筒瓦残毁率 15%，板瓦残毁率 10%。勾头、滴水、吻兽、脊筒子等都以件数记。大吻应记明残毁部位和块数、欠缺的小兽，钉帽也应查明情况。

某歇山建筑屋顶平面图测稿简图见图 11-15。

（3）需要绘制详图的部位

① 屋面曲线和屋脊曲线。

② 屋面相交处的天沟、窝角沟等处的处理。

③ 屋脊断面图，如果断面有变化，可划分为兽前剖面和兽后剖面。

④ 屋脊端部、尽端有无咧角，屋脊相交接处的处理。

⑤ 各类脊兽、脊刹等大样图。

⑥ 勾头、滴子、筒瓦、板瓦、当沟等屋面瓦件大样图。

11.6.2　屋顶平面图的绘制

屋顶平面图涉及细部构造测稿绘制详见图 11-16～图 11-18。

（1）屋面曲线和屋脊曲线绘制　利用水平尺和铅垂，沿着一垄筒瓦可以测得屋面曲线上一系列特征点的水平位置和高差，利用定点连线的方法可以获得屋面曲线和屋脊曲线。正脊如果两端有生起，主要测量跨中的矢量高。

屋面曲线和屋脊曲线测稿见图 11-16。

（2）屋脊剖面绘制　古建筑屋脊具有明显的时代特征和地域特征，勾画各种脊的剖面时，应了解当时屋脊的做法。不同时期的屋脊构造详见图 11-17(a)、(b)。可以根据现场情况（如屋脊部分残缺，能够看到内部构造做法）直接绘制剖面图，或在修缮时局部拆除一段

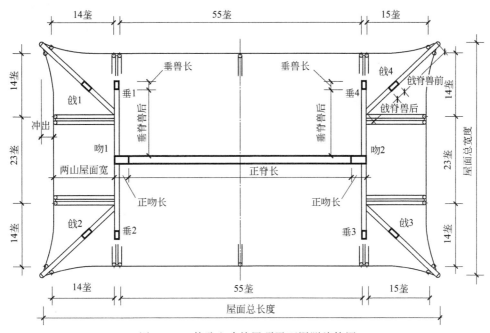

图 11-15　某歇山建筑屋顶平面图测稿简图

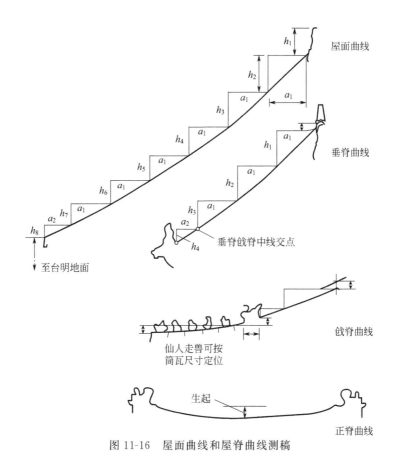

图 11-16　屋面曲线和屋脊曲线测稿

屋脊，获得其断面特征，然后再归安，补充绘制完整的剖面图，详见图 11-17（b）。对于等级较高的文物建筑，为了避免对建筑的原状造成破坏，可以只描绘出屋脊的断面轮廓，对各个线角或转折点进行测绘，见图 11-17（c）。但是要注意的是，绘制垂脊测稿时，应连带绘出内外瓦垄和排山勾滴的细部尺寸。

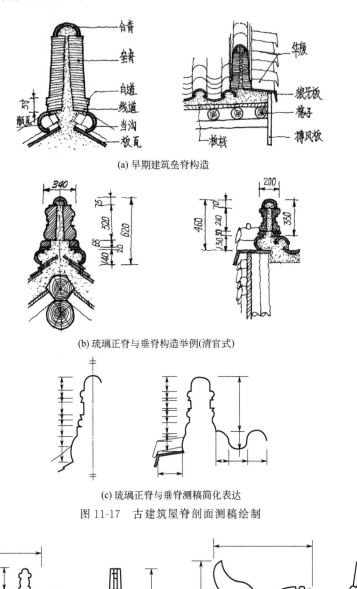

(a) 早期建筑垒脊构造

(b) 琉璃正脊与垂脊构造举例(清官式)

(c) 琉璃正脊与垂脊测稿简化表达

图 11-17　古建筑屋脊剖面测稿绘制

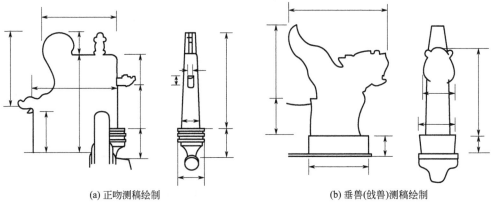

(a) 正吻测稿绘制　　　　　　　　　　(b) 垂兽(戗兽)测稿绘制

图 11-18　古建筑脊兽测稿绘制

（3）屋顶脊兽绘制　古建筑正脊的吻兽，垂脊的垂兽及戗脊上的戗兽等，应按照正投影方法勾画 2～3 个立面图。在测稿中，应反映出各种脊兽的最大轮廓尺寸，还应反映出各种脊兽的厚度。古建筑正吻较为复杂，应对局部如：吞口、卷尾、背兽等位置清楚交代。所有吻兽图都应详细反映出吻座或兽座尺寸，必要时绘制更大比例的详图。古建筑脊兽测绘稿见图 11-18。

11.7　古建筑详图测稿绘制与表达

在古建筑测绘中凡是平、立、剖面等基本图纸中反映不清楚的、需要放大表达的，均需要绘制详图测稿。为了提高测绘效率，一般在平面测绘中就会将柱顶石、台阶等涉及的详图进行同步测绘，在立面详图中对涉及的牖窗、墀头、博缝等也进行同步测绘。剖面也是如此。还有一些详图还应该专门表达，做到没有遗漏。这类详图主要有斗栱、门窗、异型构件，还有雕刻（木雕、石雕、砖雕）构件等。

11.7.1　斗栱测稿的绘制与表达

斗栱是古建筑中特有的构件，多出现在建筑外檐柱顶或室内柱子与梁架相交接处。勾画斗栱时最好熟悉斗栱用"材"或"斗口"，以及权衡比例，循其规律勾画，效率可大大提高，这一部分内容限于本书篇幅，可参见潘德华所著《斗栱》[1] 一书。

11.7.1.1　斗栱测稿表达的内容与方法

（1）绘制斗栱布置图，明确测绘斗栱在古建筑中的位置　斗栱布置图宜采用简图表达，如图 11-19 所示，可以按照逆时针绘制斗栱总编号图，应标注斗栱中距。编号图的作用是在现场测绘时，利于列表观测记录古建筑木构架上所有斗栱的保存状态，同时利于分类。如将各类斗栱按照类型进行分类，这样也便于在非全面测绘的工程中进行典型测绘（如图 11-19 编号为 1、7、14、20 代表的是角科，在典型测绘中可选取保存最为完好的一组进行测绘，同理 2、6、9、12、15、19、22、25 均表达了柱头科斗栱，典型测绘中也可选择一组或者两组。）

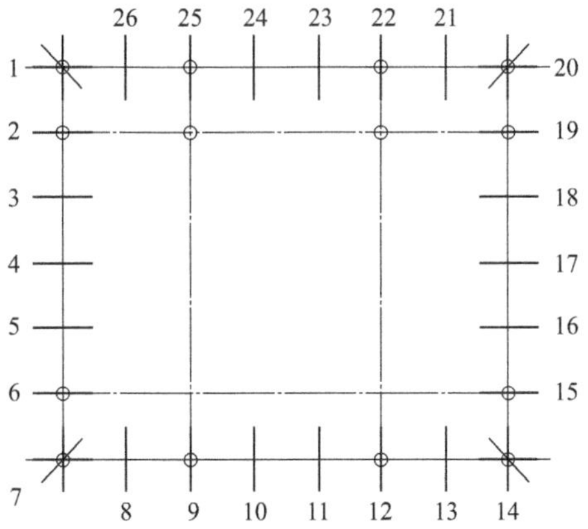

图 11-19　某古建筑斗栱布置简图与编号

（2）表达斗栱关系　采用斗栱侧立面图、正立面图和仰视平面图表达一组斗栱的各组成构件的关系。

（3）标注斗栱的定位尺寸，分析古建筑的模数尺度标准　斗栱定位尺寸主要包括材高、拽架、栱长，如图 11-20（a）所示。材高是斗栱的分层高度，在宋、清斗栱中，分层高度一般与足材高度相等；拽架尺寸是指斗栱的出跳尺寸，指的是从大斗（栌斗）中心线向外挑出栱或昂的尺寸，出跳尺寸应从横栱的中心线指向横栱的中心线；栱长则指各类横栱的总长度，是外皮至外皮的距离，见图 11-20（b）。

（4）绘制各类斗件和栱件的放样图，标注细部尺寸　包括对不同类型的斗与升的测绘，如大斗、十八斗、三才升、槽升子。对轮廓较为复杂的昂头、昂尾、耍头、麻叶头等部位绘制放样图，见图 11-21。

---

[1]　潘德华，潘叶祥.斗栱.南京：东南大学出版社.

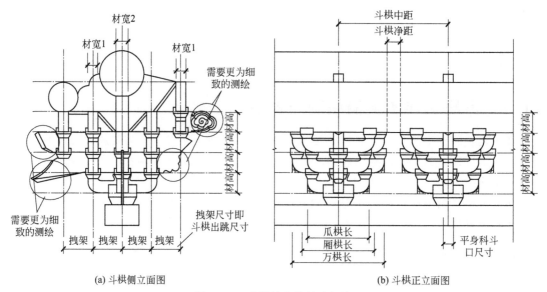

(a) 斗栱侧立面图

(b) 斗栱正立面图

图 11-20　斗栱的定位尺寸标注

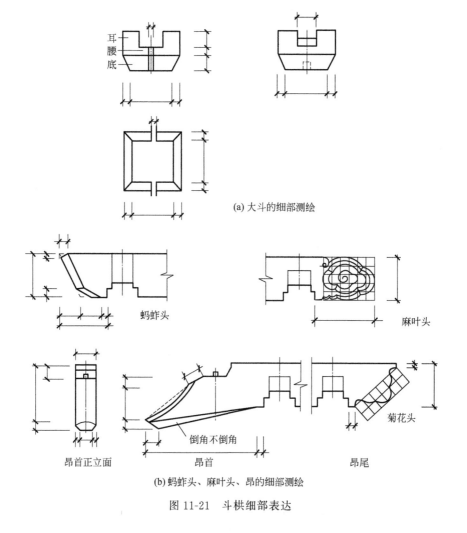

(a) 大斗的细部测绘

(b) 蚂蚱头、麻叶头、昂的细部测绘

图 11-21　斗栱细部表达

11.7.1.2　斗栱测稿的绘制

一组斗栱需要通过三视图才能表达，分别为侧立面图、仰视平面图和正立面图，有些复杂的斗栱，甚至需要绘制背立面图才能完全表达出来。

在实际工程中，勾画斗栱测稿应从侧立面入手，因为侧立面能够清晰地反映出斗栱向里向外的出跳情况及其与上部构件的搭接，既形象鲜明，又层次清晰，容易把握。而正立面图，由于斗栱的前后遮挡，层次稍显不清。斗栱仰视图采用镜像投影法，只能表达出各横向栱和纵向栱的位置，由于上下的遮挡，也使构件形式不清，直接勾画均较为困难。以一组（攒）清式斗栱的侧立面图绘制为例，推荐以图 11-22 的步骤进行绘制。斗栱侧立面画好后，则可按"长对正，高平齐，宽相等"的原则，绘制仰视平面、正立面、背立面等其他视图。

11.7.2　门窗的测稿绘制与表达

门窗详图是古建筑中最为常见的详图，而且由于门窗槅心部分的棂条图案的千变万化，使人觉得古建筑门窗的测绘工作也非常烦琐，其实门窗的测绘找准规律，就可以简化很多工作。

（1）门窗测绘的范围　门窗大样图不仅包括门扇、窗扇，而且包括槛框及与其相连的柱、枋等构件。同时应将门窗的平面、正背立面、剖面若干视图画在一起统一表达。槅扇的槅心部分，可单独再绘制详图测稿。

（2）门窗测稿表达的内容与方法

① 门窗详图测稿应表达清楚槛框与柱子梁枋的连接、门窗扇本身的构造特征及门窗扇与槛框之间的构造连接。

② 详图测稿表达应按"关门关窗"状态绘制平面图和剖面图，立面图利用古代门窗的对称性特征，正立面和背立面可以并置表达，交界处必须绘制对称符号。

③ 槅扇门窗宜分解为槅扇框架和心屉图案两部分表达，槅扇框架部分表达清楚边梃、上、中、下抹头（冒头）构造，必要时应绘制边框的断面图。心屉图案部分应注意观察图案的规律，如对称性、重复性的规律，注意测量棂条的宽度和厚度尺寸。

门窗测稿的绘制与表达详见图 11-23、图 11-24。

11.7.3　曲线、异型轮廓及艺术构件测稿绘制

11.7.3.1　定点连线

中国古代建筑往往包含了许多曲线形式，如屋面曲线、屋脊曲线、门窗发券、券洞。这些尺度较大的曲线形式，可采用定点连线的方法求得。

定点连线，就是测定曲线起止点及中间若干特征点的位置，然后利用这些点得到一条光滑的曲线，使之尽量接近或通过所测特征点。屋面、屋脊曲线及山花轮廓、券洞等均可采用此法，可参见图 11-16。

11.7.3.2　拓样

对于异型构件的轮廓或雕刻较浅的纹样，可以采用拓样法，先将构件的轮廓拓出，然后利用拓样进行测量或描画，效率和精度都很高。

11.7.3.3　近景摄影测量

对于三雕构件（砖雕、木雕、石雕），测绘中常用到摄影测量法，步骤如下。

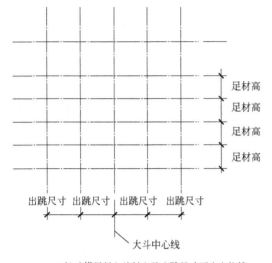

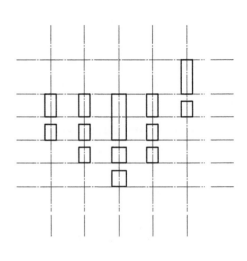

(a) 按斗栱足材和单材高及出跳尺寸画出定位线

(b) 将中心线上及内外跳上的栱与枋——勾画出来
（栱按照单材高度，枋按照足材高度）

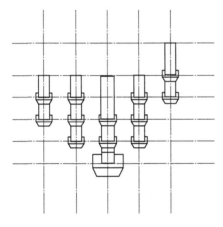

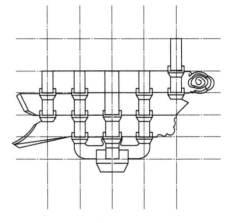

(c) 画出大斗、十八斗、三才升等斗件

(d) 画出昂、耍头木和撑头木等构件的基本轮廓

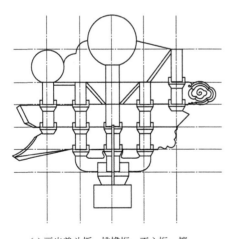

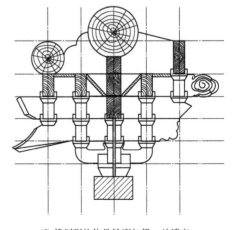

(e) 画出盖斗板、挑檐桁、正心桁、檩
椀及垫栱板和平板枋

(f) 将剖到的构件轮廓加粗，并填充
材料图例

图 11-22　侧立面斗栱的绘制步骤（平身科）

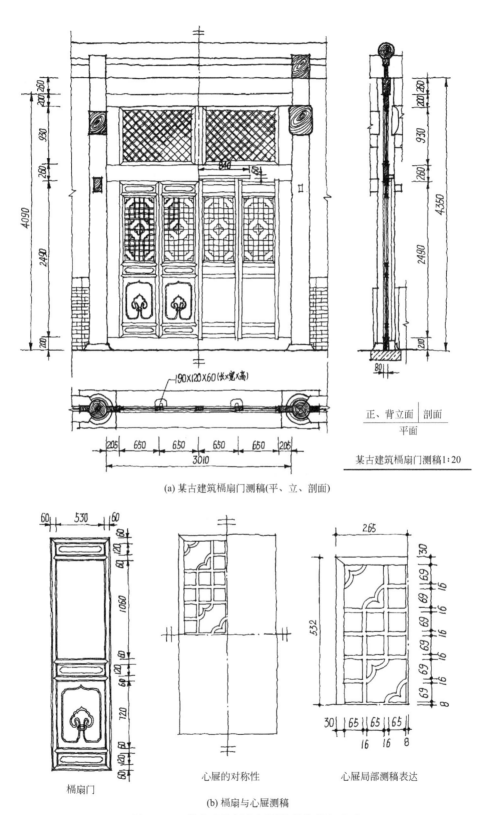

(a) 某古建筑槅扇门测稿(平、立、剖面)

(b) 槅扇与心屉测稿

图 11-23　某古建筑槅扇门测稿的绘制与表达

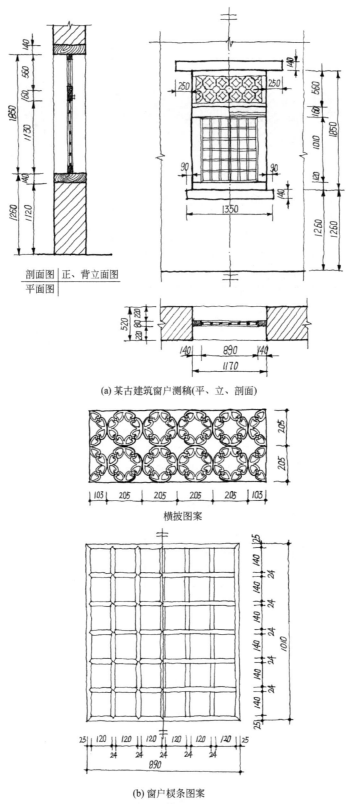

(a) 某古建筑窗户测稿(平、立、剖面)

横披图案

(b) 窗户棂条图案

图 11-24　某古建筑窗户测稿的绘制与表达

（1）图像获取　拍摄时应注意，尽量使用长焦镜头，尽量正对拍摄对象（又称正直摄影），同时必须拍摄清楚控制性轮廓。

（2）测量构件　绘制构件轮廓草图，对控制性轮廓尺寸进行测量。

（3）图像处理　先通过图像处理软件对照片进行处理，进行图像纠偏，使其尽量平面化；然后在计算机辅助制图软件中进行描图。描图时，应参照实物，并可借助方格网表示。

（4）图线复原　根据所测得的控制型尺寸，按比例将计算机描图进行放大缩小，使其尽量与实际所测构件一致。

12 古建筑现状图的绘制与表达

文物保护工程的实施一般包括三个阶段，第一阶段是工程立项和勘察设计阶段，这一阶段主要的设计成果是勘察研究报告和现状图纸，勘察研究报告是现场勘测和文献研究的结论性总结，对文物古建筑的概况、历史沿革、布局现状、残损现状进行整体梳理，其核心内容是对文物古建筑的价值评估和残损现状评估。价值评估是我们维护与修缮文物的根本动力所在，残损现状评估是我们将来预备投入多少资金进行维护与修缮的依据。在这一阶段，现状图是反映文物古建筑现存状态的重要的技术性文件。无论将来是保存现状，还是恢复原状，现状图都是下一步确定修缮方案的重要的依据。

第二阶段是文物保护工程修缮设计阶段，这一阶段的主要成果是修缮设计图纸和相对应的修缮工程预（概）算，大型文物保护工程设计阶段又划分为方案设计和施工图设计，普通的文物保护工程不进行划分。一般来说，修缮设计图纸就是文物保护工程的施工图设计图纸，主要也包括两个部分，设计说明部分和设计图纸部分，设计说明主要阐明修缮设计的设计依据、修缮原则、修缮工程范围及工程管理等，其核心内容是修缮工程基本技术措施，主要针对文物古建筑不同破坏部位、不同施工工艺做法进行说明，以便于将来与施工队伍进行技术交底。

第三阶段是施工阶段，与古建筑工程制图的相关性不大，这里不再赘述。

12.1 古建筑现状图的含义与作用

古建筑现状图，又称古建筑实测图，是在前面所讲述的测稿（测绘草图）的基础上，通过专业制图软件，采用规范科学的制图手段对古建筑现存状态的一个真实的描写与反映。

现状图是古建筑勘察研究报告的重要成果之一，也是对勘测研究报告中残损现状描述的图示反映，"实事求是"是绘制现状图的基本原则，这对下一步提出科学合理的保护与修缮方案具有重要的意义。

12.2 勘察研究报告内容概述

一份完整的勘查研究报告，应该包括以下内容。

（1）文物保护单位所在的区位、环境分析

① 所在地地理位置信息（国家、省、县市、村镇）。

② 所在地气候气象信息。

③ 所在地交通信息等。

（2）文物保护管理现状

① 文物"四有"（有保护范围、有保护标志、有记录档案、有保管机构）工作情况。

② 基础设施，包括电力通信、给排水设施、消防、安防设施等现状。

（3）文物保护工程项目及范围　对工程项目涉及的对象和设计范围作出说明。

（4）历史及维修沿革　通过查阅文献、方志、碑记、访谈等方式，详细了解有关文物建筑的始建时间；文物建筑存续至实施勘察时的历史信息；文物建筑在各历史时期的使用功能；在历史发展过程中文物建筑形制的变化或构件更换情况。

（5）法式勘查说明　法式勘查说明应包括以下内容。

① 文物建筑选址及营造理念。

② 平面布局与建筑形制。

③ 建筑结构与构件法式特征。

④ 建筑装饰和风格特征。

⑤ 建筑构造形式，构件名称、材质、尺寸、数量及所在部位，构造连接方式和受力方式。

⑥ 材料构成技术特点，包括材料成分、配比、颜色、物理性能及相关指标。

⑦ 工艺构成技术特点，包括木作、瓦石作、油作、彩画作、裱糊作的制作、安装工艺。

⑧ 所承载的物质与非物质的历史、文化信息。

（6）现状勘查说明　现状勘查说明应包括以下内容。

① 文物建筑结构体系的现存状态。

② 承重构件截面损失情况。

③ 病害类型、部位、范围、程度及其成因，宜采用列表形式表示。

④ 检测、监测数据的来源与分析。

⑤ 地质、水文及气象的现状与变化。

⑥ 其他人工及自然环境对于文物建筑的影响。

⑦ 编制附属设备设施（给排水、暖通、电气等设备设施）勘察说明。

（7）现状评估

① 文物建筑的价值评估，应阐释勘察对象的历史、艺术、科学价值，宜阐释勘察对象的文化、社会价值。

• 历史价值，是指文物建筑在各个历史时期关于政治、经济、军事、宗教信仰、风俗习惯等方面的内容。

• 艺术价值，是指文物建筑及其构件形制、造型、纹饰等艺术特征方面的内容。

• 科学价值，是指文物建筑建造方式、结构体系、建筑材料制造及应用等反映科学技术和生产力水平的内容。

② 文物建筑的现状评估。现状评估应包括下列内容。

• 现状环境与历史环境的真实性与完整性对比。

• 勘察对象形制、结构、材料、工艺的真实性与完整性。

• 留存至今的以往干预手段的效果。

• 结构安全性及稳定状况。

• 勘察对象的保存及残损状况，病害类型、程度、分布范围、成因及发展趋势。

• 附属设备设施安装的必要性与可行性。

• 环境安全性。

（8）勘察结论及保护建议　根据现状得出勘察结论及保护建议。

（9）现状照片　现状照片应反映文物建筑的整体风貌、时代特征、主体结构状况、构件残损状况、影响范围及程度；应有编号或索引号、拍摄部位、拍摄内容、拍摄时间；应按分部分项工程的内容编排并与现状勘察说明与现状实测图纸编制顺序相一致。

（10）现状勘查图纸（现状图） 现状勘察图纸（现状图）主要包括区位图、总平面现状图、平面现状图、立面现状图、剖面现状图、现状详图、地仗、油饰现状图、彩画现状图。

12.3 古建筑现状图与修缮设计图分析比较

古建筑现状图纸与修缮设计图纸的名目和种类基本相同，都包含了"总平面图、单体建筑平面图、立面图、剖面图和详图"等图样。另外从制图表达的角度而言，二者在图线、字体、比例、定位轴线及其编号、尺寸标注、标高、剖切索引符号等方面的规定是一致的，都须遵循相同的国家标准。现状图与修缮设计图最主要的不同主要体现在表达内容上，现将二者的主要区别介绍如下。

12.3.1 总平面图

总平面现状图首先反映的是文物古建筑群现存的建（构）筑物总体布局状况。在历史发展变化中，建筑群的建筑组成可能发生变化，如其中某些单体建筑可能已经不复存在，只余有遗址，院落围墙倾斜、墙皮鼓胀，局部区段墙体可能已经缺失，这些特征都要求在现状总平面图中反映出来。但是总平面修缮设计图纸中所表达的与现存面貌并不相同，而是根据文物保护法的规定，除保存必须保护的建筑外，出于文物保护与利用角度，可修复院墙，新增建消防、安防设施，增加服务于游客的卫生间等。需要明确的是文物古建筑群中已经破坏的如坍塌的厢房、消失的牌楼等历史性建（构）筑物，它们的重建都需要相应的上级主管部门审批，轻易不可复原。

其次，除了建（构）筑物外，室外的铺装、植物的配置等两种图纸的表达也差异较大。总平面现状图中，可能庭院中甬路已经破坏殆尽，院落铺墁也不完整，院落的排水系统缺失。而在修缮设计图中，则可能按照法式勘察对历史环境进行复原，重新在院落中心线上铺砌甬路，在十字甬路之间铺装天井。另外对古树名木还会添加保护性栏杆，此外还需要对空余的场地进行植物配置等。也就是说，总平面现状图的道路、场地的铺地是凌乱的，绿化植被是缺失的，而在总平面修缮设计图中，各类室外环境设计要素都重新进行了归置和合理安排。

再次，在总平面现状图中，不表达场地竖向设计的内容，不标注室外场地各部位标高，但是在总平面修缮设计图中，场地竖向设计是十分重要的内容，必须合理确定室外庭院各部位的标高，以便有效地组织院落排水，同时按需增加室外排水设施，如增加排水暗沟，并与场地外的城市或者乡镇的排水设施做好衔接。

综上所述，总平面现状图表现的内容一般要少于总平面修缮设计图纸。由于总平面图比例较小，为了清晰表达不同的设计内容，在总平面修缮设计图中，还经常分解为"总平面布置图、总平面竖向设计图、总平面绿化设计图"等，对所需要反映的内容进行单项表达。

12.3.2 平面图

古建筑平面图中主要反映的内容有古建筑的柱网与墙体布置、门窗开设、室内地面和室外走廊地面铺装、连接室内外高差的台阶、建筑台基周边散水情况等，这些内容在平面现状图与平面修缮设计图中的区别如下。

（1）平面现状图 在平面现状图中，需要如实地反映古建筑中柱子的位置与变化（可能有一些发生位移）、台基边缘的坍塌、台帮向外鼓闪、台阶的断裂、散水局部残缺等现象。室内和走廊大面积的铺地一般通过图纸注记，如室内铺地的方砖规格为 $300 \times 300 \times 60$，铺地的残损率达到 70%，画图只是示意性表达。

（2）平面修缮设计图　平面修缮设计图是按照设计进行复原后的图纸表达。如室内铺地按照"原形制，原材料、原规格及原工艺"的方砖进行的揭墁，台明阶条石进行了拆安或归安，断裂的踏跺石活进行了铁件连接，同时按照设计添加了防滑条。另外设计平面图中还有一些内容是按照现代建筑规范要求所添加的，如在入口台阶一侧添加残疾人坡道（一般采用钢结构支架）。这些新的、符合规范要求的设计也必须在设计平面图中表达出来。

12.3.3　立面图

与平面图相比，立面图更为直观，它是对古建筑四个侧界面的垂直投影表达。在古建筑立面图中，不但涉及台基和屋身，还涉及屋顶屋面。

（1）立面现状图　一般情况下，无遮挡的古建筑四个立面现状图都应该绘制表达，不能因为两个立面的相似性而减少表达。

立面现状图中，有些部位的现状需要准确表达，有些部位现状需要注记表述。常见的砌筑砖墙，如果在墙体下部出现了风化酥碱，一般会将产生破坏的范围线（呈现出闭合的不规则曲线）画出。如果墙体产生开裂，应在开裂位置画出裂缝走向，同时注释裂缝的大小。立面中的木装修如门窗槅扇，若是被现代门窗替代，在现状图中绘制现代门窗样式，若是古代门窗，出现框架歪闪、棂条缺失等现象，应按照古代门窗样式绘制，同时采用注记的方法，辅助文字说明破坏状况。立面檐口曲线出现的破坏也应按照实际情况绘制，准确表达局部倾倒栽头的状态。屋面面层瓦片的破坏则不必按照实际破坏情形绘制，可示意性表达，另通过文字注记表达清楚屋面层的破损状况。屋面长草可按照实际示意性表达。屋面各类脊应按实际情形绘制，如实地反映正脊、正吻、垂脊、垂兽的保有状态。

（2）立面修缮设计图　在修缮设计立面图中，台基、墙面和屋面一般均复原为完整状态后的状态。在遭到破坏部位，图纸应进行局部复原设计，并采用引出线标注修缮的工艺做法。立面修缮设计图中，常因两个侧立面的相似性而减少一个侧立面的绘制。但是笔者认为，省略图纸不妥当，即使两个侧立面相同，但因各自现状破坏情形不同，还是应各自绘出，并在破坏部位进行修缮措施的标注。

12.3.4　剖面图

剖面图是古建筑非常重要的技术性图纸，主要反映了古建筑承重结构体系和非承重结构体系的构造。

（1）剖面现状图　古建筑剖面现状图的表达，应该从两个方面着手，一是对建筑整体结构的状态的描述。例如古建筑出现整体歪斜，剖面现状图应该根据现状勘查报告及实际情况进行绘制，如实际支护了安全支顶构件，这些安全支顶构件也应一并绘出。二是对建筑局部出现构件破坏的描述。如木结构体系中出现的各类破坏现象，包括穿插枋拔榫、大梁开裂、柱脚糟朽腐烂、檩条滚出架道、糟朽折断等。这里需要注意的是，一定要以现状为根据，不能以完好状态代替破坏状态，不能假想臆造。

（2）剖面修缮设计图　剖面修缮设计图纸中古建筑整体按照恢复稳定状态后进行绘制，

对每一个破坏产生的细部都提出了维修加固措施,甚至画出维修加固的详图。如针对糟朽不太严重的柱根,采用了木柱墩接;针对糟朽超过规范规定的木柱,采取"柱子更换"的措施;针对大梁开裂,裂缝内采用灌注环氧树脂系胶结剂,并在裂缝的两端施加铁箍;针对拔榫部位进行了归安,构件之间增加了铁把锔连接;为了纠正天花弯曲下垂,在天花枝条搭接处增加十字形、L形和T形拉扯铁板,同时在帽儿梁上部增设铁拉杆等。因为修缮设计图不是新作古建筑施工图,所以每一个图纸中能够反映出来的维修加固措施都应该绘制出来,并在加固部位另给以详细的文字说明。如果图纸比例过小,应给出相应的详图。

12.3.5 屋顶平面图

屋顶平面图主要表达屋顶的类型,屋面檐头尺寸,各类脊的位置、尺寸,翼角起翘与平出尺寸,屋面用瓦件的规格型号,屋面用吻兽的位置、尺寸等。

(1)屋顶平面现状图 屋面维修在古建筑中非常常见,因瓦顶严重漏雨,或因要修理梁架拆除屋顶的案例也非常多,所以现状屋顶平面图的记录就非常有必要了。

屋顶平面现状图应反映清楚三个问题,一是对屋顶类型和各个屋面瓦垄情况的记录。古建筑屋顶类型复杂多样,屋顶平面图首先要表达准确屋顶的具体形态,如庑殿、歇山、抱厦、勾连搭等。每一坡屋面是滴水坐中还是勾头坐中,每一坡面的瓦垄数目的准确采集等。二是对屋顶大面积瓦面的破损情况记录,一般以百分比估计,如筒瓦残毁率15%,板瓦残毁率10%,对屋面脊兽(脊筒子、吻兽、垂兽、仙人走兽等)按件统计损毁部位和块数,对缺失的勾头、滴水、钉帽也要统计查明。三是记录屋面所用瓦件的形制、规格、材料、工艺,以便于做好对缺失构件的补配。

(2)屋顶平面修缮设计图 按照屋面全部恢复原貌后进行绘制,在维修部位进行详细注记即可。

12.3.6 详图

(1)现状详图 现状详图中所绘制图样,多为典型构件放样。在实际测绘中,按类选取,一类一例,详细测绘。如斗栱详图,在外檐斗栱中,平身科、柱头科和角科各选一例(要求:破坏最小、构件完整,能够代表同类构件)进行测绘,形成斗栱详图。再如梁架详图,古建筑构件按照轴线分缝编号,选取能够代表木构架结构特征的正身梁架和两山梁架进行测绘,形成梁架详图。

(2)修缮设计详图 修缮设计中的详图,多为引用典型构件测绘的详图。但是同时对构件实际破坏情况要做出技术措施说明。以斗栱详图为例,修缮设计图中引用了典型斗栱测绘的详图,但是对斗栱单体构件的维修要做出说明,具体如下:针对单体构件局部破坏,如斗耳断落采用硬杂木补配,重新粘接;大一些的栱、昂件破坏,要按照"原形制、原规格、原工艺"的原则,采用硬杂木重新制作出局部破坏部位的构部件,并采用粘接或榫接连接;如果单体构件破坏严重,要按照"四原原则"(原型制、原结构、原材料、原工艺)重新制作、重新组配安装。这些修缮措施,也宜给出相应的详图便于指导施工。

12.4 古建筑现状图与修缮设计图案例分析

本案例选取了某民居倒座房的实测图与修缮设计图,见表12-1~表12-6。

表 12-1　平面图比较

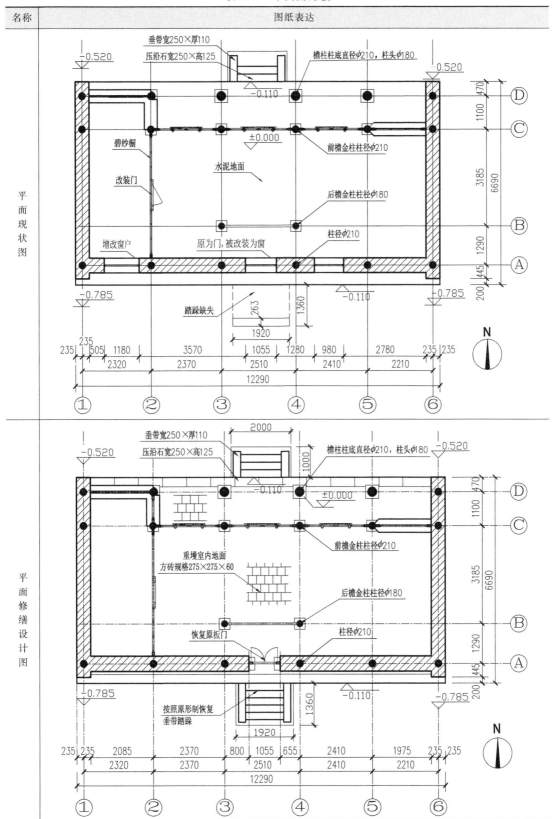

表 12-2　正立面图比较

名称	图纸表达
立面现状图	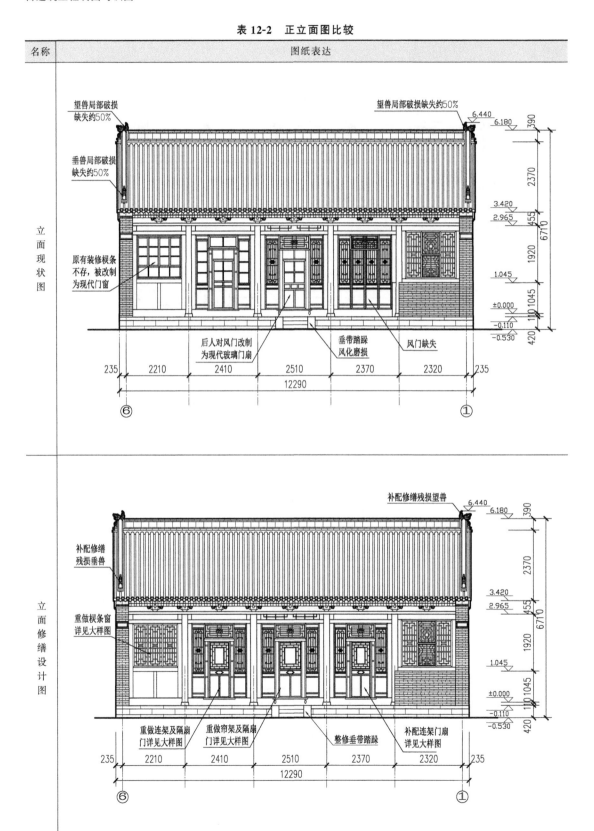
立面修缮设计图	

表 12-3　背立面图比较

名称	图纸表达
背立面现状图	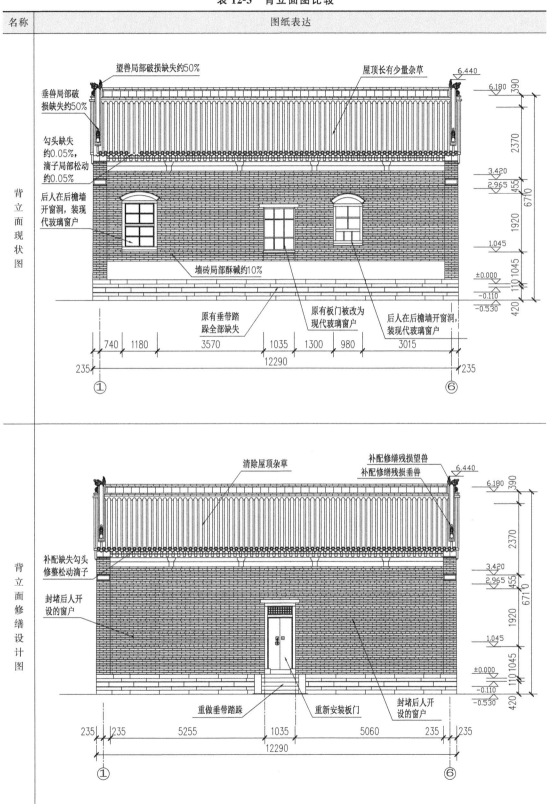
背立面修缮设计图	

背立面现状图标注：

望兽局部破损缺失约50%

垂兽局部破损缺失约50%

勾头缺失约0.05%，滴子局部松动约0.05%

后人在后檐墙开窗洞，装现代玻璃窗户

屋顶长有少量杂草

墙砖局部酥碱约10%

原有垂带踏跺全部缺失

原有板门被改为现代玻璃窗户

后人在后檐墙开窗洞，装现代玻璃窗户

背立面修缮设计图标注：

清除屋顶杂草

补配修缮残损望兽

补配修缮残损垂兽

补配缺失勾头修整松动滴子

封堵后人开设的窗户

重做垂带踏跺

重新安装板门

封堵后人开设的窗户

表 12-4 侧立面图比较

名称	图纸表达

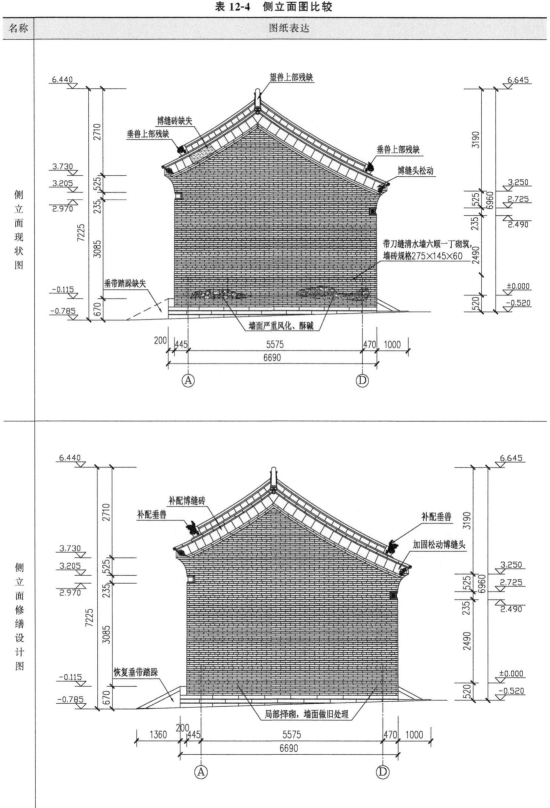

侧立面现状图

侧立面修缮设计图

表 12-5　剖面图比较

名称	图纸表达
剖面现状图	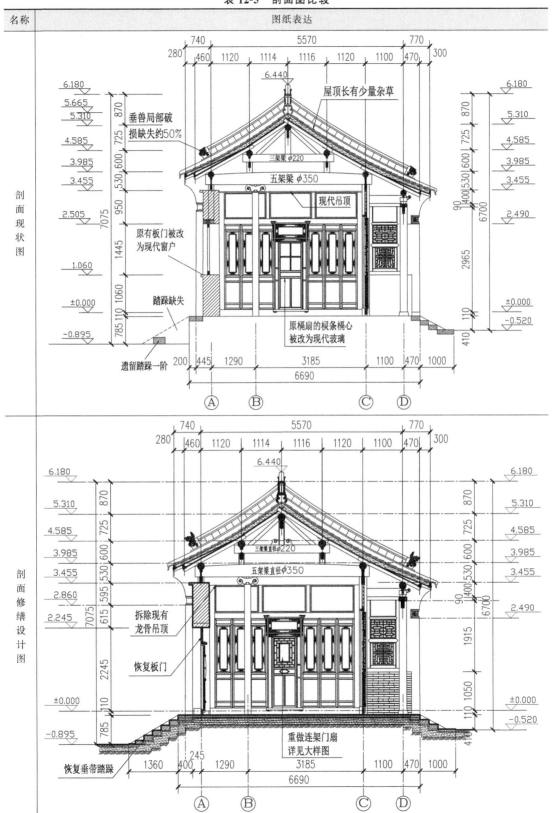
剖面修缮设计图	

表 12-6　详图比较

名称	图纸表达
典型测绘门窗详图	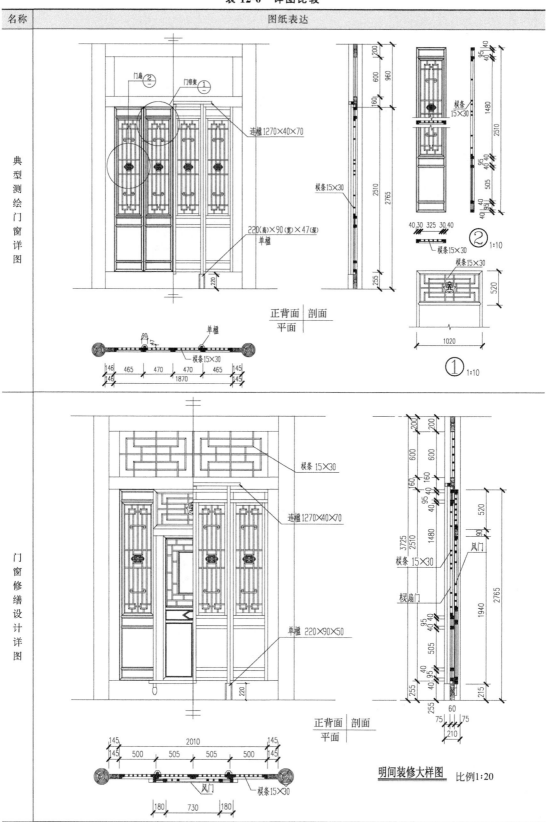
门窗修缮设计详图	

问题导读：认真阅读图纸，观察图中两种图纸表达的差异，完成以下问题。

① 表 12-1 中，该民居的现状地面为（　　　），经过复原性设计采用了（　　　）规格的方砖铺墁，铺墁形式为（　　　）。

② 表 12-1 的现状平面图中，后檐墙（Ⓐ轴线）上有（　　）窗户，均为后添加或拆改。在修缮设计图中将（　　）窗户复原为（　　），并根据地面遗留台阶，恢复了（　　　）。

③ 表 12-2 正立面图现状图中，门窗改制发生在（　　）间、左侧（　　）间、左侧（　　）间，保留原貌的门窗出现在右侧（　　）间和（　　）间。

④ 表 12-2 正立面修缮设计图中，对立面的门窗进行了复原，共设计了（　　）种类型的窗户。

⑤ 表 12-3 背立面修缮设计图中，后檐墙上（　　）个窗户被重新封堵。

⑥ 从表 12-3、表 12-4 中发现，砖墙的风化酥碱容易发生在墙体的（　　　）部分。

⑦ 针对墙体的风化酥碱，应选择局部择砌，同时由于新旧墙面色泽不一，对新作墙面应进行（　　）处理。

⑧ 表 12-5 剖面图现状图中，原有的房屋的门被改为了窗户，该窗户的窗台高（　　）mm，窗户高度为（　　）mm。窗过梁为（　　）过梁。

⑨ 从剖面现状图中可以看到，在剖面图定标高时，将 ±0.000 定在了前檐柱柱础的（　　）部。那么压沿石（阶条石）的上皮标高为（　　　）。

⑩ 在剖面图修缮设计图中，Ⓐ轴线上恢复了板门门洞，该门洞净高为（　　）mm。从剖面图中可以看出，室外地坪呈一定的坡度线，从倒座房的正立面来看，室内外高差为（　　）mm，从倒座房的背立面来看，室内外高差为（　　　）mm。

⑪ 读表 12-6 的典型测绘详图（次间槅扇门），针对保留较好的槅扇门进行了详细的测绘，从图中得知，槅扇门的宽度为 465（470）mm，高度为（　　　）mm，槅扇的高宽比达到（　　　）。该槅扇门中，槅心部分的棂条尺寸为（　　　）mm。

⑫ 读表 12-6 中的明间槅扇门修缮设计详图发现，因为明间在户主使用过程中进行了改动，安装了现代玻璃，所以在恢复原貌的设计中，参考了左侧次间的典型测绘的槅扇门样式，主要体现在槅扇（　　　）样式上。

附录1　古建筑工程常用建筑材料图例

序号	名称	图例	备注
1	自然土壤		
2	夯实土壤		
3	砂土、灰土		
4	砂砾土、碎砖三合土	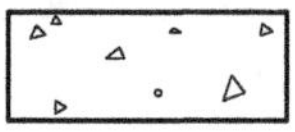	
5	石材	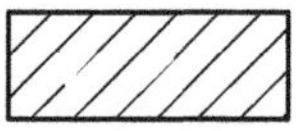	
6	毛石	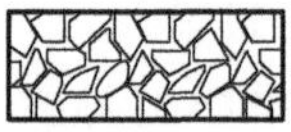	
7	普通砖	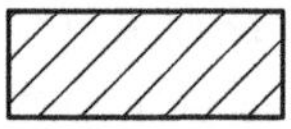	包括实心砖、多孔砖、砌块等砌体
8	耐火砖	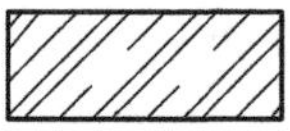	
9	空心砖、空心砌块	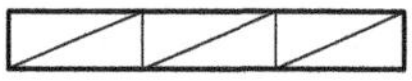	包括空心砖、混凝土小型空心砌块
10	加气混凝土	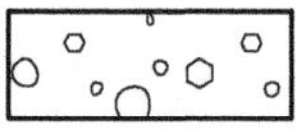	包括加气混凝土砌块砌体、加气混凝土墙板及加气混凝土材料制品
11	饰面砖	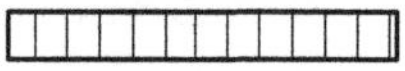	
12	焦渣、炉渣	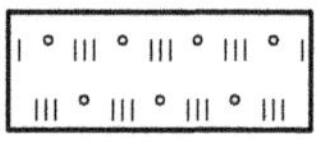	
13	混凝土	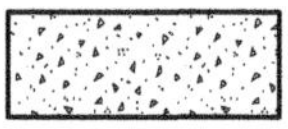	1.包括各种强度等级、骨料、添加剂的混凝土; 2.在剖面去上绘制表达钢筋时,则不需要绘制图例线; 3.断面图形小,不宜画出图例线时,可以填黑或灰(深度宜为70%)
14	钢筋混凝土	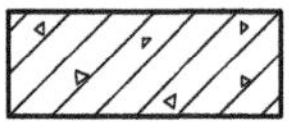	
15	多孔材料	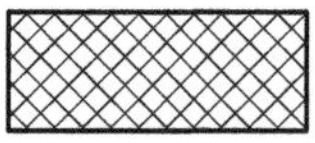	包括水泥珍珠岩、沥青珍珠岩、泡沫混凝土、软木蛭石制品
16	纤维材料	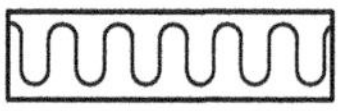	包括矿棉、岩棉、玻璃棉、麻丝、木丝板、纤维板等
17	泡沫塑料材料	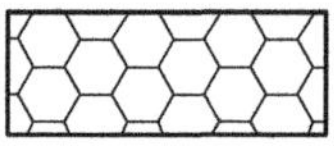	包括聚苯乙烯、聚乙烯、聚氨酯等多孔聚合物类材料
18	木材		上图为横断面、上左图为垫木、木砖或木龙骨下图为纵断面

序号	名称	图例	备注
19	胶合板		应注明为×层胶合板
20	金属材料		包括各种金属,当图形比例较小时,可涂黑
21	网状材料		包括金属、塑料网状材料
22	液体		应注明哪一种液体
23	玻璃		包括各种玻璃
24	石膏板		
25	橡胶		
26	塑料		
27	防水卷材		
28	粉刷		

注：1.本表中所列图例通常用于 1∶50 及其以上比例的详图绘制中；

2.如需表达砖、砌块等砌体墙体的承重情况时，可通过在原有建筑材料图例上增加灰度等方式进行，灰度宜为 25%；

3.表中的斜线、短斜线、交叉线等倾斜高度均为 45°。

附录2 古建筑工程常用建筑构配件图例

序号	名称	图例	备注
1	墙体	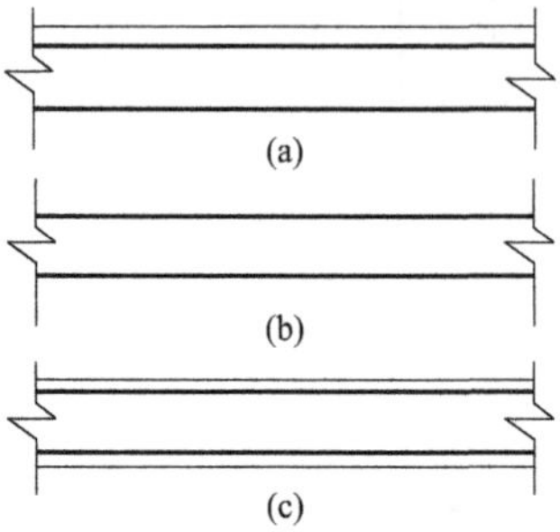 (a) (b) (c)	1.图(a)为外墙,图(b)为内墙; 2.外墙细线表示有保温层或幕墙; 3.应加注文字或涂色或图案填充,表示各种材料的墙体; 4.图(c)表示古建筑带有下碱的墙体,细线为下碱看线
2	隔断		1.加注文字或涂色或图案填充,表示各种材料的轻质隔断; 2.适用于到顶及不到顶隔断
3	玻璃幕墙		
4	楼梯	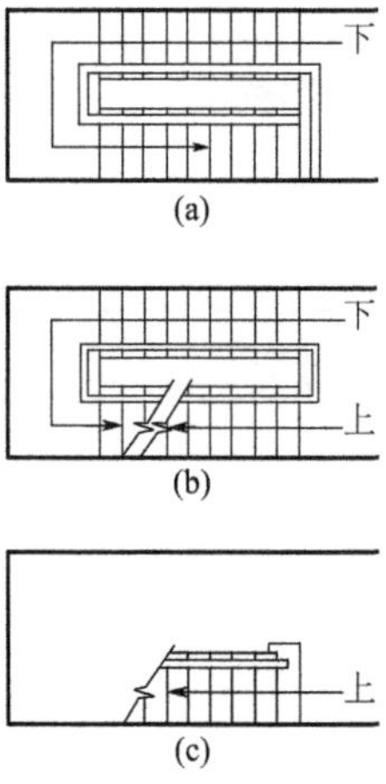 (a) (b) (c)	1.图(a)为顶层楼梯平面图,图(b)为中间楼梯平面图,图(c)为底层楼梯平面图; 2.需设置靠墙扶手或中间扶手时,应在图中表示
5		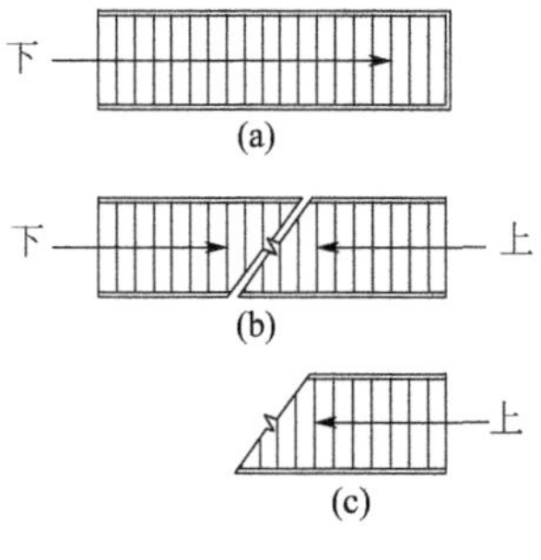 (a) (b) (c)	1.直跑楼梯; 2.图(a)为顶层楼梯平面图,图(b)为中间楼梯平面图,图(c)为底层楼梯平面图

序号	名称	图例	备注
6		长坡道	长坡道
7	坡道	(a) (b) (c)	1. 图(a)为门口坡道; 2. 图(b)为两侧有挡墙的坡道; 3. 图(c)为两侧找坡的坡道
8		垂带石 带有垂带石的坡道	古建筑坡道,两侧一般设有垂带石 礓磜 垂带石 燕窝石
9	台阶	(a) (b) (c)	1. 图(a)为古建筑中的垂带踏跺; 2. 图(b)为带有挡墙的台阶; 3. 图(c)为三面可行的台阶,在古代也称为如意踏跺
10	检查口	(a)　　　　(b)	图(a)为可见检查口,图(b)为不可见检查口
11	孔洞		阴影部分可填充灰度或涂色代替

257

序号	名称	图例	备注
12	墙预留洞、槽	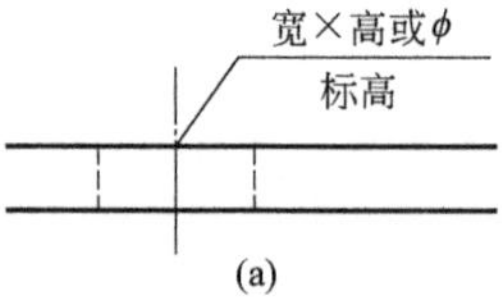 （a） 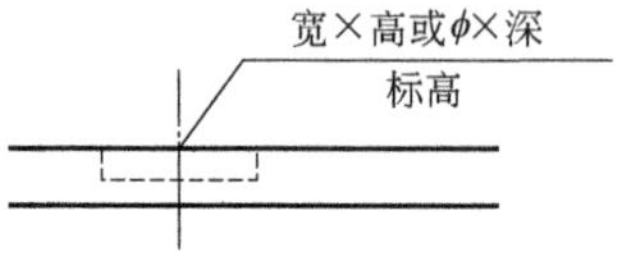 宽×高或φ 标高 （b） 宽×高或φ×深 标高	1.图（a）为预留洞，图（b）为预留槽； 2.平面以洞（槽）中心定位； 3.标高以洞（槽）底或中心定位； 4.宜以涂色区别墙体与预留洞（槽）
13	地沟 明沟	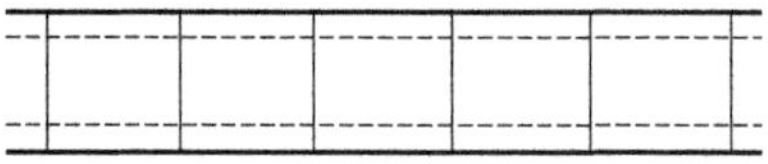 （a）  （b）	图（a）为活动盖板地沟，图（b）为无盖板明沟
14	烟道	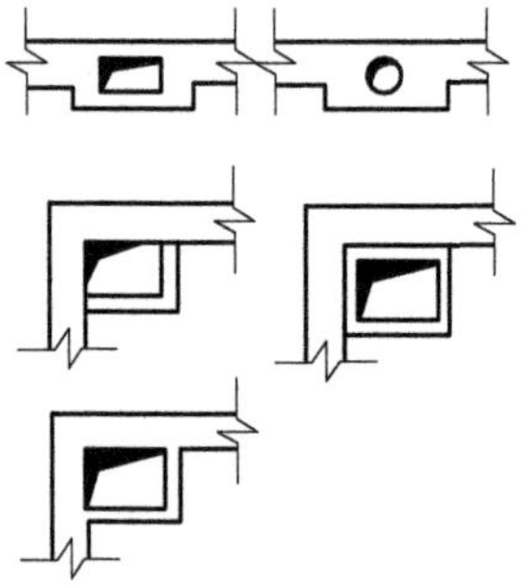	1.阴影部分亦可涂色代替； 2.烟道、风道与墙体为相同材料，其相接处墙身线应连通； 3.烟道、风道根据需要增加不同材料的内衬
15	风道	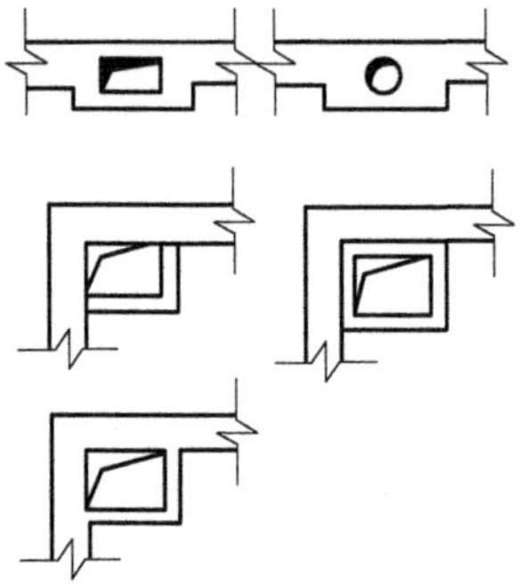	
16	单扇平开门或 单向弹簧门	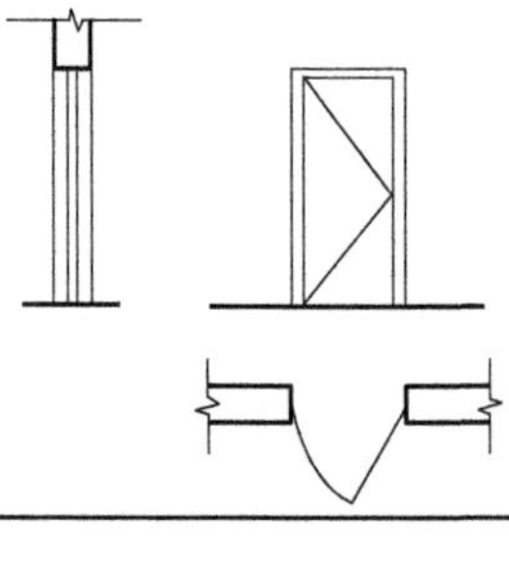	1.门的名称代号用 M 表示； 2.平面图中，门开启线为 90°、60°、45°，开启弧线宜绘出； 3.立面图中，开启线实线为外开、虚线为内开； 4.附加纱窗应以文字说明，在平面图及剖面图中均不表示； 5.立面图应按照实际情况绘出

序号	名称	图例	备注
17	双向弹簧门	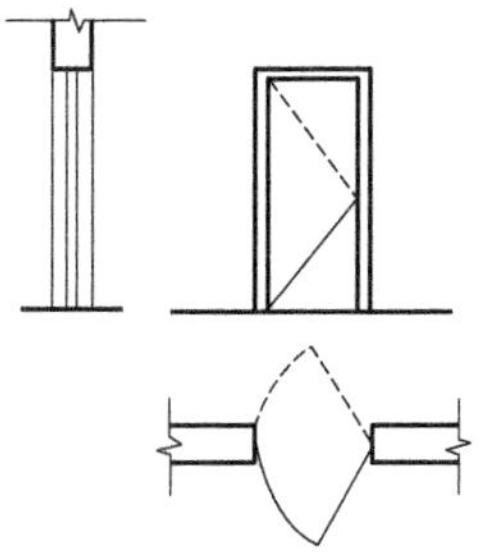	
18	古建筑板门（双开内开）	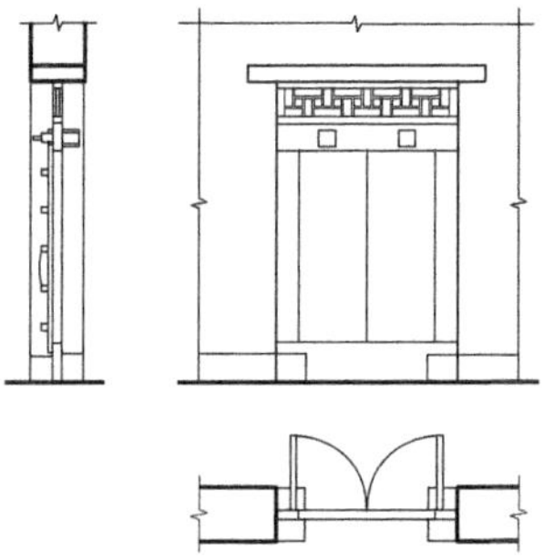	1.门的名称代号用 M 表示； 2.平面图中，门只能垂直向内开启； 3.立面图中，门上下设有槛框、门簪、横窗； 4.在门洞口上部设有木过梁，两侧深入墙体一定距离； 5.立面图应按照实际情况绘出
19	空门洞	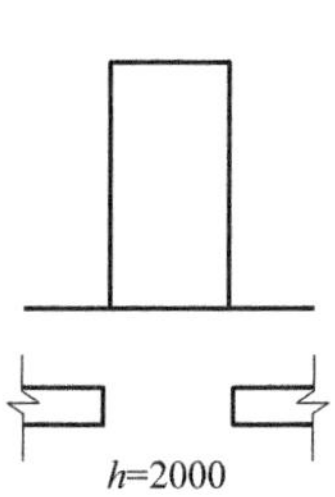 $h=2000$	现代建筑墙体上的空门洞
20		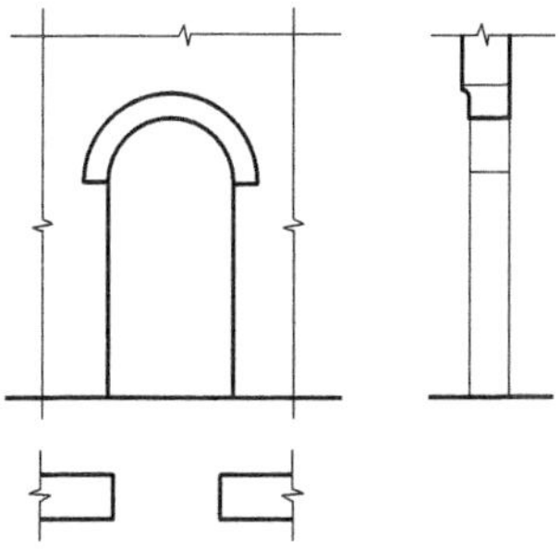	古建筑墙体上常见券门洞
21	单面开启双扇门	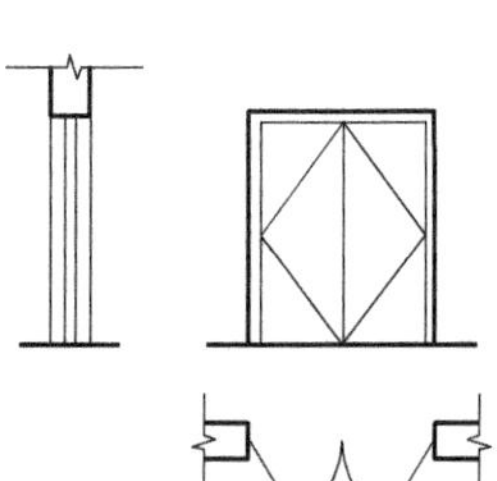	1.门的名称代号用 M 表示； 2.平面图中，门开启线为 90°、60°、45°，开启弧线宜绘出； 3.立面图中，开启线实线为外开、虚线为内开； 4.附加纱窗应以文字说明，在平面图及剖面图中均不表示； 5.立面图应按照实际情况绘出

序号	名称	图例	备注
22	双面开启双扇门（双面弹簧门）	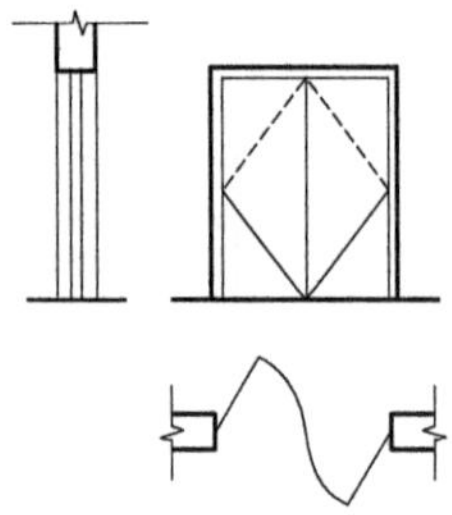	
23	门连窗	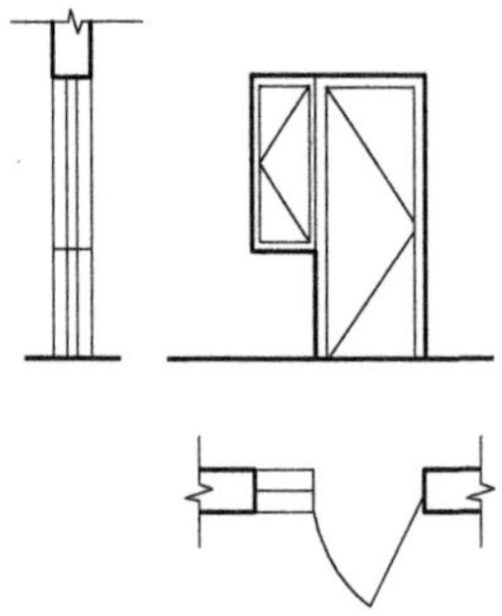	
24	固定窗	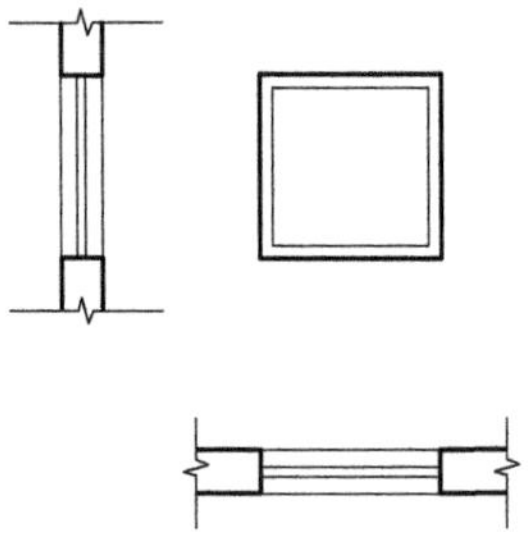	窗户的立面形式应按照实际情况绘出
25	上悬窗（支窗）	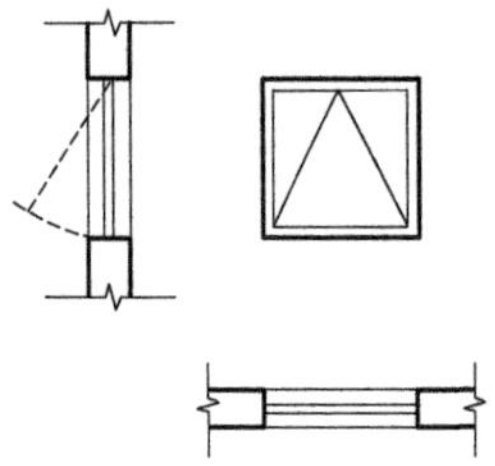	窗户的立面形式应按照实际情况绘出
26	中悬窗	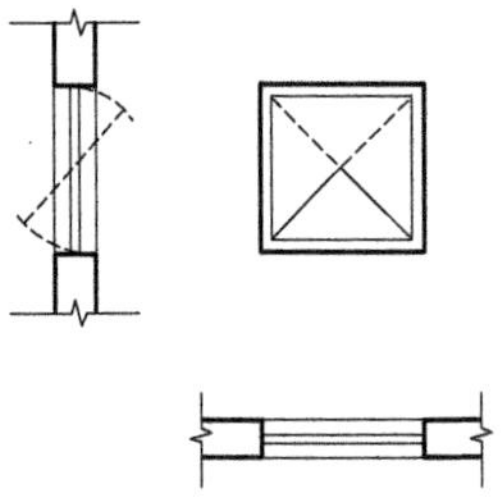	1.窗的名称代号用C表示； 2.平面图中，下为外，上为内； 3.立面图中，开启线实线为外开、虚线为内开，开启线交角的一侧为安装合页一侧，开启线在建筑立面图中可不表示，在门窗立面大样图中需绘出； 4.剖面图中，左为外、右为内，虚线仅表示开启方向，项目设计不表示； 5.附加纱窗应以文字说明，在平、立、剖面图中均不表示； 6.立面形式应按实际情况绘制

序号	名称	图例	备注
27	下悬窗	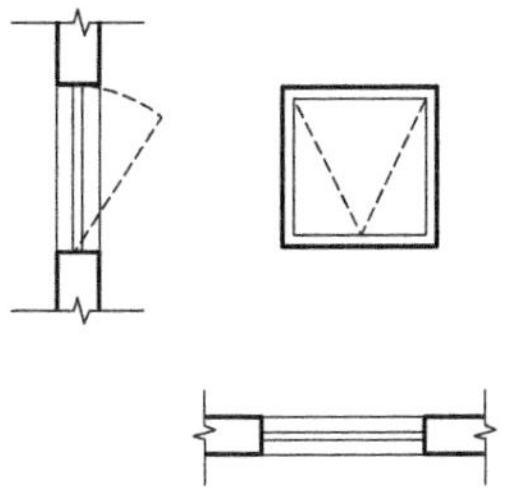	1.窗户的名称代号用 C 表示； 2.立面图中，开启线实线为外开、虚线为内开，开启线在立面中可不表示； 3.剖面图中，虚线仅表示开启方向，项目设计不表示； 4.附加纱窗应以文字说明，在平面图及剖面图中均不表示； 5.立面图应按照实际情况绘出
28	立转窗	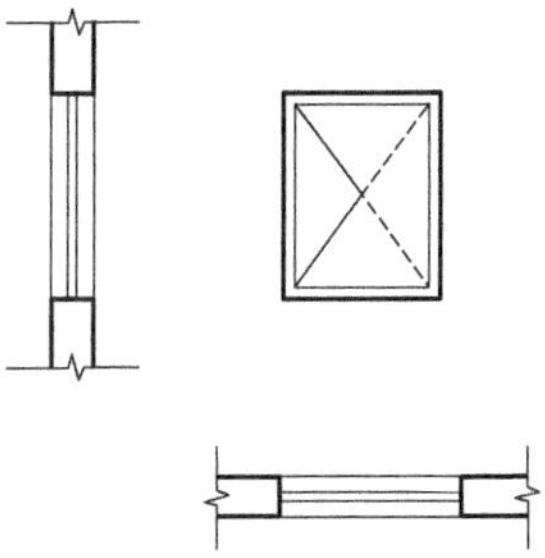	
29	单层外开 平开窗	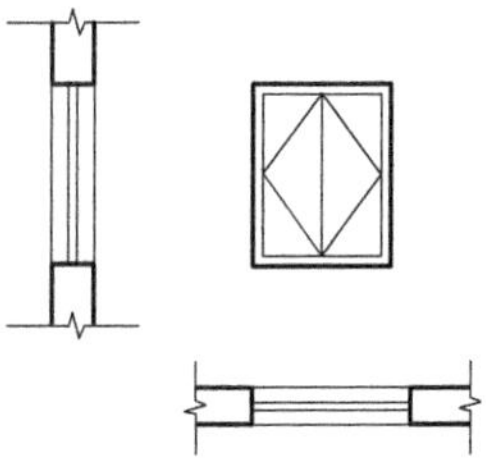	
30	单层内开 平开窗	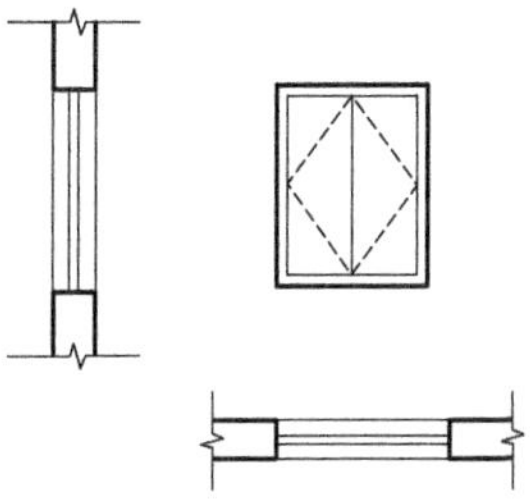	
31	双层内外开 平开窗	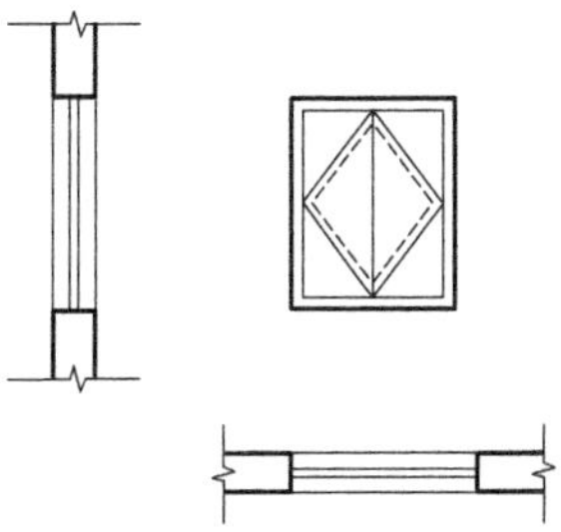	

序号	名称	图例	备注
32	高窗		1.高窗的开启方式可参考其他窗型； 2.h 表示高窗底距本层地面标高
33	古建筑窗户 （普通窗）		1.此图例为示意图例； 2.窗户立面应按照实际情况绘出
34	古建筑窗户 （槅扇窗）		1.此图例为示意图例； 2.窗户立面应按照实际情况绘出
35	电梯		1.电梯应注明类型，并按照实际绘出门、平衡锤或导轨的位置； 2.其他类型的电梯，应参照本图例按实际情况绘制
36	杂货电梯 直梯		
37	自动扶梯		箭头方向为设备运行方向
38	自动人行道		箭头方向为设备运行方向
39	自动人形坡道		

附录3 古建筑工程常用总图制图图例

序号	名称	图例	备注
1	新建建筑 （±0.000）	$X=$ $Y=$ ① 12F/2D H=59.00m	1. 新建建筑物以粗实线表示与室外地坪相接处±0.000外墙定位轮廓线； 2. 建筑物一般以±0.000高度处的外墙定位轴线交叉点坐标定位。轴线用细实线表示，并标明轴线号； 3. 根据不同设计阶段标注建筑编号，地上、地下层数，建筑高度，建筑出入口位置
2	新建建筑 （地下部分） （地上部分）		1. 地下建筑物以粗虚线表示其轮廓； 2. 建筑上部（±0.000以上）外挑建筑用细实线表示； 3. 建筑物上部连廊用细虚线表示并标注位置
3	原有建筑		用细实线表示
4	拆除建筑		用细实线表示
5	铺砌地面 （现建）		1. 图例为方砖地面； 2. 其他类型地面按照实际铺墁形式简化表达
6	铺砌地面 （古建）		1. 图例为方砖地面； 2. 其他类型地面按照实际铺墁形式简化表达
7	挡土墙	$\frac{5.00}{1.50}$	注 挡土墙根据不同设计阶段的需要标墙顶标高 墙底标高
8	围墙大门		
9	坐标	1. $X=105.00$ $Y=425.00$ 2. $A=105.00$ $B=425.00$	1. 表示地形测量坐标系； 2. 表示建筑坐标系，坐标数字平行于建筑标注
10	填挖边坡		

序号	名称	图例	备注
11	分水线	(a) (b)	图(a)表示脊线;图(b)表示谷线
12	地表排水方向		
13	排水明沟	107.50 $\frac{1}{40.00}$ (a) 107.50 $\frac{1}{40.00}$ (b)	1.图(a)用于比例较大的图面; 2.图(b)用于比例较小的图面; 3."1"表示 1%的沟底纵向坡度,"40.00"表示变坡点间距离,箭头表示水流方向; 4."107.50"表示沟底变坡点标高(变坡点以"+"表示)
14	有盖板的排水沟	$\frac{1}{40.00}$ $\frac{1}{40.00}$	
15	雨水口		
16	室内地坪标高	151.00 (±0.00)	数字平行于建筑物书写
17	室外地坪标高	▼143.00	室外标高也可采用等高线
18	地下车库入口		机动车停车场
19	地面露天停车场		垂直停车
20	道路	0.30% 100.00 R=6.00 107.50	"$R=6.00$"表示道路转弯半径;"107.50"为道路中心线交叉点设计标高,两种表示方式均可,同一图纸采用一种方式表示;"100.00"为变坡点之间距离,"0.30%"表示道路坡度,→表示坡向
21	人行道		

序号	名称	图例	备注
22	桥梁	(a) (b)	图(a)为公路桥,图(b)为铁路桥
23	跨线桥	(a) (b) (c) (d)	图(a)为道路跨铁路; 图(b)为铁路跨道路; 图(c)为道路跨道路; 图(d)为铁路跨铁路
24	常绿针叶林		
25	落叶针叶林		
26	常绿阔叶林		
27	落叶阔叶林		
28	常绿阔叶灌木		
29	落叶阔叶灌木		
30	常绿阔叶乔木林		
31	落叶阔叶乔木林		

序号	名称	图例	备注
32	常绿针叶乔木林		
33	落叶针叶乔木林		
34	草坪	(a) (b) (c)	图(a)为草坪； 图(b)为表示自然草坪； 图(c)为表示人工草坪
35	花卉		
36	棕榈植物		
37	植草砖		
38	土石假山		包括"土包石""石抱土"及假山
39	独立景石		
40	自然水体		表示河流，以箭头表示水流方向
41	人工水体		
42	水生植物		

问题导读答案

识读图 5-9　　　　（第 118 页～第 119 页）

① 3　12　连廊
② 地下室轮廓线
③ 2　东南　西北
④ 南部　西部
⑤ 6.0m　垂直式
⑥ 尺寸定位法
⑦ 16.0　35.90　57.30

识读图 5-10　　　　（第 119 页～第 120 页）

① 2　18.00
② 粗实线　细实线　否
③ ①～⑯　Ⓐ～Ⓕ　测量坐标体系
④ 尺寸　27.40　16.23　34.66
⑤ 北侧　东南侧
⑥ 64.60
⑦ 中部　东西两侧
⑧ m　m

识读图 11-2　　　　（第 220 页～第 221 页）

① 2　2
② 1.82　3.87　3.85
③ 12.40　13.66　3.50
④ 15.20　14.20　3.50
⑤ 北向　7.79　0.92　9.82　8.38
⑥ m

识读图 11-3　　　　（第 222 页）

① 前台　后台
② 3　2　悬、硬山建筑
③ 前台台口宽度扩大，便于观看表演
④ 1350　方砖地面
⑤ 300　1790　4300　1790
⑥ 台口石勾杆　柱础　台阶

识读图 11-8～图 11-10
　　　　　　　　（第 225 页～第 227 页）

① 正立面　背立面　东侧　东西两侧立
　 面相同，只需选取一个
② 1350　1000
③ 硬山屋顶
④ 花罩
⑤ 花罩　斗栱　花墩（荷叶墩）
⑥ 2　内部尺寸标注
⑦ 半圆
⑧ 卷棚
⑨ 粗实线
⑩ 台基　屋身　屋顶

识读图 11-12　　　　（第 229 页～第 230 页）

① 前檐柱　金柱　后檐柱
② 四架　双步　看不到　可以看到
③ 1200　700　500
④ 横穿　角背
⑤ 底部　底部
⑥ 板　1480　2320
⑦ 宽　高

识读表 12-1～表 12-6
　　　　　　　　（第 246 页～第 253 页）

① 水泥地面　275×275×60　方砖十字缝
② 3 扇　中部　板门　垂带踏跺
③ 明间　次　梢　次　梢
④ 2
⑤ 2
⑥ 墙脚
⑦ 做旧
⑧ 1060　1445　木
⑨ 顶部　-0.110m
⑩ 2355　410　670
⑪ 2510　5.34：1　15×30
⑫ 心屉

参考文献

［1］罗哲文.中国古代建筑.上海：上海古籍出版社，2001.

［2］刘克明.中国建筑图学文化源流.武汉：湖北教育出版社，2006.

［3］周祎.试论"样式雷"的建筑成就及设计特点.沈阳：辽宁工业大学学报（社会科学版），2015，17（5）：76-78.

［4］白鸿叶.国家图书馆藏圆明园样式雷图档述略.北京：北京科技大学学报（社会科学版），2016，32（5）：37-41.

［5］段伟，周祎.雷景修与样式雷图档.沈阳：辽宁工业大学学报（社会科学版），2018，20（6）：94-96.

［6］颜金樵.工程制图.北京：高等教育出版社，1998.

［7］吴润华.建筑制图与识图.武汉：武汉工业大学出版社，1997.

［8］朱福熙，何斌.建筑制图.北京：高等教育出版社，1995.

［9］杨亚彬，冯新伟.建筑制图与识图.镇江：江苏大学出版社，2014.

［10］李武.中式建筑制图与测绘.北京：中国建筑工业出版社，2013.

［11］王其亨.古建筑测绘.北京：中国建筑工业出版社，2015.

［12］王崇恩，朱向东.古代建筑测绘.北京：中国建筑工业出版社，2016.

［13］董峥.古建筑CAD制图简明教程.北京：中国建材工业出版社，2016.

［14］王晓华.中国古建筑构造技术.北京：化学工业出版社，2018.

［15］中华人民共和国住房和城乡建设部.房屋建筑制图统一标准（GB/T 50001—2017）.北京：中国计划出版社，2017.

［16］中华人民共和国住房和城乡建设部.建筑制图标准（GB/T 50104—2010）.北京：中国建筑工业出版社，2011.

［17］中华人民共和国住房和城乡建设部.总图制图标准（GB/T 50103—2010）.北京：中国建筑工业出版社，2011.

［18］中华人民共和国住房和城乡建设部.风景园林制图标准（CJJ/T 67—2015）.北京：中国建筑工业出版社，2015.

［19］国家测绘地理信息局.古建筑测绘规范（CH/T 6005—2018）.北京：中国标准出版社，2018.

［20］国家文物局.文物保护工程设计文件编制深度要求（试行）.2013.

［21］北京市文物局.文物建筑勘察设计文件编制规范（DB 11/T 1597—2018）.北京：北京市市场监督管理局，2018.